U0257094

权威·前沿·原创

皮书系列为
"十二五""十三五"国家重点图书出版规划项目

上海蓝皮书
BLUE BOOK OF
SHANGHAI

总 编／王 战 于信汇

上海资源环境发展报告
（2017）

ANNUAL REPORT ON RESOURCES AND ENVIRONMENT
OF SHANGHAI (2017)

弹性城市

主　　编／周冯琦　汤庆合
主编助理／程　进

社会科学文献出版社
SOCIAL SCIENCES ACADEMIC PRESS (CHINA)

图书在版编目（CIP）数据

上海资源环境发展报告.2017：弹性城市／周冯琦，
汤庆合主编．－－北京：社会科学文献出版社，2017.2
（上海蓝皮书）
ISBN 978－7－5201－0271－1

Ⅰ.①上… Ⅱ.①周… ②汤… Ⅲ.①环境保护－研
究报告－上海－2017 ②自然资源－研究报告－上海－
2017 Ⅳ.①X372.51

中国版本图书馆CIP数据核字（2016）第317161号

上海蓝皮书
上海资源环境发展报告（2017）
——弹性城市

主　　编／周冯琦　汤庆合

出 版 人／谢寿光
项目统筹／郑庆寰
责任编辑／吴　丹

出　　版／社会科学文献出版社·皮书出版分社（010）59367127
　　　　　　地址：北京市北三环中路甲29号院华龙大厦　邮编：100029
　　　　　　网址：www.ssap.com.cn
发　　行／市场营销中心（010）59367081　59367018
印　　装／三河市尚艺印装有限公司

规　　格／开　本：787mm×1092mm　1/16
　　　　　　印　张：18.75　字　数：280千字
版　　次／2017年2月第1版　2017年2月第1次印刷
书　　号／ISBN 978－7－5201－0271－1
定　　价／79.00元

皮书序列号／PSN B－2006－060－4/7

本书如有印装质量问题，请与读者服务中心（010－59367028）联系

本项目研究得到艾伯特基金会的支持

上海蓝皮书编委会

主要编撰者简介

周冯琦 主编。博士，上海社会科学院生态与可持续发展研究所常务副所长，研究员，博士生导师；哈佛大学访问学者；上海市生态经济学会会长；《上海资源环境发展报告》主编。主要从事低碳绿色经济、环境保护政策等领域的研究。国家社会科学基金重大项目"我国环境绩效管理体系研究"和重点项目"主要国家能源战略以及我国新能源产业制度研究"首席专家，曾获得上海市哲学社会科学优秀成果一等奖、二等奖，上海市决策咨询二等奖，优秀皮书奖一等奖等奖项。

汤庆合 主编。上海市环境科学研究院低碳经济研究中心主任，高级工程师。主要从事低碳经济与环境政策等研究，先后主持科技部、环保部、上海市科委、上海市环境保护局等相关课题和国际合作项目40余项，公开发表各类论文30余篇。

程 进 主编助理。博士，上海社会科学院生态与可持续发展研究所助理研究员，区域环境治理研究室副主任。主要从事环境绩效评价、低碳绿色发展、生态文明与区域环境治理等领域的研究。参与国家社会科学基金重大项目"我国环境绩效管理体系研究"，担任子课题负责人，主持地方政府委托研究项目2项，发表论文10余篇，出版专著1部。

摘　要

上海在经济社会发展过程中，面临人口集聚、资源消耗以及环境污染的压力。气候变化带来的极端天气事件在上海的发生频率不断增加，对上海经济社会发展的影响越来越大，城市气候脆弱性开始凸显，将增加上海的潜在经济社会损失。

弹性城市建设是应对潜在威胁较为有效的方法。弹性城市是指对经济、环境、社会和制度等领域可能发生的各种冲击，具有承担、恢复和预防能力的城市。本报告依据科学性与实用性相结合、系统性与层次性相结合、稳定性与动态性相结合、可操作性与指导性相结合的原则，构建了包括社会弹性、经济弹性、生态弹性、城市基础设施和城市治理五个评价领域在内的弹性城市评价指标体系，并对上海市进行了实证分析。结果表明，上海市近10年来城市弹性指数总体上表现出上升趋势，城市应对各种环境风险冲击的能力有所增强。城市不同发展领域的弹性水平具有一定的差别，经济弹性和城市基础设施表现较好，上海市产业转型升级取得了阶段性成效；城市基础设施不断完善，污水处理能力和城市信息化水平均有显著提升，提升了城市应对突发性环境风险的能力。生态弹性在所有评价领域中得分最低，反映了不断扩大的城市规模对自然生态环境产生强烈干扰，虽然城市绿化水平逐年提升，但人工生态系统的运行机制与自然生态系统尚存在不小差异，整体上削弱了城市自然生态系统的调蓄能力。在社会弹性方面，城市人口密度不断增加，而医疗和就业保障、文化教育等还没有实现同步配套，城市社会对突发环境风险的应对能力还需要进一步加强。在城市治理方面，公众参与的基础较好，城市治理水平的提升带动了环保投入的发展，有助于提升城市应对环境风险的能力。

上海弹性城市建设还面临一些挑战。第一，自然生态系统的调节能力变弱，快速城市化过程导致城市建设用地快速增长，大量城市自然生态空间消失，生态系统应变弹性下降；第二，城市排水设施难以满足发展需要，防汛排水设施建设尚不平衡，易涝地区排水能力不足，城市排水设施对雨水的管理侧重于末端快速排放，缺乏对雨水进行源头减少和资源化管理的规划和实践；第三，高密度城区弹性化改造更新难度大，城区已完成对土地的规划利用，难以提供充足的地表空间用于建设低影响开发或弹性基础设施，城市地下深层构筑物又将地下调蓄空间占据；第四，弹性城市建设技术支撑不足，面临着从建设模式、城市规划、项目设计到效果评价与城市管理等各领域的问题和挑战，如何合理地选择适合本地基础条件的技术成为弹性城市建设的迫切需求。

为了提升上海城市弹性能力，首先，需要构建弹性城市建设的制度保障体系，从顶层设计出发，创新弹性城市建设所需要的政策、法规、标准、规范等，建立与弹性城市相配套的管理机制和制度保障体系；其次，建设分布式城市弹性基础设施，将分布式的概念引入城市基础设施弹性改造之中，将城市基础设施和功能设施分散为多个相对独立的治理单元，均衡分布，协同合作，构建一个分布式的城市基础设施网络；再次，研发弹性城市建设的智能分析技术，建立弹性城市建设的经济、社会和生态数据库，开展基于大数据和智慧城市的弹性城市建设技术研发合作；最后，加强长三角弹性城市建设的协同发展，推进长三角城市群协同制定弹性城市建设模式、关键技术、评价标准等区域准则，推进长三角流域水环境监测网络和水环境信息的共享，开展流域排污权交易和生态补偿，构建区域良性水循环系统。

关键词： 弹性　弹性城市　气候变化　水环境治理　上海

目 录

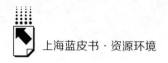
Ⅲ 实践篇

Ⅳ 国际借鉴篇

Ⅴ 附录

皮书数据库阅读**使用指南**

总 报 告

General Report

B.1

上海弹性城市发展评价及推进策略研究

程 进　周冯琦*

摘　要：　上海滨江临海，自然环境存在脆弱性，近年来全球气候变化
　　　　　及其产生的极端天气给上海城市安全带来很大威胁。弹性城
　　　　　市对自然环境灾害的冲击具有承担、恢复和预防功能，成为
　　　　　城市地区发展的热点。从社会弹性、经济弹性、生态弹性、
　　　　　城市基础设施和城市治理五个评价领域构建弹性城市评价指
　　　　　标体系，并对上海进行实证分析，结果表明，上海市近10年
　　　　　来城市弹性指数总体上表现出上升趋势，经济弹性和城市基
　　　　　础设施表现较好；生态弹性在所有评价领域中得分最低，反
　　　　　映了不断扩大的城市规模对自然生态环境产生强烈干扰，削

---

* 程进，上海社会科学院生态与可持续发展研究所，博士，研究方向为环境绩效评价、低碳绿
色发展等；周冯琦，上海社会科学院生态与可持续发展研究所常务副所长，研究员，研究方
向为低碳绿色经济、环境经济政策等。

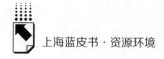
弱了城市自然生态系统的调蓄能力。在高强度城市化背景下，上海自然生态系统的调节能力变弱，城市排水设施难以满足发展需要，高密度城区弹性化改造更新难度大，弹性城市建设也面临着技术支撑不足等挑战。未来上海城市弹性能力的提升，需要构建弹性城市建设的制度保障体系，建设分布式城市弹性设施，研发弹性城市建设的智能分析技术，注重推动全社会共同参与，并加强长三角区域弹性城市建设的协同发展。

关键词： 弹性　弹性城市　评价体系　上海

未来，世界上越来越多的人口将居住在城市，城市人口的福祉依赖于各类机构、基础设施和信息的相互连接。城市作为经济中心而带来的各种机会和创新活动对人口产生巨大的吸引力，但城市也是压力聚集地，一旦城市受到突然发生的冲击，可能会导致基础设施瘫痪甚至经济后退。城市的发展历程表明，城市时刻都面临着风险，城市需要有应对资源短缺、自然灾害、突发事件的能力。城市风险随着居住在城市中的人口的增加而增加，21 世纪以来，气候变化、疾病、经济波动等给城市带来了新的挑战。由于城市系统的复杂性和灾害的不确定性，城市风险越来越难以预测。因此，城市需要做好发展规划，努力提升应对潜在威胁的能力，而当前较为有效的方法即为建设弹性城市，使城市能够随时准备应对各种风险的冲击，当危害发生后，城市能够快速恢复到危害发生前的初始状态。

一　上海资源环境发展评价

经过实施五轮环保三年行动计划，上海市资源利用效率和环境基础设施建设水平不断提升，环境质量改善取得明显成效。随着全球气候变化的影响加剧，咸潮入侵、极端天气事件等环境风险愈发突出。

（一）资源利用效率不断提升

近年来，上海市资源能源利用效率不断提升，2015年单位GDP能耗比2006年下降了44%（见图1）。单位GDP能耗下降，是上海市节能减排所取得的成效的综合反映。2013年，上海正式启动碳排放交易，进一步推动了上海市碳排放强度持续下降以及节能减排目标的实现，提升了能源利用效率。

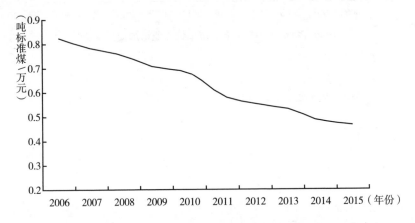

图1　2006~2015年上海市单位GDP能耗

资料来源：上海统计年鉴（2016）。

上海市单位工业增加值用水量同样呈现不断下降的趋势，2015年单位工业增加值用水量比2006年下降了50%（见图2）。通过产业结构调整、生产工艺升级以及输送管网等设施管理的优化，上海市单位用水效益不断提升，有助于推进水资源节约，缓解水质性缺水难题。

资源利用效率的提升，不仅降低了资源消耗强度，污染物排放强度也同样下降（见图3）。近10年来，上海市 SO_2 排放强度由2006年的49吨/亿元GDP下降至2015年的6.84吨/亿元GDP，COD排放强度由2006年的29.13吨/亿元GDP下降至2015年的7.96吨/亿元GDP，污染物排放强度降幅明显，反映了上海市经济发展中的污染物排放情况正逐步改善。

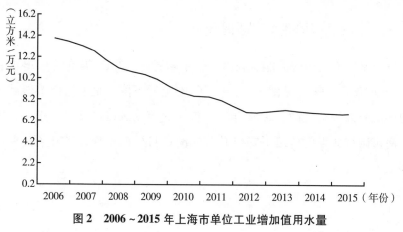

图2 2006～2015年上海市单位工业增加值用水量

资料来源：上海统计年鉴（2016）。

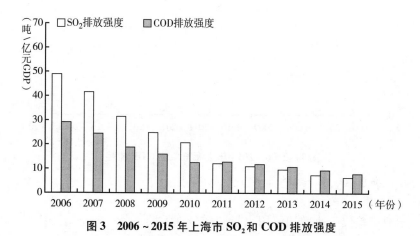

图3 2006～2015年上海市 SO_2 和 COD 排放强度

资料来源：上海统计年鉴（2016）。

（二）环境基础设施能力不断提高

上海市通过滚动实施五轮环保三年行动计划，注重加大环境基础设施建设投入，城市环境基础设施能力大幅提高。2015年，上海市市政设施投资额比2006年增加了近50%（见图4），虽然2011年以来市政设施投资额相对于世博会之前及期间投入水平有所降低，但总体上呈上升趋势，资金投入不断加大保障了城市环境基础设施的建设。

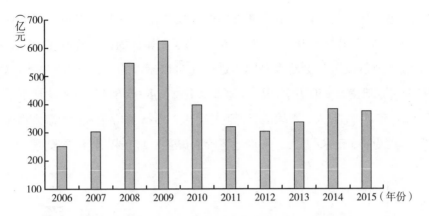

图4　2006～2015年上海市政设施投资额变动情况

资料来源：上海统计年鉴（2016）。

　　新技术和新材料在生产与生活中的应用，往往会产生新的污染物，使城市废水污染更为复杂，给城市水环境带来很大危害。为此，上海市注重加强污水处理设施建设，2015年上海市污水处理厂污水处理能力达到794.6万吨/日（见图5），比2006年增加了63%，污水处理能力的大幅提升，有助于降低废水污染物排放对水体的危害，提高水资源利用效率。

　　雨水和污水是城市水管理必须要解决的首要问题。近年来，上海市不断

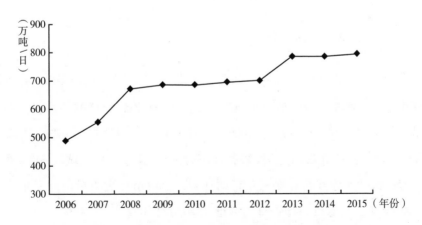

图5　2006～2015年上海市污水处理厂污水处理能力

资料来源：上海统计年鉴（2016）。

加强排水系统建设，以应对不断加剧的气候变化。2015 年上海市排水管道长度比 2006 年增加了 162%（见图 6），除了新城区的排水管网建设，老城区的排水管网改造与更新也在同步进行（可以参考的是，德国首都柏林面积 892 平方千米，350 万名居民，地下水道总长度 9646 千米，人均地下水道长度 27.56 千米/万人，平均地下管道长度 9.8 千米/平方千米；上海人均地下水道长度为 8.3 千米/万人，平均地下管道长度 3.1 千米/平方千米）。

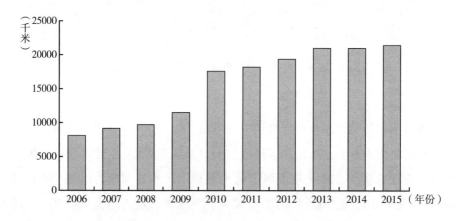

图 6   2006～2015 年上海市排水管道长度

资料来源：上海统计年鉴（2016）。

（三）环境质量不断改善

在国家对污染物排放实施总量控制的要求下，近年来上海市采取一系列措施深化主要污染物总量控制。2015 年，上海市二氧化硫（SO_2）排放量比 2006 年减少了 66.3%，COD 排放量比 2006 年下降了 33.2%（见图 7），城市污染物排放量大幅降低，有助于减轻污染物对城市环境容量的压力，提升城市环境质量。

经过滚动实施五轮环保三年行动计划，上海市环境质量得到了很大改善。2015 年，上海市 SO_2 年日均浓度比 2010 年下降了 41.37%，NO_2 年日均浓度下降了 8%，空气质量优良率已经连续多年超过 90%，大气环境质量逐步改善，水环境质量和生态环境质量总体保持稳定。

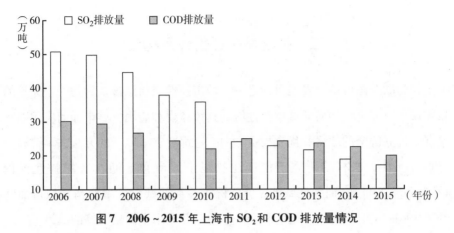

图 7　2006～2015 年上海市 SO₂ 和 COD 排放量情况

资料来源：上海统计年鉴（2016）。

（四）气候变化影响日益显现

大气污染、水污染、土壤污染等传统环境问题一直受到全社会的关注，通过采取行之有效的方法，上述环境问题正在逐步得到解决。近年来，气候变化对人类社会的影响不断加剧，随之带来的极端气候事件给城市造成巨大损失。因此，城市环境管理不仅要注重解决环境污染等传统环境问题，也要应对新时期出现的环境风险。

上海滨江临海，海拔较低，在城市化过程中自然环境存在脆弱性。随着全球气候变化产生的风险日益突出，气候变化及其产生的极端天气给上海城市安全带来很大威胁。2014 年，上海长江口咸潮入侵历时 23 天，是历史上最长一次咸潮入侵，城市部分地区供水受到影响；2016 年汛期，太湖超标准洪水、台风外围影响、"9.15"特大暴雨、5 场局部大暴雨、10 余场暴雨等极端天气给上海城市发展带来严峻考验。

近年来，上海市在环境保护、设施建设方面加大投入，并取得了很好的成效。但目前上海市环境质量改善的成果还比较脆弱，城市复合型污染问题仍然存在，环境保护形势依然严峻。同时，咸潮入侵、城市内涝等新的环境风险又对城市发展提出新的要求。因此，如何建设弹性城市，迎接新的环境形势带来的挑战，成为上海必须正确面对和及时解决的首要问题。

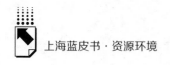

二 弹性城市评价体系构建

作为联合国可持续发展目标之一，城市弹性当前已被认为是一个关键的城市议程。但是，如何使城市弹性得到具体体现和应用？城市如何应用弹性情况来确立健全的战略和优先投资方向？这都要求采取新的方法去了解和倡导城市弹性。现有的研究工作往往忽视了城市和普通社区的弹性评价（Castello，2011），而弹性城市评价分析能够帮助城市了解和衡量城市面临环境风险冲击时的承受、适应和变革能力，并为未来做出更好的决策。

（一）弹性城市内涵

一般认为，"弹性"最早是由 Holling 从生态学的视角提出的，弹性不仅是系统吸收冲击和保持功能的能力，它还包括与更新、重组和发展有关的能力，以考虑设计一个可持续发展的未来（Holling，1973）。换句话说，弹性是一个系统经受扰动并保持其功能和控制的能力（Gunderson，2001）。作为复杂巨系统，城市规模在逐步扩大的同时，也面临着一系列危机与挑战。如何适应各种新变化，保持城市可持续发展，是所有城市都需要解决的问题。弹性城市正是在这样的背景之下被提出来，如果成功的城市没有"弹性"，这些城市将无法生存（Glaeser，2005）。正因为如此，"弹性"近年来成为城市地区发展的热点。

弹性城市建设的目的是预防和应对各种灾害，并从灾害的影响中恢复过来。因此，弹性城市能够处理多种类型的压力且不会造成城市混乱或永久性损坏（Godschalk，2003），而且，弹性城市在受冲击后能够恢复其先前功能和成长轨迹（Vale，2005）。总之，弹性城市一般是指城市系统吸收、适应和应对各种变化的能力，这里所说的弹性城市与当代城市的其他关键目标密切相关，如可持续发展、城市治理以及经济发展（Tompkins，2012）。近年来气候变化对城市的影响显著增强，洪水灾害是可能威胁城市可持续发展的问题之一，强降雨以及城市排水系统滞后使得大洪水的强度持续增加，因此，城市需要提高应对洪水灾害的能力，需要精心设计城市容量，使城市能够达到弹性应对各种灾害的状态，这就是所谓的弹性城市（Renald，2016）。

弹性城市由四个相互关联的概念组成：脆弱性分析、城市治理、面向不确定性的规划、预防（Jabareen，2013）。脆弱性分析有助于了解未来的风险和脆弱性对城市空间和社会经济的映射；城市治理集中在治理文化、流程以及弹性城市的角色，弹性较高的城市在经历灾害性事件之后，其治理能够快速恢复城市基本服务、运行机制和经济活动；面向不确定性的规划强调规划不应适应传统的方法，应以不确定性为导向，气候变化及其带来的挑战要求重新思考和修改目前的规划方法；预防是指为了实现更大的城市弹性和较小的脆弱性，城市需要防止环境灾害和气候变化的影响。弹性城市规划框架见图 8。除此之外，Renald（2016）认为，弹性城市建立在缓解、适应和创新三个维度之上。缓解是指根据城市的容量降低风险，适应是指城市针对风险的自我调整，创新是指采取新的措施来解决城市现有能力难以解决的风险，如研发新技术以降低风险等。

目前对弹性城市建设内容的划分有三种不同观点。一是按应对新变化的

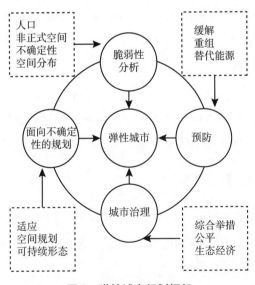

图 8　弹性城市规划框架

资料来源：Jabareen（2013）。

不同发展阶段划分弹性城市建设内容，主要包括前期的城市预防能力、中期的适应和处理能力、后期的创新和恢复能力（Sutherst，2000）；二是按城市不同发展领域划分的弹性城市建设内容，包括生态弹性、工程弹性、经济弹性、社会弹性等（蔡建明等，2012）；三是按城市不同压力源划分的弹性城市建设内容，主要包括基于城市系统、基于气候变化和灾害风险管理、基于城市能源等类型的弹性城市框架（李彤玥等，2014）。从发展脉络来看，对弹性的认识可谓经历了三个发展阶段，即工程弹性阶段、生态弹性阶段、社会—生态弹性阶段（欧阳虹彬等，2016）。对弹性城市的认识呈多样化特征，给弹性城市的建设实践带来不小的困难。事实上，弹性城市建设是一个系统性和综合性较强的过程，核心内容涉及生态、环保、社会、经济等多个城市子系统，城市子系统的弹性发展水平共同决定了城市弹性发展水平。

综合来看，弹性城市是指对经济、环境、社会和制度等领域可能发生的各种冲击，具有承担、恢复和预防能力的城市。具有弹性的城市能够促进可持续发展、提升居民的福利。弹性城市强调的是一个城市的应变能力，当前，气候变化已成为全球性问题，世界范围内许多城市都面临着自然灾害、能源短缺、气候变化、基础设施老化等给城市生态环境带来冲击的风险，其产生的负面效应不但给城市生态安全和居民生活造成巨大的压力，也给城市永续发展带来严峻挑战。因此，本报告主要分析基于气候变化和灾害风险管理的弹性城市，分析弹性城市发展的背景及面临的挑战，评估弹性城市发展水平，依据城市的自然条件、经济社会发展基础制定城市弹性发展策略，以提升城市对未来气候变化的响应能力。

（二）评价体系构建原则

弹性城市发展评价需要一套科学合理的评价体系作为指导，弹性城市发展评价指标体系的构建应依据城市的发展基础和面临的挑战，并遵循以下原则。

1. 科学性与实用性原则

弹性城市发展评价体系应当充分反映弹性城市的内涵，所选指标能够科学合理地反映弹性城市的实质和发展状态，从不同角度和领域进行弹性城市衡量，数据准确，方法科学，以便对城市弹性发展水平做出真实有效的评价。

2. 系统性与层次性原则

城市是由生态、经济、社会、制度等多个要素构成的系统，弹性城市评价中应秉持系统性原则，综合反映城市各要素之间的相互关系，并基于多领域进行综合性分析，以保证评价结果的全面性。由于弹性城市内容的多层次性，评价体系也应具有相应的层次结构，层次之间相对独立，层次分明，能够从不同的角度对弹性城市进行综合评价。

3. 稳定性与动态性原则

评价体系指标需要保持一定的稳定性，能够跟踪、比较、分析弹性城市的发展历程。弹性城市建设是一个动态发展的变量，由于影响城市弹性的要素始终随时间变化而发生改变，评价指标体系应反映出弹性城市的动态性发展过程和发展趋势，便于进行前瞻性决策。

4. 可操作性与指导性原则

构建弹性城市评价指标体系时，应当充分考虑指标数据获取及量化处理的难易情况，所选指标意义明确，容易理解和操作，便于进行计算和深入分析。弹性城市评价指标体系也应考虑到与城市建设实际的对接，不仅仅是客观评价城市弹性发展现状，更重要的是为弹性城市的发展和改进起到导向作用，引导弹性城市建设向深度发展。

（三）弹性城市评价体系框架

弹性城市是一个完整的城市系统，生态、社会、经济等城市子系统相互作用、相互协调，因此弹性城市评价体系也相应地体现出系统性（陈娜等，2016）。弹性城市的评价需要依赖复杂的指标，使用复合指数来评价弹性城市是目前相对较新的方法，但准确反映弹性的特征仍面临一定的挑战（Prior，2013）。弹性评价指标通常包括社会、生态、基础设施和经济等领域的指标，并可使用相应的分析方法将这些指标纳入复合指数（Kotzee，2016）。Arup 构建的城市弹性指数（City Resilience Index，CRI）将评价指标分为四种类型：个体的健康与福利（居民）、基础设施与环境（地方）、经济与社会（组织）、领导力与战略（知识）。OECD 则从经济、环境、社会和治理四个方面构建了弹性城市衡量体系①。可见，社会、环境、经济、基础设施、治理等作为城市系统的主要构成要素，均需要在弹性城市评价体系中加以体现，并根据评价结果帮助城市管理部门制定相关措施，降低环境灾害冲击给城市带来的风险，提升城市对冲击的应变能力。

弹性城市评价体系构建应体现出问题导向性和风险针对性，在借鉴 OECD 弹性城市评价指数、Arup 城市弹性指数以及国内相关研究的基础上，本研究构建了弹性城市评价指标体系（如表 1 所示）。弹性城市评价体系由三个层次组成。第一层次是总目标，即城市弹性指数，综合反映城市弹性发展的总体水平；第二层次是评价领域，包括社会弹性、经济弹性、生态弹性、城市基础设施和城市治理五个评价领域，反映城市不同子系统弹性发展水平及其对城市弹性发展的贡献；第三层次为评价指标层，即各评价领域由哪些具体的指标构成，这些指标能在城市的具体建设环节加以体现，共选取了 27 个评价指标。

表 1　弹性城市评价指标体系

总目标	评价领域	评价指标	单位
城市弹性指数	社会弹性	城市人口密度	人/平方千米
		每万人口在校大学生数	人
		每万人拥有医生数	人
		城镇登记失业率	%
		城市居民人均可支配收入	万元
		人均日居民生活用水量	升
	经济弹性	人均 GDP	万元
		第三产业占 GDP 比重	%
		高技术产业总产值占比	%
		单位工业增加值耗水量	立方米/万元
		单位 GDP 能耗	吨标准煤/万元
		GDP 增长速度	%

① http：//www. oecd. org/gov/regional – policy/resilient – cities. htm.

续表

总目标	评价领域	评价指标	单位
城市弹性指数	生态弹性	建成区绿化覆盖率	%
		人均公园绿地面积	平方米
		建成区面积占比	%
		森林覆盖率	%
		自然保护区覆盖率	%
	城市基础设施	排水管道密度	千米/平方千米
		污水处理厂污水处理能力	万吨/日
		每万人拥有公共车辆	辆
		人均供水管道长度	千米/人
		人均架空线长度	千米/人
		互联网用户普及率	%
	城市治理	每万人拥有社会组织数量	家
		环保投资占 GDP 比例	%
		人均城市基础设施建设投资额	万元
		地方环保法规数量	件

1. 社会弹性

该领域反映城市社会应对环境风险冲击的能力。城市居民在受教育程度、就业、医疗、收入等方面的差异会影响城市社会的弹性程度。一个居民受教育程度较高，就业与医疗水平、居民收入水平较高，同时对资源消耗较低的城市，城市社会能够根据环境风险状况采取应对行为，其对各种环境风险冲击的消纳能力也会保持在一个较高水平。

2. 经济弹性

该领域反映城市产业结构和经济系统应对环境风险冲击的能力，主要体现在城市人均 GDP 和 GDP 增速处于较好的发展状态，城市多样化的经济结构以及高端产业所占比重较大，特别是第三产业及高技术产业所占比重较高，城市经济运行对资源消耗的依赖程度较低，资源的综合利用水平较高，在自然灾害发生时城市经济系统仍能保持有效运行，具有经济发展的持久力。

3. 生态弹性

该领域反映城市生态系统能够应对自然灾害冲击，并保持其结构和服务功能的能力，以及城市经济社会活动对生态系统脆弱性的影响程度。城市生态系统具有脆弱性，城市经济活动强度高，开发建设活动会破坏生态系统的稳定性，需要最大限度降低对生态环境的消极影响，确保城市的建设活动处于生态环境容量的承载范围之内。同时，提升城市的绿化水平，以改善城市生态系统状况，实现城市居民与生态系统协调发展。

4. 城市基础设施

该领域反映城市公共交通、电力、供排水、信息化等关键基础设施对环境风险冲击的应对能力，以及城市基础设施系统快速而有效地从自然灾害中恢复原先状态的能力。基础设施系统是城市应对环境风险并从中快速恢复的基本条件，城市污水处理、地下管网建设、电力线路以及互联网等基础设施完善，则能提供较全面的功能服务，在抵御自然灾害时能够快速反应。

5. 城市治理

城市治理是引导社会、经济、生态子系统向可持续方向发展的重要因素。城市治理主体通过高效的治理措施，保证城市信息通达，通过增加资金投入、发展社会参与、完善城市法制等，能够有效提升城市对自然灾害的预警能力，以及有效组织应对冲击和恢复城市原先状态的能力。

（四）弹性城市评价体系计算方法

评价体系中有正向指标和负向指标。首先，采用离差标准化方法对所选指标进行标准化处理，将所有指标转化为正向指标；其次，确定指标权重是弹性城市评价中的一个重要环节，反映了各个指标在评价体系中的不同重要程度，指标权重赋值是否合理将直接影响到评价结果。本文采用熵值法，根据指标值的离散程度关系来确定指标权重，该方法确定的指标权重系数具有较强的客观性，能够避免评价过程中的主观意向。

针对弹性城市评价体系中的社会弹性、经济弹性、生态弹性、城市基础设施和城市治理五个评价领域，围绕居民受教育程度、就业、医疗、收入、产业结构、经济发展对资源能源的依赖程度、公共交通、电力、供排水、信息化、社会参与、资金投入、制度建设等具体评价指标，开展弹性城市发展水平评价，分别计算不同年份相应的具体评价指标、各评价领域和城市弹性指数得分。

弹性城市评价体系综合测量了城市不同子系统的弹性运行状况，拟提供一种基于应对气候变化和自然环境灾害的城市弹性发展效果的评价标准。城市弹性指数得分高，说明城市弹性发展程度高，反之则说明城市弹性发展程度低。指数得分为 1 代表着处于理想发展状态；某指标或评价领域得分越高，则反映了与该指标相关的弹性发展领域发展情况越好；不同年份经济弹性、城市基础设施、生态弹性、社会弹性和城市治理五大领域及具体指标的得分变化，可以反映出城市在不同领域弹性发展的演化趋势，能够为城市弹性发展决策提供有针对性的信息支持。

三　上海弹性城市评价

考虑到弹性城市的动态发展特征、数据可获得性，以及上海城市经济、社会、环境等领域发展的实际情况，本文主要分析 2005～2014 年的上海城市弹性演化情况，相关数据通过 2005～2015 年《上海统计年鉴》《上海市国民经济和社会发展统计公报》《中国统计年鉴》直接获取或间接计算获得。

（一）城市弹性指数得分

从城市弹性指数得分情况来看，上海市 2005～2014 年城市弹性指数总体上表现出上升趋势，由 2005 年的 0.332 上升至 2014 年的 0.542（见图 9），说明上海市城市弹性发展水平在不断提升，城市应对各种环境风险冲击的能力有所增强。研究期内上海弹性城市发展可以分为三个阶段。(1) 2005～2007 年，城市弹性发展水平有一个明显提升的阶段，城市弹性指数由 2005 年的 0.332 快速上升至 2007 年的 0.477，说明该时期内城市在经济转型、生态建设、社会发展、基础设施和城市治理等方面取得了显著的进步。(2) 2007～2011 年，城市弹性发展变化不大，无明显的提升或下降，虽然该时期内城市实施了多样化的具体措施来增强对环境风险的吸纳能力，但总体上效果并不理想。（3）2012年以来，城市弹性发展水平有明显提升，至2014年城市弹性指数分值有一个新高。近年来，气候变化带来的极端天气事件在上海市的发生频率不断加剧，部分区域城市内涝时有发生，环境风险给城市安全带来的潜在威胁强化了城市预防和应对环境风险冲击的意识，上海开始在各个领域制定具体措施和规划，有力地促进了城市弹性发展水平。

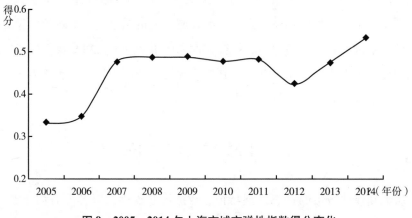

图9　2005～2014年上海市城市弹性指数得分变化

（二）评价领域得分

上海在经济弹性、生态弹性、社会弹性、城市基础设施和城市治理五大领域发展水平具有一定的差别（见图10）。经济弹性和城市基础设施得分分别为0.623和0.647，在五个评价领域中较为领先。在经济弹性方面，2014年上海市第三产业占比已经达到64.8%，高技术产业总产值占比超过了20%，产业转型升级取得了阶段性成效，经济增长过程的能耗和水耗量持续降低，2014年上海在各省份单位GDP能耗降低率中排名第一，城市经济运行质量和效率有很大改善，这些都大大提高了上海经济系统对外界变化的消化吸收能力；在城市基础设施方面，城市供水、排水、电力等设施不断完善，污水处理能力和城市信息化水平均有显著提升，提升了城市应对突发性环境风险的能力。

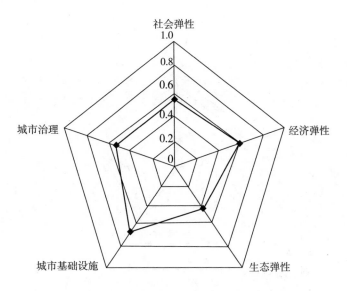

图 10　2014 年上海市弹性城市评价领域得分情况

生态弹性、社会弹性和城市治理得分分别为 0.425、0.537、0.525，均低于上海城市弹性指数。生态弹性在所有评价领域中得分最低，最主要的原因在于上海市城市规模不断扩大，城市建成区面积也随之不断扩大，对城市自然生态环境的干扰作用不断增强，虽然城市绿化水平逐年提升，但人工生态系统的运行机制与自然生态系统尚存在不小差异，整体上仍削弱了城市自然生态系统的自我修复和调节能力；在社会弹性方面，城市人口密度不断增加，使得城市风险因素相应增加，而城市的医疗水平、就业保障、资源需求、文化教育等尚没有实现同步发展，城市社会对突发环境风险的应对能力还需要进一步加强；在城市治理方面，公众参与的基础较好，每万人拥有的社会组织数量为 5.1 家，城市治理水平的提升，带动了环境保护和基础设施投资等领域的发展，有助于提升城市应对环境风险的能力。

从经济弹性、生态弹性、社会弹性、城市基础设施和城市治理五大领域发展水平的演变来看，此消彼长的现象较为突出（见图 11）。

经济弹性、城市基础设施、城市治理的得分表现出上升的趋势。经济弹性得分由 2005 年的 0.257 增加至 2014 年的 0.623，2005～2014 年上海第三

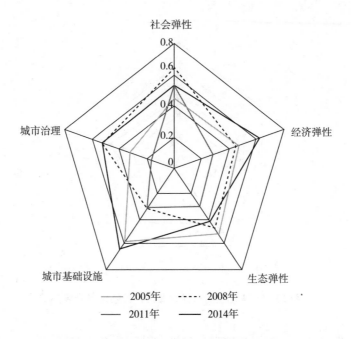

社会弹性

城市治理

经济弹性

城市基础设施

生态弹性

—— 2005年　······ 2008年
—— 2011年　—— 2014年

图11　上海市弹性城市评价领域得分变化趋势

产业占 GDP 比重增加了25.5%，人均 GDP 增加了96%，单位工业增加值耗水量下降了55.9%，单位 GDP 能耗下降了45.5%，这些变化带动了城市产业结构和经济系统应对环境风险冲击的能力不断提升。城市基础设施得分由2005 年的 0.315 增加至 2014 年的 0.647。2005～2014 年，上海市排水管道密度增加了203%，污水处理厂污水处理能力提升了63%，人均供水管道长度提升了16%，互联网用户普及率提升了69%，这些显著变化为城市应对环境风险并从中快速恢复提供了基本条件。不过需要注意的是，随着人口的快速增加，人均拥有公共车辆数下降了29%，说明城市基础设施建设仍有需要加强的地方。城市治理得分由 2005 年的 0.167 增加至 2014 年的 0.525，上升幅度显著。2005～2014 年，上海市在社会组织建设和地方制度建设方面均取得较大进步，但环保投资占比及人均城市基础设施建设投资有小幅下降。城市基础设施是为居民服务的，必须要与城市人口规模协同发展。

社会弹性和生态弹性的得分则表现出波动下降的趋势。虽然 2014 年社会弹性和生态弹性的得分均高于 2005 年，但与 2008 年和 2011 年等中间年份相比，该两项指数得分水平有一定幅度的下降。社会弹性得分由 2005 年的 0.543 增加至 2008 年的 0.651，到 2014 年降至 0.537。2005～2014 年，上海市城市人口密度增加了 28%，而同期表征城市文化教育水平、医疗水平和就业情况的指标无显著变化，影响了城市社会对各种环境风险冲击的消纳能力的提升。生态弹性得分由 2005 年的 0.309 增加至 2011 年的 0.522，到 2014 年降至 0.425。2005～2014 年，上海市建成区面积占比增加了 22.5%，城市建设对自然生态系统的侵蚀加剧，虽然人工生态系统也在同期进行建设，如上海市人工湿地面积近 10 年来增加了约 18 倍，建成区绿化覆盖率和森林覆盖率等都有不同程度的提升，但城市开发建设对生态环境的消极影响仍无法消除，城市生态系统应对环境风险冲击，并保持其结构和服务功能的能力受到削弱。

四 上海建设弹性城市面临的挑战

弹性城市建设是有效应对气候环境风险的重要途径之一，但上海作为一个高度城市化地区，城市经济社会发展、基础设施和生态环境等各领域在适应气候环境风险方面还面临一些挑战。

（一）城市自然生态系统的调节能力变弱

近三十年来，上海经历了一个快速城市化的过程，导致城市建设用地快速增长，大规模的林地、绿地、湿地、耕地等用地类型转化为城市建设用地。目前上海市城市建设用地所占比重超过了 40%，大量城市自然生态空间消失。随着未来城市发展，许多城市自然生态空间仍然面临"被消失"的压力。以湿地资源变化为例，按照相同的调查口径，2015 年上海市第二次湿地资源调查结果显示，自然湿地面积比第一次湿地调查下降了 5.05 万公顷，下降率为 15.8%；人工湿地增加 0.56 万公顷，增加了 18 倍。除了自然生态结构空间的减少，城市自然生态空间被人为改造是另一大问题。城市河道岸线人工化改造即为典型的例子，在城市发展过程中，为了防止河岸崩塌或美化河道环境，城市对河道岸线进行硬质化和人工化改造，破坏了河道的自然属性，河岸生境及净化功能丧失。

自然生态系统的调蓄系统具有强大的吸纳能力，能够与地下土壤一道形成一个弹性蓄水体，从而在暴雨等灾害发生时调节和集蓄地表水流。而上海市自然生态系统的退化，造成最直接的后果就是生态系统应变弹性的丧失。城市自然生态空间的破碎化导致城市生态环境质量日趋下降，打破了城市生态系统的平衡。尽管近年来园林绿地等人工生态系统的建设力度不断增加，但城市人工生态系统具有较强的不稳定性，调节能力相对有限，而且随着城市土地紧张，城市绿化建设用地也日趋紧张，未来能发挥的调节和吸纳能力有限。

（二）城市排水设施难以满足发展需要

上海市由于海拔较低，受海平面上升影响较为严重，气候变化及海平面上升将直接影响城市基础设施的功效，同时会产生洪涝、咸潮入侵等各种危害。近年来，上海市汛期持续性强降雨发生的次数不断增多，强度不断增大，2016 年 9 月，受台风影响，上海有 12 个站的过程降雨量超过 300 毫米，28 个站超过 200 毫米，395 个站超过 100 毫米，201 个站超过 50 毫米，最大的高达 393 毫米（包璐影等，2016）。城市短时强降雨对城市排水设施提出很高的要求，由于短时强降雨的降水量超出设施排水能力，在部分城区造成道路积水，给城市正常运行带来很大影响。

一方面，上海防汛排水设施建设尚不均衡，易涝地区排水能力不足。从空间分布来看，上海容易发生洪涝灾害的地点主要分布在市区以及郊区建成区的道路和广场，总体上中心城区发生暴雨内涝的风险远远高于郊区（见图 12）。中心城区等易涝地区按照现行标准建设的基础设施已基本完成，易涝地区排水设施的更新难度非常大，郊区排水系统则缺口很大。另一方面，城市排水设施的规划和建设理念滞后，体现在对雨水的管理侧重于末端快速排放，缺乏对雨水进行源头减少和资源化管理的规划和实践。低影响开发模式、海绵城市、弹性城市等可持续的城市雨水管理理念还没有广泛形成。

图 12　上海市洪涝灾害风险空间分布

资料来源：刘敏等（2016）。

上海城市排水设施中存在的薄弱环节，使得排水设施难以满足发展需要，建设弹性城市面临着提升排水设施建设标准、更新已有排水设施管道、完善排水系统缺口等诸多挑战。

（三）高密度城区弹性化改造更新难度大

目前城市雨水收集方式主要是通过排水管网，但这种硬质化、人工化

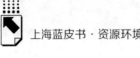

的雨水收集方式和基底状态对于减缓水流速度、促进渗透成效甚微。美国环保署的测算显示，在未开发的自然地表条件下，只有10%的降雨量形成地表径流，50%的降雨量下渗；而当城市建成区地表硬化面积超过75%时，在同等强度降雨条件下，只有15%的降雨量会下渗（郭湘闽等，2016）。如此一来，形成地表径流的降雨量明显增加。因此，硬质化程度较高的建成区，缺失了自然界的弹性调蓄能力，在暴雨发生时，大量雨水无法自然消解，经由雨水管网系统快速汇集到低洼地区，大大增加了高密度城区发生内涝的概率，表现出极高的风险性。城区河道沿岸多分布着住宅小区、产业园区、商业街区等，处于高密度开发状态，面源污染也较严重，暴雨径流挟带的污染物使得沿河的雨污水处理量瞬时上升，对城市水环境也会产生污染。因此，城市弹性发展需要对已经建成的城市空间进行弹性化改造更新。

随着上海城市化水平的不断提高，高密度城区成为上海城市发展的特征之一。对于新建城区可以通过规划、建设、项目验收等方式来实现弹性发展，但对已建成的高密度城区的弹性城市改造，会面临不小的困难和障碍。一方面，城区已完成对土地的规划利用，难以提供充足的地表空间用于建设低影响开发工程或弹性基础设施，建筑的地基、地下停车场、人防工程、地铁、商业设施等城市地下深层构筑物又将地下调蓄空间占据。目前上海的地下空间建设面积占中心城区面积的比重已经超过了7%（郦璐等，2010），随着城市地下交通设施、生产和生活服务设施的建设，这一比重还在继续增加。对已建城市地表和地下空间的弹性化改造和更新难度很大。另一方面，已建成的高密度城区的弹性化改造和更新涉及许多不同的企业、机构和居民，会面临单位和个人对相关改造、拆迁的理解、支持和协调等难题，对城市更新的制度安排和创新提出挑战。

（四）弹性城市建设的技术支撑不足

弹性城市建设目标的实现，需要有一套基于理论分析和实践检验的技术体系加以支撑，在预防、应急、恢复等城市应对自然环境风险的各个阶段构建基于科学标准的弹性发展体系。弹性城市建设在国内还是一个新生事物，理论和实践探索都还刚刚起步，有限的经验和技术也多为借鉴国外有关建设弹性城市、水敏城市的实践案例。由于每个城市的地理区位、自然条件和气象特征等因素都很有很大的差异，不同城市的建设目标有很大差别，这也决定了弹性城市建设技术具有显著的地方独特性。国外相关较为成熟的技术在实际应用时往往达不到理想的效果，城市还需要投入大量的人力和资金进行自我研发，因地制宜构建弹性城市建设技术体系。

对于上海市来说，弹性城市建设面临着从建设模式、城市规划、项目设计到效果评价与城市管理等各领域的问题和挑战，如何合理地选择适合本地基础条件的技术成为弹性城市建设的迫切需求。目前，上海市还缺乏针对弹性城市的先进科研技术支撑，包括最根本的建设目标、建设标准、控制指标、建设效果评价在内的关键技术标准尚不明晰，特别是基于大数据和智慧城市的城市环境风险应急与预测的智能分析等技术还未有效开展，技术革新如何增强城市弹性还有待深入研究。

五 推进上海弹性城市建设的对策建议

弹性城市建设是一个涉及城市多个部门、多个发展领域的长期过程，需要从制度保障、分布式基础设施建设、大数据与智能技术的运用、社会参与以及区域协同等角度开展，不断提升上海城市弹性能力。

（一）构建弹性城市建设的制度保障体系

弹性城市建设需要反思传统的城市开发建设模式，充分认识城市的资源环境承载力，从顶层设计出发，创新弹性城市建设所需要的政策、法规、标准、规范等，建立与弹性城市相配套的管理机制和制度保障体系。弹性城市涉及面广，涉及多个发展领域和相关的职能部门，需要建立相应的决策协调机制。

首先，将弹性城市建设纳入城市国民经济和社会发展规划，把弹性城市建设理念纳入上海市城市规划、建设和运营管理的全过程，出台《弹性城市建设管理办法》等政策文件，弹性城市的相关建设要求和指标应在城市总规、控规及有关专项规划中得到体现，在土地供应、设计审查、施工许可、竣工验收和运行监督等环节进行监管。针对弹性城市涉及面广的特点，建立弹性城市建设联席会议制度，协调解决弹性城市建设过程中的重大问题。

其次，制定弹性城市建设的技术标准。弹性城市具有明显的地方独特性，需要探索和制定符合上海城市发展条件的弹性城市设计导则、技术指南及方法、标准图集等，编制《弹性城市规划设计导则》，相关职能部门需要制定城市弹性设施维护管理技术规范，用于指导弹性城市专项规划的编制及运行管理工作。

最后，制定弹性城市建设绩效评价与考核办法，构建符合上海城市发展需要的弹性城市测评体系，使城市弹性能力的定量评价具有可操作性依据。建立弹性城市建设绩效、弹性设施维护检查和考核制度，将弹性城市建设与管理纳入各部门绩效考核内容，弹性城市监督考核的情况定期向社会公布。

（二）实施分布式城市设施弹性改造策略

传统的集中式雨水收集管网设施，在极端气象条件下难以消纳城市雨水外排量，往往造成低洼地段发生内涝，因此，需要通过设计相应的策略和技术应用，将分布式的概念引入城市基础设施弹性改造之中，强调将城市基础设施和功能设施分散化为多个相对独立的治理单元，这些分布式治理单元在城市中均衡分布，协同合作，依靠分散治理来实现整个城市的弹性功能，最终构建一个分布式的城市基础设施网络。

首先，城市的自然环境风险在空间上并不均衡，如城市内涝总是在部分地区易发，因此，应开展城市不同空间尺度的评价，可以细化到街道尺度。精确识别城市自然环境冲击下的脆弱性程度的空间分布，实现不同的城市空间单元有能够精确反映其特征的自然环境风险参数，为实施分布式的城市基础设施弹性改造和精细化规划提供支撑，并重点关注易发城市内涝等自然灾害的空间单元，率先进行基础设施更新与改造。

其次，在分布式理念的指导下，把各种城市分布式能源设施、绿化设施和弹性设施协同起来，推动分布式城市雨水收集与处理。一方面，需要提高分布式绿色基础设施的比重，发挥蓄水和泄洪的作用；另一方面，对城市大型楼宇进行改造，使城市楼宇除了具有居住或办公功能之外，还可以成为雨水的收集和调蓄设施。分布式绿化设施和建筑楼宇能够形成应对雨水冲击的弹性单元，可以大大减少雨水径流的外排量，实现雨水径流的就地处理，避免雨水收集后长距离输送和集中排放，大幅减轻极端气象事件对城市的危害。

（三）发展弹性城市建设的智能分析技术

智慧城市已经成为当前城市建设的热点，大数据是智慧城市建设的基础，并影响到城市的建设和决策过程。在大数据和智慧城市建设背景下，数据挖掘和数据分析为城市问题的分析和预测提供了新的方法和方向，能够为弹性城市建设过程中的数据分析提供参考，因此，发展大数据智能分析等前沿技术是弹性城市建设当前的主要任务之一。

首先，建立弹性城市建设的经济、社会和生态数据库，结合物联网、云计算、大数据、移动互联网等基础智慧技术，实现雨水收集与排放、管网系统调度、灾害预警、水质监测的智能应对。通过集中式和分布式相结合的智能化弹性设施，实现城市雨水及再生水的循环利用。智慧化的弹性城市建设能够实现对突发的自然环境灾害进行实时监测和快速反应，及时了解城市各重点监测地区在自然环境灾害发生时的受损情况，并根据城市整体状况快速做出决策部署。

其次，推动科研机构与企业和社会资本建立合作机制，开展基于大数据和智慧城市的弹性城市建设技术研发合作，初步建立弹性城市建设技术储备优势。通过技术合作，推动弹性城市的智能化技术产品和建设模式创新，在此基础上建设弹性城市智能分析技术应用的示范项目，技术成熟后可大面积推广应用，起到示范引领作用。

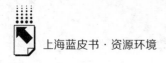

（四）促进全社会共同参与弹性城市建设

无论是城市的洪涝灾害还是节约用水，都涉及城市社会的每一个人，因此弹性城市建设不是依靠某一个部门就能完成的，需要社会各界共同参与。对于城市社会公众而言，弹性城市可以提高城市自然系统的自我调节能力，减少城市内涝等自然灾害的冲击，有助于优化城市人居环境。应广泛宣传弹性城市的发展理念和具体要求，使之深入人心，促进弹性城市的建设。

首先，引导社会公众支持并参与到弹性城市的建设中来。借助报纸、电视等传统媒体以及微博、微信等新媒体平台，开展弹性城市建设的专题宣传，对弹性城市建设的背景、意义、目标、内容等进行大力宣传推广，在全社会宣传弹性城市理念，营造全社会理解、支持、参与弹性城市建设的意识。加强政府引导，鼓励社会公众支持和参与弹性城市建设，成为弹性城市理念的践行者，理解和服从弹性城市建设规划安排。

其次，构建政府主导、社会参与的弹性城市融资机制。探索多源头筹集资金，推进弹性城市建设资金由政府财政单一来源转向社会多元融资，基于"共担风险、共享收益"的原则建立政府与社会资本的合作机制，创新推广PPP、特许经营等模式，通过政府购买服务的方式，将排水管网、绿地设施、生态恢复等弹性城市项目建设以及后期的运营管理适当组合为PPP项目，吸引社会资本参与弹性城市的项目建设、技术研发和运行管理等。

（五）推动长三角城市群弹性城市协同发展

长三角城市群城镇分布密集，自然条件相似，多为典型的平原水网城市，地势低缓，暴雨条件下城市发生洪涝灾害风险大。城市地表硬质化、人工化建设，改变了水循环模式，地下水位补充不足，城市用水对上游水资源的依赖度不断增强。因此，需要从长三角区域协同的视角开展弹性城市建设。

首先，需要明确长三角城市群弹性城市协同建设的三大目标，即以提升城市排水防涝能力为主要任务的水安全目标，以实现地表水质达标、恢复水的自然循环为主要任务的水生态目标，以提升雨水和污水的再利用率为主要任务的水资源目标。

其次，打造长三角弹性城市群。水资源问题是一个区域性的问题，长三角城市群应该加强合作，以提升区域应对极端气象灾害的能力、改善区域水环境质量为目标，协同弹性城市建设管理的各项措施，完善弹性城市建设的理论和制度，推进长三角城市群协同制定弹性城市建设模式、关键技术、评价标准等区域准则，探索高度城市化地区弹性城市群的建设路径，形成可推广、可复制的弹性城市建设模式，为国内其他城市群弹性城市建设提供借鉴和参考。

最后，加强流域水治理合作。长三角城市群弹性城市协同建设立足于构建良性水循环系统，因此，应推进长三角流域水环境监测网络的共享，建设流域水生态环境监测网络，制定流域统一的水环境评价标准和规范。打造水环境信息共享平台，对可能发生的流域水环境风险进行预防和应急响应，减轻突发水环境事件的影响程度，提高区域弹性发展水平；开展流域排污权交易和生态补偿，以市场机制激励各地区污染减排，提升流域的环境质量。

参考文献

Castello M. G. "Brazilian Policies on Climate Change：The Missing Link to Cities," *Cities*. 2011. Vol. 28（6）.

Glaeser E. "Reinventing Boston 1630 – 2003," *Journal of Economic Geography*. 2005. Vol.（5）.

Godschalk D. R. "Urban Hazard Mitigation：Creating Resilient Cities," *Natural Hazards Review*. 2003. Vol. 4（3）.

Gunderson L, Holling C S. *Panarchy：Understanding Transformations in Human and Natural Systems*. Washington（DC）：Island Press. 2001.

Holling, C. S. "Resilience and Stability of Ecological Systems," *Annual Review of Ecological Systems*. 1973. Vol.（4）.

Jabareen Y. "Planning the Resilient City：Concepts and Strategies for Coping with Climate Change and Environmental Risk," *Cities*. 2013. Vol.（31）.

Kotzee I, Reyers B. "Piloting a Social – Ecological Index for Measuring Flood Resilience：

A Composite Index Approach," *Ecological Indicators*. 2016. Vol.（60）.

Prior T. Hagmann J. "Measuring Resilience：Methodological and Political Challenges of A Trend Security Concept," *Journal of Risk Research*. 2013. Vol. 17（3）.

Renald A, Tjiptoherijantob P, Sugandac E. "Toward Resilient and Sustainable City Adaptation Model for Flood Disaster Prone City：Case Study of Jakarta Capital Region," *Procedia-Social and Behavioral Sciences*. 2016. Vol.（227）.

Sutherst R. W. "Estimating Vulnerability under Global Change：Modular Modelling of Pests," *Agriculture Ecosystem & Environment*. 2000. Vol.（82）.

Tompkins E. Hurlston L A. *Public-Private Partnerships in the Provision of Environmental Governance：A Case of Disaster Management*. In E. Boyd & C. Folke（eds.）, *Adapting Institutions：Governance, Complexity and Social-Ecological Resilience*. Cambridge, GB：Cambridge University Press. 2012. pp. 171 – 189.

Vale L J, Campanella T. *The Resilient City：How Modern Cities Recover from Disaster*. New York：Oxford University Press. 2005.

包璐影、章震宇：《"莫兰蒂"带来今年入汛最大一次降雨》,《劳动报》2016 年 9 月 17 日。

蔡建明、郭华、汪德根：《国外弹性城市研究述评》,《地理科学进展》2012 年第 10 期。

陈娜、向辉、叶强：《基于层次分析法的弹性城市评价体系研究》,《湖南大学学报》（自然科学版）2016 年第 7 期。

郭湘闽、危聪宁：《高密度城区分布式海绵化改造策略》,《规划师》2016 年第 5 期。

李彤玥、牛品一、顾朝林：《弹性城市研究框架综述》,《城市规划学刊》2014 年第 5 期。

郦璐、徐瑞龙：《上海市地下空间开发利用现状及建议》,《上海建设科技》2010 年第 5 期。

刘敏、王军、殷杰：《上海城市安全与综合防灾系统研究》,《上海城市规划》2016 年第 1 期。

欧阳虹彬、叶强：《弹性城市理论演化述评：概念、脉络与趋势》,《城市规划》2016 年第 3 期。

专 题 篇

Special Topics

B.2

弹性城市——城市发展当今和未来
所面临的挑战

Joachim Alexander *

摘　要： 现代的城市发展若缺少弹性作为标杆是无法想象的。弹性理念方案必须考虑新的挑战，弹性理念并不会取代现有的预防、防护或者风险管理等方案，而是更多地将眼光放到了整体考虑，所有相关各方均参与其中。弹性城市理念的成功要素包括：①空间规划，在国家、地区和地方层面设计具有适应能力的弹性空间结构整体蓝图；②融为一体的城市发展方案，采取融为一体的行动方案替代分部门的规划；③行动选择，不仅是"产生影响"，而是要注重"做出回应"。

关键词： 弹性城市　脆弱性　可持续性

---

* Joachim Alexander，教授，德国路德维希港市气候保护专员。

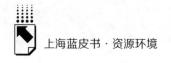

一　导言：弹性城市

　　我们不知道即将面临的下一个紧急突发事件会是暴雨、旱灾、龙卷风或者是暴风雪，但是我们必须全方位更好地准备好应对。

——迈克尔·布隆伯格，纽约前市长

　　纽约前市长迈克尔·布隆伯格于 2013 年发布了厚厚的多达 400 余页的报告（《一个更加强大、更具弹性的纽约》），这份报告是在 2012 年 10 月纽约市和新泽西州遭受飓风"桑迪"重创、造成 650 亿美元损失之后起草完成的。该报告描绘的是一份如何在未来面对极端天气事件及其后果时使城市变得更加具有弹性的计划。当今必须进行投资，使民众和基础设施更好地应对气候变化所带来的可以预见的后果，包括风暴、高潮位、炎热酷暑期和海平面上升。[①]

　　本文希望通过导言提醒人们拥有的一种印象——似乎"只有与气候保护、克服气候变化后果、能源转型或者城市化进程相结合，才可能对弹性理念展开讨论"——是不正确的。必须指出，鉴于城市和子系统通常在应对挑战和转变时表现出的坚韧和适应能力，城市一直在体现其弹性。同时，人们不能忘记，在世界范围内，城市恰恰在数百年乃至数千年历程中证明了其应对政治、社会、经济、科技和文化领域变化的强大适应能力。

　　但是，我们如今所面临的挑战与以往不同。作为社会变革的始发点，城市同时也受到以下社会发展大趋势的影响[②]：

　　——人口发展变化；

---

　　① 新使命基金会：《弹性作为城市发展的标杆——德国和世界城市的益处和机遇》，政策简报，柏林，2013 年 8 月 13 日。

　　② Jakubowski, P.：《弹性城市发展——转变理念？新的研究方向、概念和出发点》，卡塞尔，2014 年 7 月 10 日，http：//www. sicherheit-forschung. de/forschungsforum/workshops/workshop_ 12/vortraege/Jakubowski-Resilienz – Berlin – 11_ 11_ 15 – fuer – Web. pdf。

——气候变化；

——经济发展整体形势不景气和结构危机；

——石油峰值发展和能源体系的改组（例如：停电管制）；

——恐怖主义和有组织犯罪；

——全球互联造成的经济风险；

——新的地缘政治权力和影响范围；

——新的大批移民。

"弹性是指人群、社会团体、系统或者物件对已产生的损害进行平衡补偿和对已丧失的功能进行恢复的能力，或者是指面对危害灵活反应，并且尽可能防止产生损失的能力。"① 脆弱性描述的是事件和变化后果带来的危害、风险、危机或者疲劳所造成的伤害，没有足够的克服能力和容量，而弹性的典型能力恰恰涉及这些挑战（抵抗能力、更新能力）。②

一座弹性城市应具备以下能力③：

——克服急性突发事件和慢性疲劳；

——适应能力；

——迅速恢复状态，不会危及城市长期发展。

本文将重点论述克服气候变化及其后果背景下的弹性理念。

在这方面，适应气候变化的战略和措施原则上均面临两个需要战胜的挑战。第一，适应措施事实上总是涉及某些确定的区域，需要考虑各方利益。为此，一项适应措施始终需要进行整体协同工作，而非分部门规划。

第二个挑战在于气候变化预测的不确定性。进行预测是不可能的，只能通过出现的情形指明可能发生变化的宽广通道。设想 21 世纪末气候可能会

---

① Bürkner, H. -J.：《脆弱性和弹性：研究现状和社会科学调查观点》，工作文件，43，莱布尼茨区域发展和结构规划研究所，Erkner bei Berlin，2010，第 24 页。

② Beckmann, K. J.：《弹性——与可持续城市发展相关联的新要求？》，选自 Beckmann, K. J.：《现在也还需要弹性？》，德国都市研究所，特刊，柏林，2012，第 9 页。

③ 欧盟委员会：Council Conclusions on EU Approach to Resilience，布鲁塞尔，2013，www. consilium. europa. eu/uedocs/cms _ Data/docs/pressdata/EN/foraff/137319. pdf，2016 年 11 月 16 日网上查阅。

具有明显不同的特征，那么柏林或者上海这样的城市该如何准备应对呢？鉴于这样的不确定性，似乎更加具有可操作性的是先等待一下，看看事物会如何发展。正如英国经济学家尼古拉斯·斯特恩爵士在国民经济测算基础上撰写的报告中所指明的那样，从不作为中会产生显著的风险，因为将来需要执行强制适应措施，将因产生更大的损失而带来高昂的费用，为此，这些负担会转嫁给未来的后代。① 更加具有意义的是，在当下就开始启动气候适应的系统工作，使分阶段分步骤的行动方法成为可能②。

二 城市发展和城市的脆弱性

城市化是 21 世纪最具特点的现象之一，城市化波及全球范围内的所有地区。鉴于世界人口的急剧增长，对于城市而言也别无选择。2007 年以来，世界 50% 的人口生活在城市。2050 年这一比例将达到 70%，增长势头明显。尤其在新兴经济体国家和发展中国家，人口增长和城市化更显突出地位，导致城市的迅猛增长。

特别是在亚洲，尤其是在中国，城市和大都市圈的增长更加迅猛（见图1）。根据联合国人口基金会公布的数据，中国目前的城市化率已经超过了50%，而 40 年前，中国的城市化率仅为 20%。中国期望至 2030 年达到 10 亿人城市人口，目前城市人口为 6.5 亿人；同时期望 2050 年城市化率达到78%。③ 尤其是百万人口城市和特大型城市（超过 1000 万人口）将继续增长。例如，上海市的人口每年增长 50 万人，这大约相当于德国纽伦堡市目

① Stern, N.: *The Economics of Climate Change: The Stern Report.* Cambridge University Press, Cambridge, UK 2007, http://mudancasclimaticas. cptec. inpe. br/ ~ rmclima/pdfs/destaques/sternreview_ report_ complete. pdf, 2016 年 11 月 18 日网上查阅。

② Breuste, J. et al.：《城市生态系统是何等脆弱》《如何发展城市弹性?》，选自 Breuste, J. et al.：《城市生态系统：功能、管理和发展》，柏林，2016。

③ Wu J. et al.: Urban Ecology in China: Historical Developments and Future Directions. Landscape and Urban Planning 125, 2014, S. 4, http://www. academia. edu/6375457/Urban_ ecology_ in_ China_ Historical_ developments and_ future_ directions, 2016 年 11 月 16 日。

前的人口数量。在新的都市圈京津冀（北京、天津和河北）地区，将有1.3亿人口生活。

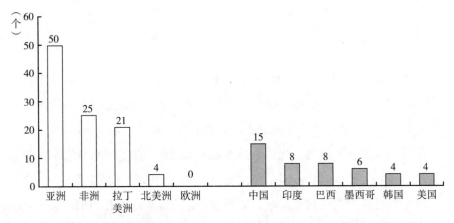

图1 1950~2000年世界范围100座增长速度最快的大城市的国家和地区分布

资料来源：SATTERTHWAITE, D.：The Transition to a Predominantly Urban World and Its Underpinnings. International Institute for Environment and Development, Human Settlements Discussion Paper Series, Urban Change 4. September, London 2007（经修改）。

随着全球范围城市和都市圈的增加，城市结构、城市的社会和经济系统、基础设施和建筑物等面对极端天气事件时易受冲击的风险也显著增加。在一个相对小的空间，许多人会突然遭受灾害的侵袭。

首先受到冲击的就是发展中国家和新兴经济体国家，因为其城市的增长通常没有遵循规范的城市规划和基础设施领域开发，导致不规范住宅区的四处分布。在那里生活的居民不得不面对极低的生活保障水平，属于城市的社会阶层中最脆弱的人群。[1]

城市的脆弱性与其基础设施易受侵袭的程度关联特别紧密。城市基础设施提供基本的服务，如供电和供水。医院和机场等特殊的设施（场地）也属于基础设施。一旦城市面临危险，也就意味着基础设施面临险境：洪水灌

---

① 新使命基金会：《弹性作为城市发展的标杆——德国和世界城市的益处和机遇》，政策简报，柏林，2013年8月13日。

进地铁井筒，风暴使机场陷入瘫痪并且刮倒电线杆。人们称为"敏感的基础设施"所提供的服务尤其重要，一旦缺失（例如停电），就会造成特殊紧急情况。①

（一）炎热天气

观测全球气温变化发展可以确定，明显的气温上升已经产生（尤其在中高纬度地区），并且将继续加强。1901~2012年，全球地表平均温度升高0.89℃，至21世纪末，可能比工业化前的地表平均温度水平高出3℃。

值得一提的是，气候变化完全可能带来积极的后果，例如供暖的能源需求降低，植物生长期延长。但是相比而言，消极的影响更加显著。

城市的易受损伤是其暴露性、敏感性和适应能力综合作用的结果。气候变化的影响并不仅仅取决于危险发生的频率和强度的不断加强，城市面对危险的暴露性也起到主要决定作用。

如果我们主要观测2100年预期变化的话，图表显示会有一个渐进的变化（见表1）。夏季和冬季的天气会变得更加温和，同时冰冻天数（最低温度低于0℃）减少，夜间高温天数（最低气温至少为20℃）和高温天数（最低气温至少为30℃）明显增加。炎热天气的增加是气候变化最明显和最强劲的信号。因此，有朝一日对于在这一领域所采取的相关措施后悔的概率甚微（被称为"不后悔措施"）。

表1　德国主要气候特征的变化预期

项 目	目前	2050年		2100年	
	平均	平均	偏差	平均	偏差
大风(天)	7.77	7.79	0.00%	7.42	-4.50%
暴雨(天)	4.01	4.48	11.50%	4.72	13.20%
高温天(天)	4.17	6.92	65.90%	16.66	399.50%

---

① 新使命基金会：《弹性作为城市发展的标杆——德国和世界城市的益处和机遇》，政策简报，柏林，2013年8月13日。

续表

项　目	目前	2050 年		2100 年	
	平均	平均	偏差	平均	偏差
夜间高温天数(天)	0.08	0.92	1150%	4.83	6037.50%
冰冻天(天)	89.54	65.66	−26.70%	38.76	−56.70%
冬季平均气温(℃)	0.26	1.89	1.63	3.68	2.42
夏季平均气温(℃)	16.3	17.37	1.07	19.45	3.15
冬季干燥天(天)	36.01	33.59	−6.70%	31.86	−11.50%
夏季干燥天(天)	43.61	44.92	3.00%	49.73	14.00%
冬季降水(毫米/月)	57.77	67.23	16.40%	74	28.10%
夏季降水(毫米/月)	76.77	76.29	0.40%	63.11	−17.80%

资料来源：联邦环境署，《德国面对气候变化的脆弱性》，2015。

德国的气温变化发展并不是在所有地方都是相同程度，在内陆地区和山谷地区由于风速明显减小，导致变暖程度的加剧，这些作用在上莱茵河谷地区十分典型，在该地区也可以最明显地感受到气候变化的信号。

此外，还有城市的热效应影响，在高气压情况下（五月至九月），无风夜间城区与周边地区之间会出现温差，形成早为人们所熟知的"城市热岛"现象，也被人们称为"热群岛"。这一概念描述的是城市中心地区与周边地区相比之下产生最大温差的理想状况，但是城市结构并不是完全统一的，在建筑密度、居住率和绿化比重等因素的影响下会形成多个热岛。绿化设施根据面积大小作为相对不那么炎热的地区容易被识别，由此显示出一个"多核热岛"（见图 2）的特征。

除了城市的地理位置和地形地貌外，城市规模对夜间气温也有决定性的影响。[1] 一个有一万名居民的城市气温仅仅比周边地区高出约 4 个开氏温度，而柏林这样有 350 万名居民的城市可能比周边地区气温要高出 10 个开氏温度。

---

[1] Oke, T. R.: "City Size and the Urban Heat Island," *Atmospheric Environment*, Volume 7, Issue 8, 1973.

图2　城市热岛效应图展示

资料来源：笔者制图。

城市里的温度较高会给人们带来很大负担，因为只有降温到低于18℃的凉爽程度，才可以确保人们生理学上的舒适睡眠。出现的夜间高气温具有与水蒸气压力高相结合的特点。

对于老年人以及幼儿而言，高温基本上意味着健康风险高，在一座城市里，对于这些人群的危害潜力明显增大。在这方面经常提及的案例是2003年欧洲遭遇的极端酷暑，巴黎受灾尤其严重。在法国首都，炎炎夏日死亡人数急剧上升，8月12日达到预计死亡人数的五倍，波及的人群绝大部分是65岁以上的老人。酷暑导致欧洲7万人过早死亡，造成欧洲的国民经济损失高达130亿欧元。[①]

所以从城市规划的角度来看，保持新鲜空气通道畅通十分重要，这样可以使空地上方产生的冷空气尽可能地流通到市中心，夜间冷鲜空气和清新空气可以进入城市，从而减少热负担。也可以通过保持以及形成绿地的互联，促进小范围的空气交换过程，不仅是道路两边的绿化，建筑屋顶和外墙绿化

① Robine, J. - M. et al.: Report on Excess Mortality in Europe During Summer 2003. - EU Community Action Programm for Public Health, Grant Agreement 2005114, 2007, http://ec. europa. eu/health/ph_ projects/2005/action1/docs/action1_ 2005_ a2_ 15_ en. pdf, 2016年11月18日。

也可以做出重要贡献。

城市树木不仅对于气候调节重要（有利于冷空气的产生），而且也具有重要的休闲功能。城市树木不仅可以提高居住和生活空间的质量，而且也可以具有空气净化功能（制造氧气、过滤灰尘和防止噪音）。

在城市空气中，细颗粒物属于最重要的大气污染物，已证明对人类的健康会造成影响，因为直径小于 2.5 微米的颗粒可以直接进入人体肺部。超细颗粒物（直径小于 0.1 微米）可以被吸收进入血液。此外，细颗粒物也是造成雾霾的主要因素之一。[①]

（二）暴雨

正逢迈克尔·布隆伯格公布其报告的那段时间，德国的救援力量正在帕绍和马格德堡等城市抗洪救灾。出现的场景使人们认识到，在德国，尤其在德国南部和阿尔卑斯山附近地区，强降雨事件发生频率的提高是明显的发展趋势。[②]

强降雨事件以及洪涝灾害的增加明确显示，城市的排水管网并没有为了应对这样的天气事件而进行计划铺设，从而经常造成漫溢。从技术和资金规模角度来看，扩大工程基础设施的容量已不存在可能性。河流和溪涧的水位上升，雨水漫溢，这里就体现出已经提到的基础设施的脆弱性。普遍公认的相关规定和标准是居住区二十年一遇雨水漫溢频率（DIN EN 752）和居住区三年一遇雨水汇集频率（ATV – A118）。

在路德维希港市我们已经开始提出问题，比如，暴雨事件中会发生什么情况？我们对城区进行了调查，检查雨水的流淌路径和水位情况。必须了解的背景情况是，路德维希港市位于一个地势十分平坦的地区，因此，无法从视觉上识别落差和可能的雨水流淌路径。

在暴雨管理框架下，可以借助地理信息系统分析，努力获取雨水漫溢威

---

① Haase，D.：《城市生态系统对于人类有哪些贡献？》，参见 Breuste，J. et al. 《城市生态系统：功能、管理和发展》，柏林，2016。

② 联邦环境署：《德国面对气候变化的脆弱性》，2015。

胁的信息，查明雨水的分流路径（流淌路径），加上数字化区域模型，这样可以识别深度超过50厘米的低洼处，通过低洼地几何图计算出最大的雨水容纳量。

下面举两个例子，一是百年一遇的暴雨事件，二是排水管网需要容纳15毫米的降雨总量进行分流，但是没有预先进行流体动力学的排水管网模拟。

图3展示的情况是雨水流过一块空地，然后大量汇集在一幢建筑前，在第二种情况（见图4）中，一幢建筑也直接遭受雨水汇集的影响。现在有趣的是要看建筑的用途，如果该建筑是一个老仓库，闲置不用，没有地下室，

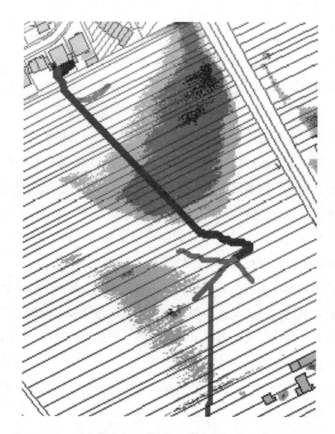

图3 百年一遇暴雨的流淌路径和水位情况（无排水管网模拟）

资料来源：路德维希港市，2016，尚未发表。

那就可以不用担忧，让雨水漫入，但是如果该建筑是一所养老院，地下室居住着老人，必须救援，那怎么办？

图 4 百年一遇暴雨的流淌路径和水位情况（无排水管网模拟）

资料来源：路德维希港市，2016，尚未发表。

图 5 描绘的是一个正面的例子。雨水沿着道路流淌至一块绿地，并且在那里汇集。

图 5 百年一遇暴雨的流淌路径和水位情况（无排水管网模拟）

资料来源：路德维希港市，2016，尚未发表。

由于基础设施并没有针对极端暴雨事件进行规划设计，便需要努力寻找办法，将自然流程作为解决方案的一部分，包括利用绿地对雨水进行汇集、下渗和蒸发，这些雨水管理技术也可以通过开放的雨水面积或者引人注目的植物种植来提高绿地的质量。这些方法也越来越多地在"绿色基础设施"的概念下被人们关注和加以讨论。[①]

绿地的重要性还在于可以形成热条件,对城市热岛效应的产生起到抑制作用,并且在遭遇洪水时起到助留作用。

成功减少暴雨事件引发内涝的案例当推哥本哈根。2011 年 7 月 2 日暴雨之后,该市颁布了被称为"大暴雨计划"的暴雨应对准则,规定对道路空间,广场和绿地进行大空间的改造,提高雨水收集能力,同时减少排水管网的压力。结果这一计划也得以贯彻落实。该市对广场和整个城区进行了改造,不仅对气候变化的要求有更好的应对准备,而且也提供了更好的生活和居住质量。通过更多质量更佳的高品质城市绿化,城市的公共空间质量得到改善。[②]

我们认识到,预防洪涝灾害的关注领域有很多方面,也有许多分工负责。因此,德国许多地方建立了"圆桌"机制,来应对雨水管理和预防洪涝灾害的问题,这一问题以前更多的是分部门处理的(见表 2)。在"圆桌"机制下,我们现在努力通过整体协调工作取得成绩。

表 2　预防洪涝灾害的关注领域

领域	关注部门(人)
排水管网相关措施(扩建、经营、优化等)	排水企业
水务相关措施(扩建、维护、保养等)	水务管理部门
地域相关措施(注重水的城市规划、地域面积的多功能用途、应急水路等)	城市、绿化和交通规划者
设施相关措施(确保防止倒流、设施技术防护、注重水的楼宇设计等)	土地所有者
行为相关措施(预防信息、预警系统、应急方案等)	地方

资料来源:Krieger, K.:《地方洪涝灾害预防——来自汉堡的实践案例》,莱茵－内卡地区联合会文集(第 15 辑),曼海姆,2015,第 25 页。

---

① Pauleit, S. et al.:《城市化及其对生态城市发展的挑战》。选自 Breuste, J. et al.《城市生态系统:功能、管理和发展》,柏林,2016,第 14 页。
② Breuste, J. et al.:《城市生态的内涵及其在城市发展中的应用》。选自 Breuste, J. et al.《城市生态系统:功能、管理和发展》,柏林,2016,第 246 页。

（三）洪水

暴雨事件可以引发较大规模的洪涝灾害，德国过去数十年间堪称最大水文自然事件和灾害的包括 2002 年和 2013 年的易北河洪水，造成易北河沿岸的多个城市受灾，两次洪水事件发生的原因要追溯到南部阿尔卑斯地区以及厄尔士山区和巨人山区长时间的强降雨。位置几乎固定并且长达数日的集中降雨通常会波及当地以外地区，对于都市区域来说简直是灾难：经常会导致严重的内涝和长达数周的地下水高水位。易北河洪水事件波及范围超过 20 世纪最大洪水——1954 年的大洪水，因此被称为"世纪事件"。城市和具有城市特征的区域对极端洪水高水位威胁特别敏感，因为这些地区是人群、物质和精神价值的聚集地。2002 年，起初是维舍里茨河，然后是易北河第二波更加高的水位给大城市德累斯顿带来灾难性的可怕损失，整个中心城区被淹，包括主火车站，世界闻名的森珀歌剧院（见图 6）、茨温格宫和萨克森州议会大厦。腓特烈城等多个城区被迫疏散，完全被淹。交通基础设施也遭

图 6 2002 年德累斯顿的森珀歌剧院

资料来源：Van Stipriaan, U. (o. J.)：https：//tu - dresden. de/bu/bauingenieurwesen/die_ fakultaet/news -1/ordner_ pressemeldungen/ordner_ presse07/wasserbau，2016 年 11 月 22 日网上查阅。

受重创，数条铁路线，主要是长途交通，不得不停运。易北河最高水位达 9.4 米时，德累斯顿市内的所有易北河大桥被封锁，直至 A4 高速公路桥。根据流量统计，2002 年易北河洪水强度在萨克森地区有记载的洪水事件中排名第五，单单从统计角度来看，预计这样的洪水再次发生的间隔会是 100 ~ 200 年。这次灾害所造成的损失巨大：2002 年洪水给整个易北河地区带来的损失估计超过 150 亿欧元，仅德累斯顿森珀歌剧院的损失就达 2700 万欧元，国立艺术收藏馆损失达 2000 万欧元。与物损相比，灾害造成的人身伤害更加严重，仅仅在萨克森州就有 221 人丧生，110 人受伤。基础设施也遭受破坏，损失惨重，尤其在德累斯顿：2002 年记录，有 740 千米道路受损，450 座桥梁受损，280 座社会公共设施受损，10% 的医院和比例更高的中小学也受灾。此外，易北河边的 32 家污水处理厂由于被淹或者断电停止运营，结果导致未经处理的污水直接流入易北河，带来损害。①

在洪水研究领域，2002 年的易北河洪水具有重要的地位，因为其导致 300 个其他存在洪涝威胁的地区被波及，并且得以证实。另外，航拍图片和卫星图片以及二维模型的使用也为展现区域的雨水流淌途径分布做出了贡献。在遭受洪灾的国家均颁布了新的水法，并且也首次实施了欧盟洪水框架指导意见（2007）。易北河沿岸的许多城市，无论大小，都对未来洪水发生进行了风险评估。除了绝对直接的楼宇和家用器具的损失之外，也将间接的损失（迁居和对精神影响后果）列入对地区和城市脆弱性的观测考虑。德累斯顿等城市对洪水风险图进行了彻底修订，水位标识系统得以改善。随后加大资金投入，对所有遭受影响的建筑结构进行了重新修建。在德累斯顿、格里马和比特费尔德于 2002 年重新建造的部分区域在 2013 年的易北河大洪水中再次被淹。② 但是，与 2002 年洪灾相比，所造成的损失明显减小。2002 年洪水过后，德累斯顿城区的合计损失高达 10 亿欧元，而 2013 年洪

---

① Breuste, J. et al.：《城市生态系统是何等脆弱，如何发展城市弹性?》，参见 Breuste, J. et al.《城市生态系统：功能、管理和发展》，柏林，2016。

② Breuste, J. et al.：《城市生态系统是何等脆弱，如何发展城市弹性?》，参见 Breuste, J. et al.《城市生态系统：功能、管理和发展》，柏林，2016。

水过后估算的损失"仅仅"为 12300 万欧元，这是采取预防措施之后的直接效果。随着 2012 年的"德累斯顿洪水预防计划"出台，防洪如今也被纳入建筑总体规划、道路建设、商业发展管理以及污水系统管理整体考虑。①

三 对于未来城市发展的思考

虽然其间许多地方已经制定和实施了气候保护战略和措施，但是依然缺乏适应气候变化的整体方法，至今为止只有少数地方通过了适应战略，其他地方更多的是由于气候变化的影响增强，被迫在这一领域开展预防工作。

德国联邦政府于 2009 年通过了德国适应战略，并且根据该战略于 2011 年公布了联邦层面的首个行动计划。2011 年，成立了"脆弱性"互联协作平台，2015 年发布了首份脆弱性分析报告，但是，该分析报告只能为努力方向给出一个框架，具体的适应措施必须在地方层面进行规划和实施。

对于城市本身，我们可以确定，适应措施并不一定始终能与多年以来在城市内已经实施的气候保护措施进行有机的协调统一。尽管城市结构的密集紧凑可以有助于减少土地面积使用和能源消耗，但是同时也可以对城市气候带来负面效果。对气候变化后果的适应通常恰恰需要在密集的中心城区保持足够的空地，并且可以与"松散的城市"战略相联系。这些（可以避免的）矛盾经常会被视为对以生态为导向的城市发展而言进退两难的症结。②

这样的目标差异也明显体现在通行的城市建设战略中，在《德国建筑法典》中也可以找到相关的考虑③：

——中心城区发展优先于外围城区发展；

——住宅区的通道绿化；

① 新使命基金会：《弹性作为城市发展的标杆——德国和世界城市的益处和机遇》，政策简报，柏林，2013 年 8 月 13 日。

② Breuste, J. et al.：《城市生态系统是何等脆弱，如何发展城市弹性？》，参见 Breuste, J. et al.《城市生态系统：功能、管理和发展》，柏林，2016。

③ Rösler, C.：《地方适应应对气候变化》，参见 Beckmann, Klaus, J.《现在也还需要弹性？》，德国都市研究所，特刊，柏林，2012。

——将"紧凑城市"或者"短途出行城市"意义上的着眼于避免和减少交通的城市建设发展作为基本的规划任务领域。

城市结构的特殊重要性在此显现,城市结构将城市系统的"组成部分"定义为来自楼宇和绿地面积等人为和自然的组成部分的具有一定用途的建筑元素,但是也包括其布局模式(城市形态)。两个方面对城市结构的稳定性和弹性承担同样重要的责任,在弹性城市结构中,不仅只涉及其组成部分,而且还主要涉及形成这些组成部分的模式。[①]

运用弹性理念方案,城市可以面对气候变化影响识别其特有的脆弱性,对风险进行评估,并且通过采取相应的措施施加反作用,以达到尽可能的风险降低。[②] 无论是紧凑城市方案还是松散城市方案,都无法符合相关要求,有意义的是两者之间所追求目标的相互关联。"紧凑城市"和"平铺城市"之间的矛盾其实只是表面上存在,"城市发展的两难境地"也是可以避免的,只是乍一看,平铺城市似乎是紧凑城市的对立面。两个都是极端的愿景,部分也已经成为现实。作为解决方案,无法找到一个顾及所有方面面的战略,但是可以有充满前景的各种方案,例如:"中心城区双重发展"或者"绿色网络中的城市"。[③]

在"中心城区双重发展"的城市建设理念中,城市的自由空间及其生态质量受到特别关注,为此,为三种类型自由空间的规模设计了质量目标和规范指标:

——直接的居住周边环境;

——涉及居住区的居住周边环境;

——靠近居住区的自由空间。

大家普遍认识到,城市发展不仅涉及建筑理念和基础设施,同样也涉及

---

① Breuste, J. et al.:《城市生态系统是何等脆弱,如何发展城市弹性?》,参见 Breuste, J. et al.《城市生态系统:功能、管理和发展》,柏林,2016。

② Rösler, C.:《地方适应应对气候变化》,参见 Beckmann, Klaus, J.《现在也还需要弹性?》,德国都市研究所,特刊,柏林,2012。

③ Breuste, J. et al.:《城市生态系统是何等脆弱,如何发展城市弹性?》,参见 Breuste, J. et al.《城市生态系统:功能、管理和发展》,柏林,2016。

"城市发展的另一方面"，也就是其中的自由空间。这些自由空间不仅必须按照相应的目标标准具有足够的质量水准，而且也必须进行高质量的规划，并且根据其功能目标实施。①

因此，绿地系统的战略规划就显得十分重要，绿地也越来越多地被称为"绿色基础设施"。这一概念体现出绿地也是城市不可或缺的，如同工程和社会基础设施一样，并且应该与后者一并考虑和规划。这也意味着绿地以其多样的生态系统服务功能形成互联系统，不仅局限于公共绿地，而且也包括各种城市自然界，接近自然界的森林、沼泽和水域，农业用地，公园、园林和林荫大道等人工绿地，直至城市休耕地。屋顶和外墙绿化或者波谷和深沟系统也是绿色基础设施的组成部分。②

关于城市的规模是否对其弹性产生决定作用，或者对于弹性城市是否有一个理想的规模，这样的问题无法回答，因为我们对于城市弹性整体关联作用的知识有限。即便是特大型城市也可以创建弹性结构，努力在面对危机时变得坚不可摧。③

这点可以用通过绿色空间建设和城市结构发展方法改善城市弹性的例子来说明。当然，仅仅靠城市的绿化设施是无法解释城市弹性的，但是就像多次提到的那样，这很可能是一个基本的要素。城市不仅可以增强自身在旅游业领域对于来访者的吸引力，而且可以增强所在城市作为居住地和企业投资所在地的吸引力。④

上海也已经认识到这点，但是对于上海这样一座位于新兴经济体国家的特大型城市而言，巨大的城市规模和人口密度带来了特有的挑战。上海也在

---

① Breuste，J. et al.：《城市生态系统是何等脆弱，如何发展城市弹性?》，参见 Breuste，J. et al.《城市生态系统：功能、管理和发展》，柏林，2016。
② Breuste，J. et al.：《城市生态系统是何等脆弱，如何发展城市弹性?》，参见 Breuste，J. et al.《城市生态系统：功能、管理和发展》，柏林，2016。
③ Breuste，J. et al.：《城市生态系统是何等脆弱，如何发展城市弹性?》，参见 Breuste，J. et al.《城市生态系统：功能、管理和发展》，柏林，2016。
④ Breuste，J. et al.：《城市生态系统是何等脆弱，如何发展城市弹性?》，参见 Breuste，J. et al.《城市生态系统：功能、管理和发展》，柏林，2016。

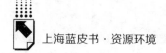

城市绿地系统发展方面进行了大量投资。[①]

上海人口约2500万人，面积6341平方千米，人口几乎相当于柏林市人口的七倍，两市面积相当。上海周边地区6000平方千米正处于城市化压力之下。最紧迫的问题之一在于如何面对高建筑密度和城市增长，并保持弹性城市结构的目标。城市规划早在20世纪80年代就提出了这一问题，决定采取密集的建筑结构加上绿地。在此之前，上海是中国所有城市中绿地面积比例最低的城市之一，1978年绿地面积比例仅占城区总面积的8.2%，居民人均绿地面积为0.69平方米，居民人均公共绿地面积为0.35平方米。[②]

2003年，城市规划决定实施目标宏伟的绿色总体规划，包含以下要素[③]：

——规划设计两条绿化环带，内环带围绕中心城区，外环带围绕外围城区。绿化环带由种植树木的绿地、苗圃和休闲公园组成，目标是同时达到生态和经济的功能。

——围绕城市建造八个连绵不断的大型绿地，以便对城市气候产生积极影响。

——在城市内的主要干道、铁路沿线和水域建设绿色走廊。

——为全体居民建设便捷可达的绿地，在所有居住区出行500米之内即可到达绿地。

——绿色总体规划的宗旨在于保护生物多样性，改善气候，保护湿地和河流流域。

为城市创建一个完全崭新结构的努力投入巨大，并且在许多方面取得成效。在城市扩张的过程中也应该保持建筑密度，但是必须有稳定的绿色结构相伴随。这一绿色结构应该成为新城市的骨架。2013年，绿地面积占上海

---

① Breuste, J. et al.：《城市生态的内涵及其在城市发展中的应用》，参见Breuste, J. et al.《城市生态系统：功能、管理和发展》，柏林，2016。

② Breuste, J. et al.：《城市生态系统是何等脆弱，如何发展城市弹性？》，参见Breuste, J. et al.《城市生态系统：功能、管理和发展》，柏林，2016。

③ Breuste, J. et al.：《城市生态系统是何等脆弱，如何发展城市弹性？》，参见Breuste, J. et al.《城市生态系统：功能、管理和发展》，柏林，2016。

城市总面积的比例提升至 38.4%。不论是公共绿地，还是建筑区域和沿着基础设施的绿地都有了迅猛的增加。2013 年，城市之外的道路两边绿化和种植树木面积在全部城市绿地面积中占比最高，达 68%。鉴于道路网络的快速扩建，城市"哪里有路，哪里就有绿化"的政策目标卓有成效，但是不需要真正建造可以使用的、提供生态系统服务的绿地。2003 年以来，对道路两边绿化的发展进行了大量投资。2005 年之后，公园面积不再增长，在公开统计数据中未找到相关信息。居民人均公共绿地面积自 20 世纪 80 年代以来持续增长，2013 年，城市每位（户籍登记）居民拥有 86.8 平方米绿地面积（总绿地面积 124295 公顷），其中 12 平方米为公共绿地面积，而 1998 年这一数值仅为 2.96 平方米，这意味着在 15 年内增长到原来的四倍。[1] 世界范围内还没有一座城市可以像上海一样，在这么短的时间里对原有绿地面积进行如此大幅度的增加。[2]

四 总结

弹性将在今后几年内取代美好的概念"可持续性"。在可持续性这一概念的背后隐藏着传统的和谐幻想……但是生机勃勃、不断进化的系统（如我们的城市）发展演变过程中总是触碰混乱局面的界限。[3]

现代的城市发展若缺少弹性作为标杆是无法想象的。弹性理念方案必须考虑新的挑战，弹性理念并不会取代现有的预防、防护或者风险管理等方案，而是更多地将眼光放到了整体考虑，所有相关各方均参与其中。[4]

---

[1] Breuste, J. et al.：《城市生态系统是何等脆弱，如何发展城市弹性?》，参见 Breuste, J. et al.《城市生态系统：功能、管理和发展》，柏林，2016。
[2] Pauleit, S. et al.：《城市化及其对生态城市发展的挑战》，参见 Breuste, J. et al.《城市生态系统：功能、管理和发展》，柏林，2016。
[3] Horx, M.：《大趋势原则：未来世界如何产生》，慕尼黑，2011。
[4] 新使命基金会：《弹性作为城市发展的标杆——德国和世界城市的益处和机遇》，政策简报，柏林，2013 年 8 月 13 日。

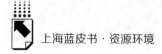

弹性城市理念的成功要素包括以下三个方面。

第一，空间规划。在国家、地区和地方层面设计具有适应能力的弹性空间结构整体蓝图。

第二，融为一体的城市发展方案。采取融为一体的行动方案替代分部门的规划。

第三，行动选择。不仅是要"产生影响"，更重要的是要注重"做出回应"。

参考文献

Beckmann, Klaus J. (2012):《弹性——与可持续城市发展相关联的新要求?》，参见 Beckmann, Klaus J.《现在也还需要弹性?》，德国都市研究所，特刊，柏林。

Bürkner, Hans – Joachim (2010):《脆弱性和弹性：研究现状和社会科学调查观点》，工作文件43，莱布尼茨区域发展和结构规划研究所，Erkner bei Berlin。

Breuste, Jürgen; Haase, Dagmar 和 Sauerwein, Martin (2016):《城市生态的内涵及其在城市发展中的应用》。参见 Breuste, Jürgen; Pauleit, Stephan; Haase, Dagmar 和 Sauerwein, Martin《城市生态系统：功能、管理和发展》，柏林。

Breuste, Jürgen; Pauleit, Stephan; Haase, Dagmar und Sauerwein, Martin (2016):《城市生态系统是何等脆弱，如何发展城市弹性?》，参见 Breuste, Jürgen; Pauleit, Stephan; Haase, Dagmar 和 Sauerwein, Martin《城市生态系统：功能、管理和发展》，柏林。

Breuste, J. et al.:《城市生态系统：功能、管理和发展》，柏林，2016。

Council of the European Union (2013): Council conclusions on EU approach to resilience, Brüssel. www. consilium. europa. eu/uedocs/cms _ Data/docs/pressdata/EN/foraff/137319. pdf，2016 年 11 月 16 日网上查阅。

Krieger, Klaus (2015):《地方洪涝灾害预防——来自汉堡的实践案例》，莱茵 – 内卡地区联合会文集（第 15 集），曼海姆。

Haase, Dagmar (2016):《城市生态系统对于人类有哪些贡献?》，参见 Breuste, Jürgen; Pauleit, Stephan; Haase, Dagmar 和 Sauerwein, Martin《城市生态系统：功能、管理和发展》，柏林。

Horx, Matthias (2011):《大趋势原则》《未来世界如何产生》，慕尼黑。

Jakubowski, Peter (2014):《弹性城市发展——转变理念? 新的研究方向、概念和出发点》，卡塞尔，2014 年 7 月 10 日，http：//www. sicherheit - forschung. de/forschungsforum/workshops/workshop_ 12/vortraege/Jakubowski - Resilienz - Berlin - 11_ 11_ 15 - fuer - Web. pdf，2016 年 11 月 18 日网上查阅。

Oke T. R.（1973）：City Size and the Urban Heat Island. Atmospheric Environment，Volume 7，Issue 8，S. 769 - 779.

Pauleit，Stephan；Sauerwein，Martin und Breuste，Jürgen（2016）：《城市化及其对生态城市发展的挑战》，参见 Breuste，Jürgen；Pauleit，Stephan；Haase，Dagmar und Sauerwein，Martin《城市生态系统：功能、管理和发展》，柏林，2016。

Robine，Jean - Marie；Cheung，Siu Lan；Le Roy，Sophie；Van Oyen，Herman und Herrmann，Francois R.（2007）：Report on Excess Mortality in Europe During Summer 2003. EU Community Action Programm for Public Health，Grant Agreement 2005114 http：//ec. europa. eu/health/ph_ projects/2005/action1/docs/action1_ 2005_ a2_ 15_ en. pdf，2016 年 11 月 18 日网上查阅。

Rösler，Cornelia（2012）：《地方适应应对气候变化》，参见 Beckmann，Klaus，J. 《现在也还需要弹性?》，德国都市研究所，特刊，柏林。

Satterthwaite，David（2007）："The Transition to A Predominantly Urban World and Its Unterpinnings. International Institute for Environment and Development，Human Settlements Discussion Paper Series，" *Urban Change 4*. September，London.

Stern，Nicholas（2007）：*The Economics of Climate Change：The Stern Report*. Cambridge University Press，Cambridge，UK. http：//mudancasclimaticas. cptec. inpe. br/ ~ rmclima/pdfs/destaques/sternreview_ report_ complete. pdf，2016 年 11 月 18 日网上查阅。

新使命基金会：《弹性作为城市发展的标杆——德国和世界城市的益处和机遇》，政策简报，柏林，2013 年 8 月 13 日。

联邦环境署：《德国面对气候变化的脆弱性》，2015。

Van Stipriaan，Ulrich（o. J.）：https：//tu - dresden. de/bu/bauingenieurwesen/die_ fakultaet/news - 1/ordner_ pressemeldungen/ordner_ presse07/wasserbau，2016 年 11 月 22 日网上查阅。

Wu，Jianauo；Xiang，Wei - Ning und Zhao，Jingzhu（2014）：Urban Ecology in China：Historical Developments and Future Directions. Landscape and Urban Planning 125，S. 222 - 233. http：//ec. europa. eu/health/ph_ projects/2005/action1/docs/action1_ 2005_ a2_ 15_ en. pdf，2016 年 11 月 18 日网上查阅。

B.3
中国城市适应气候变化的
挑战及其发展方向

尚勇敏*

摘　要：　东部沿海地区是中国人口密集区，也是中国经济发达、城镇化快速推进地区，在全球气候快速变化的大环境下，极端高温、风暴潮、极端降雨、洪水、海平面上升、海水入侵等自然灾害频繁发生，东部沿海城市将首先受其影响。通过压力—状态—响应模型分析可见，中国各城市气候变化压力巨大，尽管从城市基础设施、城市生态绿化系统等方面做了积极响应，中国城市仍难以适应气候变化的巨大挑战，城市绿化、基础设施、城市管理能力滞后等问题仍然存在。面对气候变化的挑战，中国城市应从城市规划、基础设施、绿化系统、海绵城市、灾害风险管理等方面，全面提升应对气候变化的适应能力，建设气候友好型和气候适应型城市。

关键词：　气候变化　适应性　挑战　中国城市

一　中国城市分布特征与规划格局

受中国西高东低的地势，以及气温、降水空间分异等自然环境特征的影响，

---

* 尚勇敏，博士，上海社会科学院生态与可持续发展研究所，助理研究员，研究方向为生态经济与区域经济发展等。

中国城市主要分布于东部沿海地区。改革开放以来，中国城镇化快速发展，2015年，中国城镇化率已高达56.1%，未来中国城镇化仍将快速上升，这也势必会带来一系列环境问题，以及基础设施难以适应未来的挑战。气候变化与城镇化问题将叠加，中国城市，尤其是东部地区城市将成为气候变化的高风险地区。

（一）中国城市分布的自然环境基础

中国自然环境多样，而中西部地区多山地、高原，东部地区以平原为主，这也使得东部地区，尤其是沿海地区成为城市密集区。从气候特征来看，中国幅员辽阔，受地理地带性规律，即"纬度效应、高程效应和海陆分布"三要素的支配，加之地形特点和大气环流系统，使中国大部分地区位于季风区内，冬季受北半球西风环流系统控制，夏季则受印度低压、副热带高压、西风环流与热带地区环流的共同影响，受季风气流影响，中国气温、降水分布也呈现出明显的分异（见图1）。

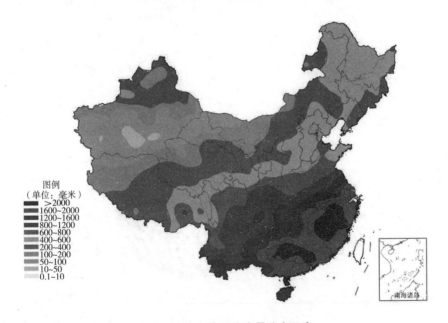

图1　2015年全国降水量分布示意

注：不含中国香港、澳门、台湾数据。

资料来源：《2015 中国环境状况公报》，环保部，2016 年 6 月 2 日。

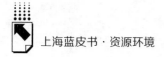

（二）中国城镇化及城镇格局

改革开放以前，中国城镇化发展缓慢，1980 年，中国城镇化率仅为19.39%；改革开放以后，中国城镇化进程明显加快，2015 年，中国城镇化率已达到 56.1%。尽管城市住房问题、城市基础设施建设、能源供应、环境污染、碳排放等将在未来一段时间内给城镇化带来挑战，但这仍难以阻碍中国城镇化的快速发展，预计到 2050 年，中国城镇化率将实现进一步的飞跃，进而提升至 80% 以上。

受自然环境基础、社会经济水平等的影响，中国城镇化发展也具有不平衡性，东部平原地区城市数量占中国城市总数的 43.5%。从城市规模来看，不同规模城市分布也存在明显的地域差异，东部地区分布了大部分的大中型城市，如图 2、图 3 所示，全国 100 万以上人口的大城市主要集聚在长三角、珠三角、京津冀、山东半岛地区，以及中西部的经济发展地区。

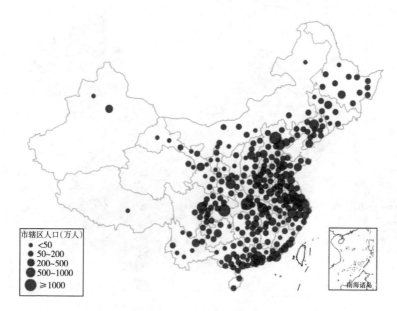

图 2　中国城市规模（市辖区人口）等级分布

资料来源：2015 年《中国城市统计年鉴》。

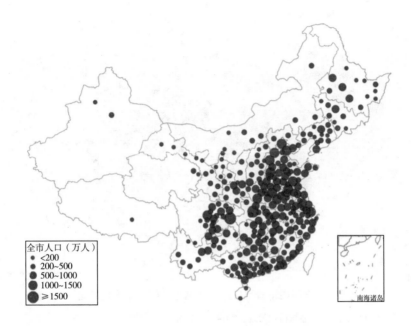

图3 中国城市规模（全市人口）等级分布

资料来源：2015 年《中国城市统计年鉴》。

城市群在中国经济发展格局中占据重要地位，国家"十三五"规划和国家新型城镇化规划（2014～2020 年）提出加快城市群建设发展，并优化提升东部地区城市群，建设京津冀、长三角、珠三角三大世界级城市群，提升山东半岛、海峡西岸城市群，培育中西部城市群，形成支撑区域发展的多个增长极。可见，中国城市不管是现状分布还是未来规划格局（见图4），东部地区均是城镇化的重点区域，也是未来城市人口的重要承载区，随着要素、人口、产业不断向城市集中，未来中国城市也将成为高密度、规模庞大的承灾体。由于气候变化越来越频繁，中国尤其是东部沿海地区因临近海洋、地势地平，受气候变化带来的海平面上升、水环境变化、气候灾害等影响逐步增加，气候变化与城镇化问题的叠加，城市更容易成为灾害风险较大、遭受损失严重的高风险区。

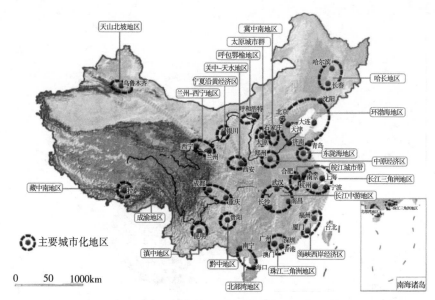

图4 全国城市规划格局（"两横三纵"城市化战略）

资料来源：国家新型城镇化规划（2014～2020年）。

二 中国城市适应气候变化能力分析

为了更好地分析中国城市适应气候变化的压力、现状水平与响应程度，本报告采用"压力—状态—响应"模型，该模型较好地揭示了"发生了什么、为什么发生、如何应对"的问题。其中，压力是指城市社会经济活动对气候变化的影响，人类消耗水、能源等所造成的环境压力；状态是指当前城市环境在水、土、气等方面所处的环境状态水平；响应是指各城市为应对气候变化，减缓人类活动对气候变化的破坏性影响，以及适应气候变化造成的毁灭性风险。

（一）中国城市适应气候变化的压力

面对气候变化的不断加剧，中国城市适应气候变化面临的压力也不断增大，其压力主要来自人为因素，即人口高度集聚和人口快速增长造成资源消耗的压力以及工业企业的环境污染压力。

1. 人口增长带来的压力

环境问题产生的主要原因是人口增加导致的人类活动的频繁。2015年底，全国人口达13.7亿人，其中沿海地区、华北地区、川渝地区、两湖地区是全国城市人口密度最高的地区之一，沿海地区更是呈现从辽宁至广西的城市人口带状密集区域（见图5）。从人口增长来看，自从计划生育政策推行以来，中国人口自然增长率已经开始呈现逐渐下降的趋势，2015年，全国人口自然增长率仅为4.96‰。而影响城市人口变动的主要原因来自人口迁移。随着东部沿海地区和内陆开发的不断加强，长三角地区、珠三角地区和京津冀等沿海经济发达地区，成为人口主要迁入地（见图6），人口的不断增长也加剧了这些地区的环境压力。从中国人口增长趋势来看，沿江、沿海、沿交通线地区将成为未来人口增长的主要地区。在快速工业化、城市化过程中，资源消耗、环境污染等深层次人口问题日益严重，这些问题也将影响经济持续快速发展，影响中国气候变化的适应和减缓。

2. 资源消耗增长的压力

水资源和能源资源是经济社会发展所依赖的两大重要资源，同时也是适

图5　2014年全国各城市人口密度

资料来源：2015年《中国城市统计年鉴》。

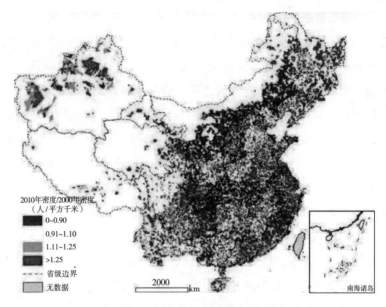

图6 2000~2010 年中国人口密度变化情况

资料来源：韩肖，《中国人口密度演变趋势》，全球可持续发展城市信息网络，http://oursus.org.cn/problem-3878，2015 年 9 月 20 日。

应气候变化影响较大的两个方面。其中，水资源的大量消耗造成地表水环境的下降，过度开采地下水导致地下水下降和地面沉降，海平面上升导致沿海城市出现咸水入侵，进一步影响城市用水，出现反复恶性循环趋势。从中国各城市用水情况来看，总体呈现沿海经济发展地区多、内陆用水少的趋势，东北地区、华东地区、珠三角地区和内陆经济发展城市是主要用水地区。城市供水量最大的城市为上海市，2014 年城市供水量达 317260 万吨，其次为北京、深圳、东莞、佛山、武汉、南京、重庆等城市，城市供水量均达到 10 亿吨以上，远高于全国城市平均供水量 15919 万吨，这些地区也是适应气候变化所需要重点努力的地区。城市供水量最低的地区主要分布于西北、东北、西南地区经济水平较低的城市，其中城市供水量最低的两个城市分别为海东、陇南，城市供水量分别仅为 292 万吨和 440 万吨（见图7）。珠三角、东北、长三角地区和内陆经济发达城市的单位 GDP 用水量较大，其中，单位 GDP 用水量最大的城市为广州市，达 51.7 吨/万元，其次为拉萨、东莞、三亚等

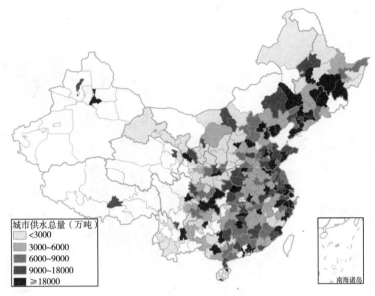

图7　中国城市供水总量的空间分异

资料来源：2015 年《中国城市统计年鉴》。

城市，而上海单位 GDP 用水量为 13.5 吨/万元，排名全国第 25 位（见图 8）。可见，不管是城市用水总量还是用水强度，上海均位于全国前列。

能源资源的过度消耗进一步加剧了气候变暖、大气污染物排放增加等气候变化问题，中国电力主要来自高污染、高排放的高碳能源煤炭资源。从电力资源消耗来看，全社会用电量最高的城市主要集聚在长三角、京津冀等经济发达地区，尤其是能源工业聚集地区。从单个城市用电量来看，城市全社会用电量最大的城市也为上海，用电量达 1346.6 亿千瓦时，其次为北京、天津、深圳、重庆、东莞、佛山、杭州、唐山、苏州，以上城市位居全社会用电量的前十位，均高于 500 亿千瓦时（见图 9），这也反映出中国城市群是应对气候变化的关键区域。从单位 GDP 用电量来看，三大城市群依然是用电强度的高值地区，而内陆重点城市或高能集聚城市的单位 GDP 用电也处于较高水平（见图 10）。

3. 工业企业环境污染压力

与人口高度集聚和人口快速增长对城市环境的压力类似，工业企业也是产生各种废弃物、加剧气候变化的重要原因。一般来说，工业企业数量越多，气

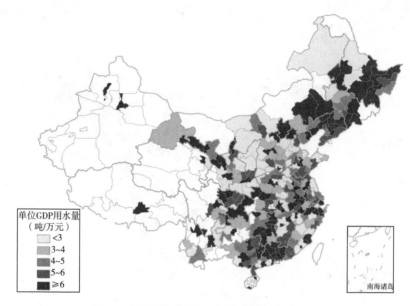

图8 中国城市单位 GDP 用水量的空间分异

资料来源：2015 年《中国城市统计年鉴》。

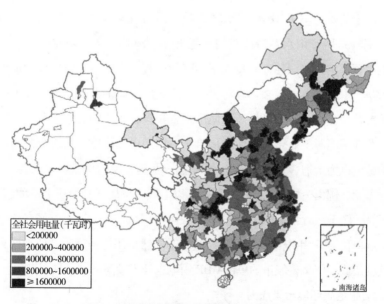

图9 中国城市全社会用电量的空间分异

资料来源：2015 年《中国城市统计年鉴》。

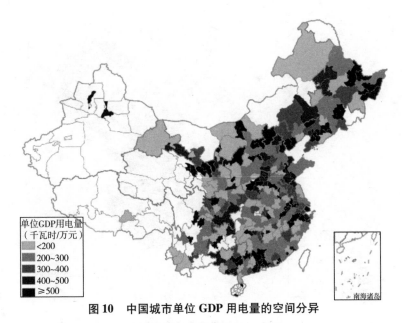

图 10 中国城市单位 GDP 用电量的空间分异

资料来源：2015 年《中国城市统计年鉴》。

候变化面临的压力也越大。从全国各城市工业企业数量来看，呈现一带、多点的集聚特征，一带是指沿海工业集聚带，从京津冀一直到珠三角的沿海城市，工业企业数量几乎都在 2000 户以上；多点是指四川、重庆、湖北、河南、辽宁等地区的主要工业城市，如沈阳、大连、成都、郑州、长沙、重庆、武汉等城市（见图 11）。以上地区是全国工业企业的主要集聚地，工业企业数量前十位的城市分别为苏州、上海、宁波、深圳、杭州等（见表 1），几乎均位于三大城市群以及重庆等内陆经济发达城市。工业企业的集聚，也将导致各种废弃物、污染物的排放，进一步加剧全球气候变化，以及减弱适应气候变化的能力。

（二）中国城市适应气候变化的状态

环境变化与气候变化息息相关，国内外研究表明，减缓气候变化与节能减排成效和环境质量保护具有显著的相关性，绿地是城市的主要碳汇，城市生产生活对城市环境造成一系列负面的影响[1]，废水、废气、固废排放情况

---

① 金桃：《中国城市应对气候变化能力评估》，上海师范大学博士学位论文，2012。

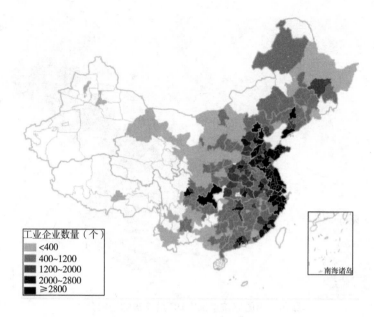

图例：
工业企业数量（个）
<400
400~1200
1200~2000
2000~2800
≥2800

图 11   中国城市工业企业数量

资料来源：2015 年《中国城市统计年鉴》。

表 1   中国工业企业数量前 10 位城市

单位：个

城市	工业企业数量	城市	工业企业数量
苏州市	10432	重庆市	6158
上海市	9253	佛山市	5883
宁波市	7383	天津市	5501
深圳市	6355	东莞市	5377
杭州市	6169	无锡市	5163

资料来源：2015 年《中国城市统计年鉴》。

反映出一个城市在适应气候变化中所付诸努力的效果，一般来说，废弃物排放量越低及废弃物综合处理率或资源化处理率越高，其适应气候变化的状态水平越优。为此，有必要从工业废水排放、工业二氧化硫排放、粉尘排放量、绿化水平等方面分析城市适应气候变化的状态。

从工业粉尘排放来看，山西、河北、辽宁、山东、江苏工业烟粉尘排放量远高于全国其他地区。其中，莱芜、唐山、乌海、鄂州、邯郸等城市工业烟粉尘排放量位居全国前列，上述城市大多位于煤炭产地或钢铁、电力工业集聚地，大量使用煤炭，造成工业烟粉尘的大量排放，而上海的烟粉尘排放量也高达 20.7 吨/平方千米，位居全国城市的第 12 位，其大气污染状况依然堪忧。珠三角地区因产业结构重化工业占比较低，尽管其经济发展水平位居全国前列，但工业烟粉尘排放强度依然较低（见图 12）。从固体废弃物排放来看，全国工业固体废弃物综合利用率较高的地区主要位于河北、山东、江苏、浙江、福建、黑龙江和成都等地，上述地区工业固体废弃物综合利用率普遍高于 90% 以上，废弃物资源化利用和循环经济效果初步显现（见图 13）。从废水排放来看，华北、湖北、湖南、辽宁以及长三角、珠三角地区是全国单位面积工业废水排放量最高的地区，上述地区单位面积工业废水排放量普遍高于 8 万吨/平方千米，其中河南、河北是钢铁等重工业的集聚地，而长三角、湖南、湖北化工产业沿江大量分布，造成废水的高密度排放（见图 14）。

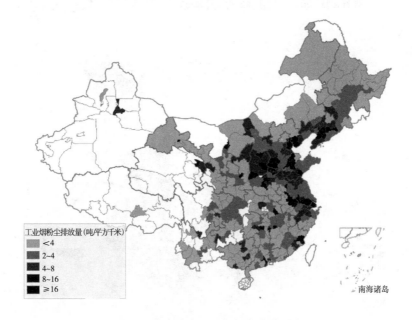

图 12　中国城市工业烟粉尘排放强度

资料来源：2015 年《中国城市统计年鉴》。

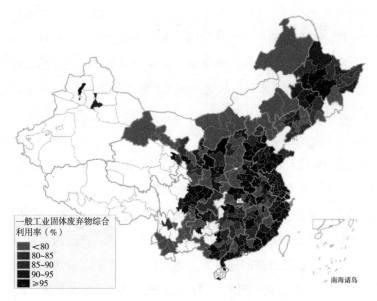

图13 中国城市一般工业固体废弃物综合利用率

资料来源：2015 年《中国城市统计年鉴》。

图14 中国城市废水排放强度及废水处理情况

资料来源：2015 年《中国城市统计年鉴》。

（三）中国城市适应气候变化的响应

随着全球气候变化问题日趋严重，高温频发、强降水增多、海平面上升、平均风速降低等因素将导致城市能源、供水、防洪除涝、农业、大气环境等领域面临较大风险，中国各城市从城市基础设施建设、城市生态绿化系统等方面做了积极应对。

从城市环境基础设施来看，各城市针对强降水、高温、台风、雾霾等极端天气气候事件，加大城市维护建设资金支出，提高城市给排水、供电、交通、信息通信等生命系统的设计标准，加强应对气候变化的稳定性和适应能力。以城市维护建设资金支出为例，2014 年，北京、广州、太原、西安、重庆等城市维护建设资金支出位居全国潜力，其中北京高达 1171.9 亿元，位居各大城市首位，上海为 266.2 亿元，位居全国第 9 位。总体上，城市维护建设资金支出较高的城市主要位于长三角、京津冀、山东半岛、江苏、浙江，以及重庆、昆明、南宁、西安、郑州等内陆经济发达城市，充足的城市维护建设资金有助于改善城市环境基础设施，并提升城市气候变化的适应能力。然而，城市维护建设资金的长期持续投入依赖于经济发展水平以及伴随的财政收入的提升，从图 15 也可见，城市维护建设资金支出较高的地区经济发展水平也较高；通过选取 2014 年中国 290 个城市 GDP 与城市维护建设资金支出制作散点图发现，二者关系数达 0.521，呈现强相关性[①]（见图 16）。

随着洪涝、暴雨、风暴潮等自然灾害的发生频率上升，城市排水基础设施也需要得到相应提升，而城市排水管网长度与密度是表征城市排水基础设施水平的重要指标。以 2014 年城市排水管网长度为例，上海、天津、北京、无锡、深圳位居前 5 位，上述城市分别为三大城市群的核心城市，其中，上海排水管道长度达 20972 千米，位居全国各大城市首位，其余城市也在

---

① 一般来说，取绝对值后，0～0.09 为没有相关性，0.1～0.3 为弱相关，0.3～0.5 为中等相关，0.5～1.0 为强相关。

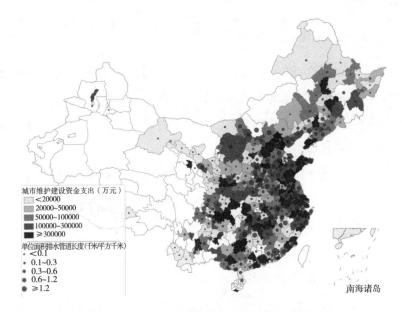

图 15 中国城市维护建设资金支出及排水管道密度

资料来源：2015 年《中国城市统计年鉴》。

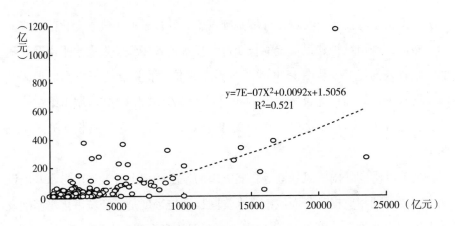

$$y=7E-07X^2+0.0092x+1.5056$$
$$R^2=0.521$$

图 16 中国城市 GDP 与城市维护建设资金支出拟合曲线

资料来源：2015 年《中国城市统计年鉴》。

10000 千米以上，而全国城市平均值仅为 1436 千米，铜仁、陇南、海东、云浮等城市排水管道长度不足 100 千米，远落后于全国平均水平。从城市排水管网密度来看，单位面积排水管网长度较高的城市主要分布在长三角、珠三角、京津冀，以及辽宁、湖北、河南等省的部分城市。无锡位居全国各大城市首位，高达7.7千米/平方千米，合肥、深圳、许昌、武汉等位居其后，单位面积排水管道长度也在5千米/平方千米以上，上海为4.1千米/平方千米，位居全国第8位。黑河、陇南、中卫、铜仁、海东等西南、东北、西北地区经济落后城市排水管网密度也较低。

城市交通设施标准，尤其是提高沿海、沿江等地区台风、洪涝高发地区交通基础设施标准，是应对气候变化、增强对高温、强降水、台风防护能力的重要途径。[①] 从城市道路面积来看，重庆、东莞、深圳、上海等城市位居各城市前列，2014年末实有城市道路面积达100平方千米以上（见图17），而上述城市的城市道路面积比重却处于较低水平，其中上海仅为3.3%（2014年上海市城市道路面积105.5平方千米，城市建设用地面积约为3200平方千米），

图17 中国2014年末实有城市道路面积

资料来源：2015年《中国城市统计年鉴》。

---

① 参见《城市适应气候变化行动方案》。

远低于全国290个城市的平均水平13%。可见，大城市的道路面积高于中小城市道路面积，沿海城市高于内地城市道路面积，沿海地区城市道路面积比重高于内地，江苏、山东、安徽、河北、天津等省市城市道路面积比重远高于全国其他城市（见图18）。

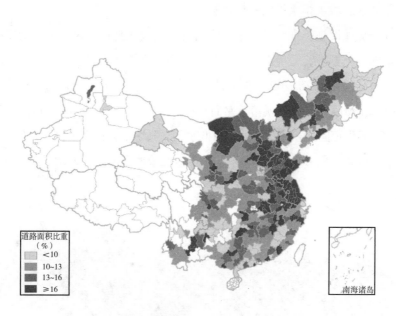

图18 中国城市道路面积占建设用地比重

资料来源：2015年《中国城市统计年鉴》。

总体上来看，经济发展地区和沿海地区排水管网基础设施、道路交通设施等相对较好，而这些城市也是未来受气候变化影响的主要区域，完善的排水基础设施、道路基础设施为适应气候变化提供了重要支撑。

从城市生态绿化系统来看，绿化植被覆盖率较好地反映了一个城市生态绿化水平，同时，城市绿化植被具有吸纳雨水、涵养水源、调节城市温度、固碳释放氧气、吸收有害气体、滞尘降温增湿等生态功能，是应对气候变化能力的重要表现。也反映出城市适应气候变化的碳汇状态。将中国290个地级以上城市的绿化覆盖率制作成图可见，福建、浙江、江西是城市建成区绿化覆盖率最高的地区上述地区建成区绿化覆盖率普遍高于40%，此外，内蒙古、辽宁、北京、山东、湖南等的部分城市建成区绿化覆盖率也处于较高水平。如乌兰察布、秦皇岛、北京的建成区绿化覆盖率位居全国各城市前三位，分别高达95.3、92.8%、60.4%，滨州、娄底、锦州、九江、威海等城市建成区绿化覆盖率也位居全国前列（见图19）。而贵州、山西、甘肃、四川、黑龙江等地建成区绿化覆盖率较低。需要指出的是，沿海城市建成区绿化覆盖率与内地城市相比略高，但并无优势，绿化覆盖率最高的城市也并不完全分布在沿海。然而，随着气候变化的加剧，气温升高、海平面上升、海水入侵等生态环境问题出现，沿海城市将首当其冲，为此，沿海城市，尤其是地势较低的长三角地区尤其需要加强绿化植被营建，提升适应气候变化的水平。

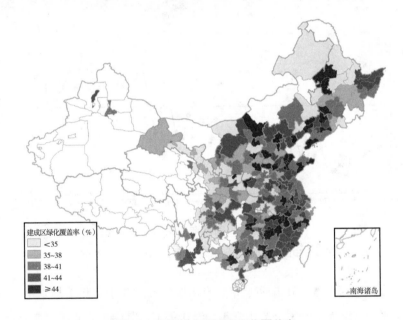

图19 中国城市建成区绿化覆盖率

资料来源：2015年《中国城市统计年鉴》。

三 中国城市适应气候变化的挑战

近几十年来，受温室气体大量排放的影响，全球气候变暖已经上升到人类历史较高水平，在气候变化的影响下，中国也面临极端天气气候风险加剧、环境质量水平依然堪忧、环境基础设施落后、环境管理能力不足等挑战。

（一）气候快速变化将产生严重的天气气候风险

受自然和人类活动的共同影响，以气候变暖为主要特征的全球气候变化不断加深。2015 年是有现代气象记录数据 135 年以来全球平均气温最高的一年，也是中国自 1961 年有气象记录以来最暖的一年（见图 20）。全球平均气温持续升高，加剧了海平面上升、冰川消融、极端气候事件频发等，对地球自然生态系统和人类社会造成强烈影响[1]。

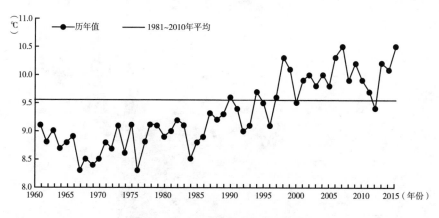

图 20　1960～2015 年中国气温变化

资料来源：《2015 年中国气候公报》，中国气象局，2016 年 1 月 13 日。

从全国气温来看，31 个省、市、自治区气温均高于常年平均水平，2015 年全国平均气温为 10.5℃，高于常年均温 0.95℃，其中东北北部、西北地区、西南地区、江淮地区较常年温度高 1℃以上（见图 21）。其中，北京、四川、宁夏、广东等 10 个省、市、自治区为历史同期最高值。从高温日数来看，全国日最高气温 35℃以上高温日平均数量为 8.5 天，高于常年平均数 7.7 天，高温日主要集中在华南、江西、浙江、新疆、重庆等省、市、自治区，全年全

---

[1]　中国气象局：《2015 年中国气候公报》，2016 年 1 月 13 日。

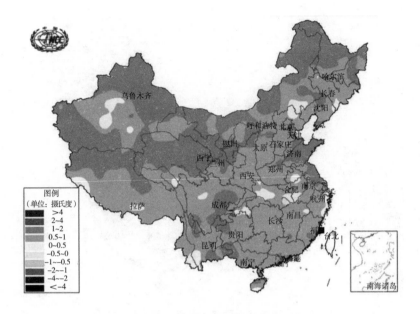

图21 中国平均气温距平分布

资料来源：《2015年中国气候公报》，中国气象局，2016年1月13日。

国共有265站日最高气温达到极端事件标准，并远高于历史水平。

从全国降水情况来看，2015年全国平均降水量为648.8毫米，高于历年平均降水量629.9毫米。与常年相比，福建北部、长三角、粤北、广西北部、新疆东南部、青海北部等地降水量较常年偏多20%～100%，部分地区偏多1倍以上（见图22）。从降雨日数来看，2015年全国平均降雨日数为118天，较常年偏多4天，中国中东部大部分地区降雨日均高于常年平均水平，其中江南大部、华南北部、贵州等地达150～200天（见图23）。

尤其是2016年，强降雨更是远超过常年平均水平，今年1～6月中国平均降雨量较常年年平均水平偏多50.6%，为有历史记录以来的第三位（见图24）。今年入汛以来，中国南方出现20余次强降雨，为历史同期最多，并引发1100多起地质灾害。尤其是2016年6月18～21日，从四川东部一直到上海的长江流域和淮河流域出现强降雨，约12万平方千米的地区出现累计100毫米以上的强降雨（见图25）。2016年的汛期，长江流域、华北和西北大部、西

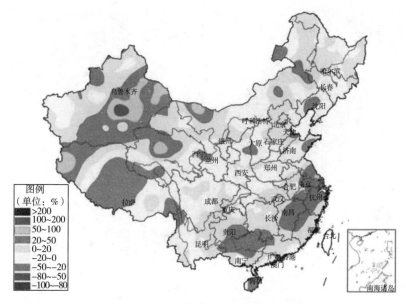

图22 2015年全国降水量距平百分率分布

资料来源:《2015年中国气候公报》,中国气象局,2016年1月13日。

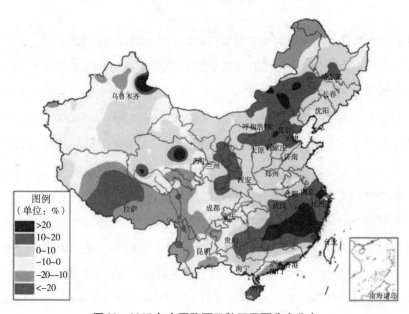

图23 2015年全国降雨日数距平百分率分布

资料来源:《2015年中国气候公报》,中国气象局,2016年1月13日。

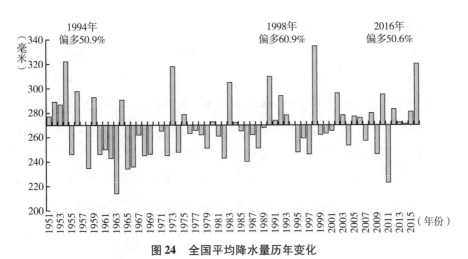

图24　全国平均降水量历年变化

资料来源：笔者整理。

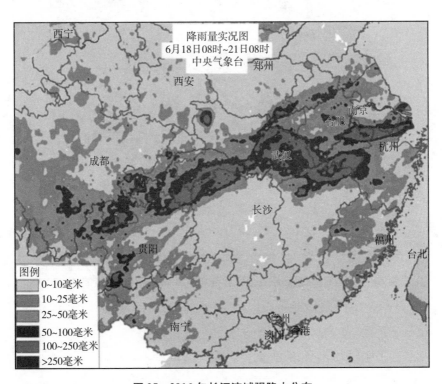

图25　2016年长江流域强降水分布

资料来源：中国气象局。

藏北部平均降雨量为历史同期的20%以上，部分地区较历史同期偏高50%，甚至100%（见图26）。而这种强降雨将直接影响城市生产生活，城市内涝严重、饮用水质受到影响等。强降雨产生的原因主要为近年来全球气候变暖以及厄尔尼诺事件导致全球气候极端事件增多，2015年，赤道中东太平洋大部分海面温度偏暖，厄尔尼诺事件继续发展，其中9~11月，Niño Z（尼诺综合监测指数）区海表温度距平指数连续3个月达到或超过2℃，2015年全年厄尔尼诺事件累计海温指数已达23℃，为历史上第二强的超强厄尔尼诺事件。厄尔尼诺事件的日趋严重，为中国城市适应气候变化提出了严峻挑战。

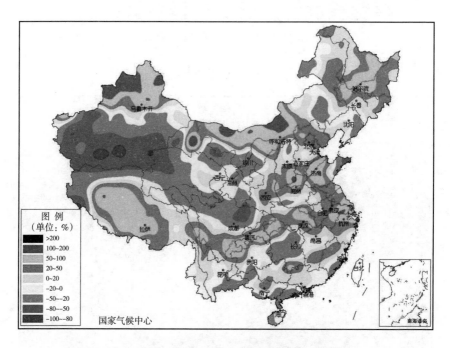

图26　中国月降水量距平百分率分布（2016年6月1日至6月30日）

资料来源：国家气候中心。

（二）中国城市环境质量水平依然堪忧

近年来，随着对生态环境问题的日益重视，以及积极参与应对全球气候变暖，中国加大了对环境质量改善的投入力度。但随着社会经济对能源、水资源等的消耗也逐年增大，废气、废水、固废也不断增长。以北京、上海、天津、重庆为例，2004～2014年来，城市废水排放量呈逐年增长，上海从19.3亿吨增长到22.1亿吨，但其废水排放量最高，约为四大直辖市最末的天津的3倍；天津废水排放量增长最快，从4.9亿吨增长到8.9亿吨；重庆废水排放量增长最慢，仅从13.6亿吨增长到14.6亿吨，北京也从9.8亿吨增长到15.1亿吨（见图27）。尽管增长趋势不同，但废水排放量的日益增长却是四大直辖市共同面临的问题，也是气候变暖压力下，所需要遏制的问题。随着工业生产与生活对能源资源消耗的增长，各城市废气排放量也逐年增长，除重工业向外搬迁和产业结构服务化的北京以外，上海、天津、重庆的废气排放均大幅增长，其中，上海、天津分别从9.0万吨、7.6万吨增长到14.2万吨和14.0万吨，重庆也出现较大幅度增长。废气排放的大幅度增长，除了造成粉尘等各类污染物的增加以外，还伴随二氧化碳等温室气体的增加（见图28），这进一步加剧了全球气候变暖。尽管，四大直辖市并不能代表中国城市环境质量水平的整体面貌，但我们可以管中窥豹地探析出中国环境质量水平依然面临严峻风险。随着《巴黎协议》的签署，中国将在2030年实现单位GDP碳排放较2005年下降60%～65%，这是中国践行绿色发展的重要行动，也是对世界可持续发展做出的重要贡献，但在当前环境质量恶化趋势没有得到明显遏制的现实下，中国各城市依然面临严峻挑战。

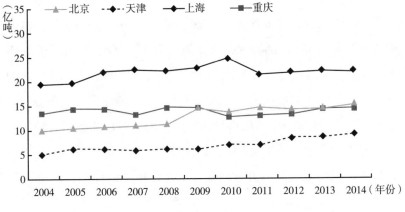

图27　中国四大直辖市历年废水排放量（2004～2014年）

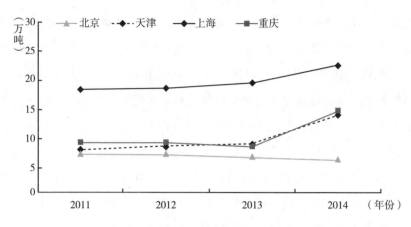

图28　中国四大直辖市历年废气排放量（2011～2014年）

资料来源：国家统计局数据库。

（三）环境基础设施难以适应气候变化带来的巨大风险

为应对气候变暖、环境恶化并推动城市绿色可持续发展，中国对环境基础设施进行了大量投入，排水管道、城市道路、绿化水平等环境基础设施建设水平得到极大的提升，但是气候变化，尤其是极端天气气候事件频发，中国现行环境基础设施水平仍然难以应对。

从排水防洪设施来看，各城市水利调蓄基础设施投入仍然有限，各主要河流防洪设施在沿线城市未达到防洪等级标准，各城市的防洪排水老标准未达标。例如，中国城市排水管网设计暴雨重现期一般为1～3年，也就是能够适应每小时36～45mm的降水，重要地区为3～5年，也就是能够适应每小时56mm的降雨量，尽管2014年明确了新的城镇内涝防治设计标准，并提高了雨水管渠设计的重现期，但国内城市在实际建设中，大部分只有1年的标准[①]。与国外相比，中国城市设计暴雨重现期明显偏低，如新加坡一般管渠、次要排水设施、小河道5年，新加坡河等主要河流50～100年（见表2）。造成该现象的主要原因有管网设计、建设标准的弊端，而城市管网被

---

① 翁窈瑶：《浅析国外内涝防治的措施与经验》，《防护工程》2014年10月。

占用、工程施工破坏等也使得中国城市在极端暴雨、洪水面前十分脆弱,进而引发中国近年来中国城市内涝频发等问题。从排水系统管网建设来看,2014 年,中国城市平均排水管网长度为 1436 千米,平均排水管网密度为9.2 千米/平方千米,其中,上海仅为 6.6 千米/平方千米,而日本排水管网密度一般达 20~30 千米/平方千米,部分地区达 50 千米/平方千米,美国也在 15 千米/平方千米以上。

表 2　中国城市排水管网设计标准与国外的对标

国家/地区	设计暴雨重现期
中国大陆	特大城市中心城区 3~5 年,非中心城区 2~3 年,中心城区重要地区 5~10 年,中心城区地下通道和下沉式广场 30~50 年;大城市中心城区 2~5 年,非中心城区 2~3 年,中心城区重要地区 5~10 年,中心城区地下通道和下沉式广场 20~30 年;中小城市中心城区 2~3 年,非中心城区 2~3 年,中心城区重要地区 3~5 年,中心城区地下通道和下沉式广场 10~20 年
中国香港	高度利用的农业用地 2~5 年,农村排水,包括开拓地项目的内部排水系统 10 年,城市排水支线系统 50 年
美　　国	居住区 2~15 年,一般为 10 年,商业和高价值区域 10~100 年
欧　　盟	农村地区 1 年,居民区 2 年,城市中心/工业区/商业区 5 年,地铁/地下通道 10 年
英　　国	30 年
日　　本	3~10 年
澳大利亚	高密度开发的办公、商业和工业区 20~50 年,其他地区以及住宅区 10 年,较低密度的居民区和开放区域 5 年
新　加　坡	一般管渠、次要排水设施、小河道 5 年,新加坡河等主要河流 50~100 年,机场、隧道等重要基础设施和区域 50 年

资料来源:根据《室外排水设计规范》(2014 版)等网络资料整理。

从城市道路来看,由于中国城市建设大尺度街区较为普遍,道路建设长期滞后,道路面积占城市建设用地比重和人均道路面积均落后于发达国家水平。以道路面积占城市建设用地比重为例,中国 290 个城市道路面积比重普遍为 10%~15%(见图 29),中国平均道路面积比重为 13%,尤其是大城市道路面积比重更低,上海市仅为 3.29%,而国外城市道路面积比重普遍在 15%~20%。从人均道路面积来看,中国各城市更低,2014 年中国 290个城市人均道路面积仅为 4.33 平方米,大部分城市人均道路面积为 5 平方米以下（见图30），而国外主要城市人均道路面积均在10平方米以上，芝加哥人均道路面积高达45.9平方米，纽约、旧金山、名古屋等城市也在20平方米以上①（见图31、图32）。可见，不管是道路面积比重还是人均道路面积，中国城市均落后于发达国家，这在未来气候快速变化、极端气候频发的趋势下，中国各城市也面临巨大风险。

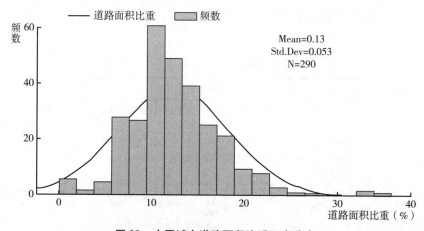

图29 中国城市道路面积比重正态分布

资料来源：2015年《中国城市统计年鉴》。

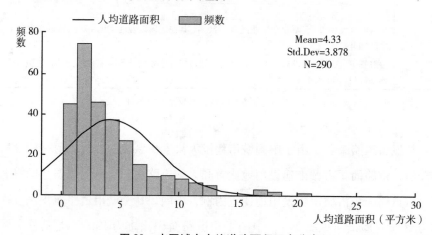

图30 中国城市人均道路面积正态分布

资料来源：2015年《中国城市统计年鉴》。

---

① 丁千峰：《城市道路网等级结构及布局评价研究》，哈尔滨工业大学硕士学位论文，2005。

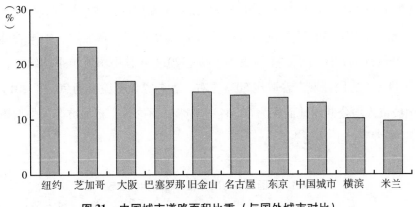

图 31　中国城市道路面积比重（与国外城市对比）

资料来源：笔者整理。

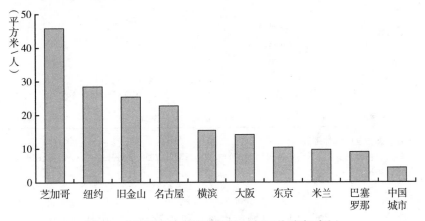

图 32　中国城市人均道路面积（与国外城市对比）

资料来源：笔者整理。

公园绿地在城市应对气候变化中变得越发重要，城市绿色空间网络也如城市道路系统、排水系统一样，被定义为绿色基础设施，曼彻斯特大学开展的"在城市环境中适应气候变化的对策"项目（ASCCUE 项目），明确了城市绿地具有阻拦洪水，提升水渗透能力，增强自然排水能力、通过蒸发冷却降低地标温度，提供树荫等功能，进而增强城市适应气候变化的作用[1]。从

---

[1]　艾伦·巴伯、谢军芳：《绿色基础设施在气候变化中的作用》，薛晓飞译，《中国园林》2009 年第 2 期。

生态基础设施来看，尽管中国城市绿化水平不断提升，但是与其他发达国家城市或地区相比仍然处于较为落后的水平。2014年，新加坡、中国香港森林覆盖率高达70%以上，上海仅为13%。2014年，中国城市平均绿化覆盖率为39.6%，国外城市普遍在50%左右，香港绿化覆盖率为70%。2014年中国城市人均公共绿地面积为12.64平方米，而伦敦、新加坡等国外城市均在20平方米以上（见表3）。

表3　中国城市与国外城市绿化指标比较

单位：%，平方米

城　　市	森林覆盖率	绿化覆盖率	人均公共绿地
纽　　约	24	／	19.2
伦　　敦	34.8	42	24.64
东　　京	33	64.5	4.5
香　　港	70	70	23.5
新　加　坡	75	58.7	28
上　　海	13	38	12
中国城市	21.63*	39.6	12.64

*该数据为全国森林覆盖率。

资料来源：肖林：《在不确定中谋划确定的未来全球城市2050上海战略》，上海人民出版社/格致出版社，2016。

综合以上，我们可以通过城市道路、排水管网、绿化基础设施等方面管中窥豹地得出中国城市生态环境基础设施仍然处于较低水平的认知。尤其是气候变化、极端气候变得愈发严峻，当前中国城市（尤其是沿海地区城市）的生态环境基础设施依然难以应对风暴潮、台风、洪水、海平面上升、极端高温等气候灾害，我们的城市依然处于危险之中，提升环境基础设施水平迫在眉睫。

（四）中国城市应对气候变化管理能力滞后

城市管理能力，对于应对气候变化具有重要作用。中国自参与"国际减灾十年"活动以来，各部门对自然灾害评估、管理的重视程度与以前有较大的提升；但是与发达国家气候变化的应对管理能力相比，中国适应气候变化管理能力还比较落后。

首先，中国应对气候变化管理能力依然较低。中国围绕应对气候变化制定了适应气候变化的行动框架，但中国应对气候变化一直存在重视事后救援、忽视前期预防，缺乏气候变化引发的自然灾害的风险管理；重视防灾减灾工程建设，忽视灾害管理与评估①。

其次，中国应对气候变化法律制度不足。与国外出台一系列能源、温室气体、海绵城市建设方面的法律法规相比，中国一直未能出台《应对气候变化法》作为中国城市应对气候变化的基本法律，此外，在促进低碳发展方面的专门立法、能源总量控制配套制度等方面制度也缺乏，使得各城市在应对气候变化上无法可依。

再次，缺乏协同的战略定位。气候变化是包括适应和减缓在内，降低气候变化风险的可持续发展之路，既要求通过减缓将气候变化控制在适应可控的极限范围内，也需要充分考虑适应与减缓之间的协同效应。中国气候变化政策实践中，存在强调节能减排，忽视适应气候变化的误区；在低碳发展规划中，强调低碳产业和能源结构调整，然而减缓只是适应气候变化措施的一部分，现行政策对建设弹性适应城市却关注不够。同时，制定适应气候变化政策的各部门缺乏统筹协调机制，使得各部门各行其是，难以实现应对气候变化的综合管理。

最后，缺乏气候变化适应规划。当前，中国城市规划制定过程中，普遍存在对求变化的因素考虑不够，缺少气候变化风险认知能力；各城市也存在妨碍适应气候变化规划及其实施的诸多因素，如预估影响不确定性、财力人力等资源有限、不同治理层面的整合与协调不足、风险响应制度缺乏、监测适应有效性不足等，作为一项复杂的社会系统，适应气候变化需要在不确定的风险情景下对气候变化风险进行有效持续管理。同时，不同适应气候变化的制度，所涉及的自然保护、资源管理、灾害预警与应急管理，均亟须引入适应气候变化的适应性管理，以统一应对气候变化。

---

① 周波涛、於琍：《管理气候灾害风险推进气候变化适应》，《中国减灾》2012年第3期。

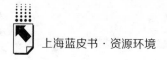

四 中国城市适应气候变化的发展方向

气候变化是全球共同面临的巨大挑战，而中国城市人口密集、经济社会聚集程度高，受气候变化影响也更大。积极适应气候变化，是城市可持续发展的必然要求，为此，应从城市规划、基础设施、绿化系统、海绵城市等入手，建设气候适应型城市。

（一）将应对气候变化纳入城市规划之中

中国是受气候变化影响最大的国家之一，极端降雨、洪涝、风暴潮、海平面上升等天气气候事件和自然灾害对城市运行、经济社会造成巨大的影响，为此，城市规划应将气候变化纳入其中。首先，在城市、土地、经济、社会、生态环境等城市发展相关规划，均应将气候变化所致使的主要风险，以及采取的应对措施纳入规划中；城市基础设施建设与改造也应考虑气候变化中长期影响。其次，城市规划还应加强气候变化应对相关设施布局，包括消防设施、人防设施、防灾减灾设施等，应该提升城市道路建设水平，建设公交专用道，应急通道等，提升城市应急能力；合理布局城市绿地，依托绿地、河网组成的蓝绿网络，增强城市生态系统的连续性，加强城市绿地系统建设，缓解城市热岛效应和空气污染问题；城市规划应着重城市水安全与环境安全建设，构建安全的供排水、能源、交通等生命线系统；提升城市防涝、排水设施水平，缓解暴雨、洪涝造成的影响；沿海城市应加强海岸带管理，沿海一定范围禁止建设高层建筑，控制开发建设活动，加强城市防波堤与防洪堤建设，增强城市应对海平面上升的能力。

（二）提升城市基础设施设计与建设标准

当前中国城市基础设施较为落后，难以适应气候快速变化造成的各种风险与灾害。首先，应提高中国城市生命线系统标准，提升城市给排水、电气供给、交通通信等设计标准，增强城市生命系统的稳定性与抗风险能力；沿海城市在进行城市管网铺设应充分考虑海平面上升的影响，提升防护设施设计标准，内陆城市应提升排水设施标准，增强应对洪涝、城市内涝的能力。其次，提升城市能源设施标准。根据气候变化对居民制冷、制热需求的影响，修订城市能源设施标准，调整技术标准，能源设施应充分考虑高温、寒冻、洪水等的影响。最后，提高城市交通基础设施标准，尤其是沿海、沿江，以及台风、洪涝、地质灾害高发地区，根基气候变化造成极端降水、洪涝等，修订城市排水设施标准，并将其纳入城市交通规划中；健全城市道路相关指示系统，增强交通队极端气候的防护能力。

（三）建设适应气候变化的城市生态绿化

城市公园、绿地的规划设计气候变化适应十分重要，越来越多的城市通过建设城市绿色空间网络，以应对气候变化带来的风险与挑战，并将其放在与城市道路、排水系统同等的位置，然而中国城市生态绿化与国外相比仍然有较大差距。首先，应构建气候友好型的城市生态系统，依托城市自然水体、河湖水系、农田林网等自然要素，构建形成以"点－线－面"组成的城市自然生态空间网络，发挥其改善城市微气候的作用；其次，建设湿地公园、恢复自然水体，作为应对城市洪涝灾害的天然滞洪、蓄水的承灾体；最后，加大城市绿地、森林、湖泊、湿地建设，发挥其调节气温、海洋水源、增强生物多样性的功能。

（四）建设海绵城市以保障城市水安全

大力推进海绵城市建设，充分发挥自然生态系统的滞洪、蓄水能力，发展三维绿化系统，建设下沉式绿地、湿地公园、生物滞留设施等"海绵体"；严格管控城市河网水系，积极保护与恢复城市河湖、湿地、水塘等自然水体，加强城市河网水系连通性，增强雨洪吸纳能力，建立良性的水循环系统①。强

---

① 艾伦·巴伯、谢军芳：《绿色基础设施在气候变化中的作用》，薛晓飞译，《中国园林》2009 年第 2 期。

化城市用水管理，加强城市水源地和应急供水设施建设，充分利用自然水体、绿地生态系统对水资源的蓄积能力；建设节水型城市，加强城市水循环系统建设，推进城市废污水全收集处理，做到城市水循环利用。加强防洪体系建设，推进防洪堤建设，加强河道整治，疏通易涝河道，推进城市河湖连通；加强城市排涝设施建设，以最大程度减轻城市内涝程度。

（五）提升城市灾害风险管理系统水平

城市灾害风险管理对于增强防灾减灾能力，提升救灾水平具有重要作用。为此，中国各城市应继续提升灾害应急能力，加强极端天气事件防控、风险隐患治理等，制定重大灾害应急管理方案，建立灾害应急救援响应机制，明确各部门灾害管理责任，提升灾害预防、规避能力。同时，还应建立完善公众预警防护系统，建立极端灾害预警信息平台，建立气候变化对人体健康影响的预警系统，加强城市居民灾害自我防范知识普及与防范意识提升。最后，还应逐步建立极端灾害风险分担机制，明确政府各部门、社会等的责任与义务，建立保险、救助等社会力量和政府力量相结合的风险分担机制。

参考文献

金桃：《中国城市应对气候变化能力评估》，上海师范大学博士学位论文，2012。

中国气象局：《2015 年中国气候公报》，2016 年 1 月 13 日。

翁窈瑶：《浅析国外内涝防治的措施与经验》，《防护工程》2014 年 10 月。

丁千峰：《城市道路网等级结构及布局评价研究》，哈尔滨工业大学博士学位论文，2005。

周波涛、於琍：《管理气候灾害风险推进气候变化适应》，《中国减灾》2012 年第 3 期。

艾伦·巴伯、谢军芳：《绿色基础设施在气候变化中的作用》，薛晓飞译，《中国园林》2009 年第 2 期。

韩肖：《中国人口密度演变趋势》，载《全球可持续发展城市信息网络》，2015 年 9 月 20 日，http：//oursus. org. cn/problem－3878。

肖林、周国平：《卓越的全球城市：上海2050 战略与治理》，上海人民出版社/格致出版社，2016。

B.4
上海城市气候脆弱性及其面临的挑战

张希栋*

摘　要：　上海在中国城市经济发展中占有十分重要的地位，随着全球
气候变化，各种自然灾害以及极端天气对上海的影响越来越
大，上海城市气候脆弱性开始凸显。当前，上海在社会经济
发展过程中，面临人口集聚、资源消耗以及环境污染的压力，
城市气候脆弱性将增加上海的潜在社会经济损失。在全球气
候变化背景下，对上海而言，既是机遇也是挑战，如何应对
城市的气候脆弱性，实现城市的转型发展是当前必须解决的
重要问题之一。上海要应对城市气候脆弱性，应该从五个方
面建立弹性城市。第一，加强社区灾害宣传工作，增强社区
防灾建设；第二，制定发展规划，加强对气候变化适应能力
的城市建设；第三，加强城市基础设施建设；第四，加强生
态环境建设，构筑上海的生态屏障；第五，优化能源利用方
式，促进产业转型发展，降低温室气体排放。

关键词：　气候变化　脆弱性　弹性城市

人类社会自从步入工业文明以来，生产方式发生了巨大的变化，能源的
使用特别是化石能源的普及，产生了大量的温室气体，是造成全球气候变化
的主要原因。IPCC 在 2014 年发布的评估报告中指出：全球气温从 1880 年

---

* 张希栋，博士，上海社会科学院生态与可持续发展研究所，研究方向为气候治理等。

到2012年接近130年内，气温升高了0.85℃左右[1]。国家海洋局发布的《2015中国海平面公报》显示：2014年，全球平均表面温度较之于1981~2010年的平均温度高了0.28℃[2]。为了应对全球气候变化问题，联合国颁布《气候变化框架公约》，为控制二氧化碳等温室气体排放、应对全球气候变暖带来的环境问题产生了积极意义。目前，国际社会普遍认识到全球气候变化将会带来严重的环境问题，然而由于各国经济发展阶段不同，发展方式不一，面临的问题也千差万别。大多数国家正在为应对全球气候变化做出努力，然而各国在应对全球气候变化应该承担的责任与义务方面存在分歧，导致现阶段全球气候变化趋势趋缓，但并未扭转全球气温上升的根本性趋势。

改革开放以来，中国沿海地区经济发展迅速。然而，相对于内陆地区，海岸带地区更加容易受到全球气候变化的影响。由全球气候变暖导致的海平面升高降低了陆地地区抵御海洋灾害的能力，潮水不断涌向海岸带地区，加速了海岸的侵蚀，更加容易产生洪涝灾害。此外，全球气候变化还使得极端天气愈发频繁，东部沿海发达城市面临的环境形势更加严峻，同时沿海地区城市缺乏应对气候脆弱性问题的危机意识，反过来进一步加大了对城市社会经济发展的不利影响。上海是中国沿海城市的代表，同时自然地理环境并不利于应对气候变化，探索上海应对气候脆弱性的现实途径对于中国沿海城市的发展具有重要借鉴意义。

一　上海基本概况

上海市是长三角流域的中心城市，对带动长三角城市群经济发展起着极其重要的作用，同时上海也是中国的金融经济中心，在全国的城市发展中占有至关重要的地位。

---

[1]　IPCC. *Climate Change 2013: the Physical Science Basis.* Cambridge: Cambridge University Press, 2013.
[2]　国家海洋局：《2015中国海平面公报》。

（一）自然地理特点

上海市地处中国南北海岸线的中点附近，同时又位于长江经济带的下游地区，处于陆地、海洋与河口的交汇地带。上海市总面积为 6341 平方千米。其中，陆域面积为 6219 平方千米。上海整体地势较低（平均海拔高度约为 4 米），与全国整体的西部地势高东部地势低的格局相反，上海由于处于长江入海口附近，东部是长江三角洲冲积平原的一部分而西部是湖泊连片的区域，因而呈现东高西低的格局。从地形地貌上而言，上海主要由平缓的平原组成，仅西南部有少数丘陵。上海属于北亚热带季风气候。降雨量较大，汛期集中在夏季，冬天降雨量最低。2014 年，上海市平均气温为 17℃，日照 1612.6 小时，降水量为 1295.3 毫米（见表 1）。

表 1 2014 年上海市气象主要指标

月份	平均气温(℃)	日照时间(小时)	降水量(毫米)	降雨日(天)
1 月	6.8	161.2	19.8	5
2 月	6.1	60	143.9	13
3 月	11.5	164.7	59.6	8
4 月	15.7	119.9	139.4	11
5 月	21.7	186.2	61.5	10
6 月	23.3	74.1	175.9	12
7 月	27.4	129.4	192.2	16
8 月	26.3	84.1	229.3	18
9 月	24.2	118	196	12
10 月	20.2	208.6	37.3	3
11 月	14.8	128.8	34.6	11
12 月	5.7	177.6	5.8	5

资料来源：《上海统计年鉴 2015》。

从上海的自然地理特点上可以看出，上海本身处于河口、海岸以及海洋的交汇地带，生态环境具有一定的脆弱性。此外，由于上海本身地势较低，降雨量较大，容易受到洪涝灾害以及海洋灾害的影响，较不利于上海经济社会的稳定发展。

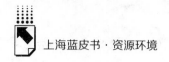

（二）社会经济发展概况

2015 年，上海市全年国民生产总值为 24964.99 亿元，位列全国第一。分产业来看，上海第一产业、第二产业、第三产业生产总值分别为 109.78 亿元、7940.69 亿元、16914.52 亿元，三次产业比例约为 1∶72.3∶154.1，而同年中国三次产业比例约为 1∶4.5∶5.6，表明上海的第三产业相对全国而言高度发达。2015 年，上海常住人口占全国总人口的比例（1.8%）是上海面积占全国总面积比例（0.06%）的 30 倍左右，表明人口相对全国较为集中。上海港地处长江入海口下游，有着得天独厚的区位优势，不仅是长江港口体系的代表也是中国沿海港口的代表，正在逐渐成长为国际航运中心，2015 年，上海港货物吞吐量占全国的 6.3%（见表 2）。

表 2　2015 年上海与全国经济社会发展状况比较

项　　目	全国	上海	上海占全国的比重(%)
生产总值(亿元)	676708	24964.99	3.7
第一产业(亿元)	60863	109.78	0.2
第二产业(亿元)	274278	7940.69	2.9
第三产业(亿元)	341567	16914.52	5.0
港口货物吞吐量(亿吨)	114.30	7.17	6.3
人口(万人)	137462	2415.27	1.8
进口额(亿元)	104485	15832.33	15.2
出口额(亿元)	141255	12228.56	8.7

资料来源：2015 年全国统计公报、2015 年上海市统计公报。

从上海的经济社会发展状况来看，各个指标都位居中国前列，并且上海是中国面向世界的窗口，对中国与国际的经济社会交流起着重要作用。在城市发展的过程中，保持一个相对稳定的外部自然环境对于确保上海的稳定发展具有重要意义。

从上述分析来看，上海作为中国东部沿海发达城市的代表，位于长江入海口附近，是海洋、河口与陆地的交汇地带，有着极为特殊的生态环境条件，更加容易受到外界环境变化的影响。近年来，上海在城市建设方面较少涉及对气候脆弱性的合理规划，有可能进一步减弱了上海市应对气候脆弱性的能力。因此，在未来的发展中，有必要将上海建成弹性城市，从而积极有效应对上海的气候脆弱性问题。

二　上海气候脆弱性分析

气候脆弱性是指在应对全球气候变化时，社会经济的稳定程度。影响上海气候脆弱性的原因有很多，主要包括两个方面内容：生态环境脆弱性以及上海城市基础设施建设不完善。

（一）上海生态环境脆弱性

生态环境脆弱性是指现有社会的经济发展水平以及生产方式超过了生态环境的支撑能力，造成生态环境的退化。缓解生态环境脆弱性，一方面可以通过改善生产技术转变经济发展方式降低对当地资源环境的依赖以及污染物的排放；另一方面，可以通过靠外来资源、控制人口规模或者城市规模来降低对本地生态环境的影响。近年来，许多学者就上海的生态环境脆弱性进行了相关研究。就上海市整体的气候脆弱性而言，王祥荣等（2012）的研究将上海分为五个脆弱区，通过将上海不同的地区区分为脆弱程度不同的区域，可以明确不同地区应该注重的灾害风险，从而采取更有针对性的措施应对上海的气候脆弱性。[1]

上海由于人口集聚以及城市经济发展等原因，导致周边生态环境承载的压力较大，客观上使得上海的气候脆弱性加剧。为了保护以及有序开发生态环境，国家根据不同地区的自然环境特点，划分了不同的生态功能区，从而达到保护生态环境的目的。为了了解上海生态功能区在上海社会经济中承载的压力以及发挥的作用，鄢忠纯等（2007）对上海八个生态功能区开展了生态环境敏感性和生态服务功能重要性评价，研究认为：黄浦江水源保护生

---

[1]　王祥荣、凌焕然、黄舰、樊正球、王原、雍怡：《全球气候变化与河口城市气候脆弱性生态区划研究——以上海为例》，《上海城市规划》2012 年第 6 期。

态功能区是生态敏感最强的区域，同时也是生态服务功能重要性最高的地区，而长兴岛的情况则相反。① 曹建军等（2010）对上海生态环境敏感性的研究包含了上海市的所有地区，采用 GIS 分析技术，将上海按照敏感程度不同分为四类敏感区域。研究发现：就上海市的整体而言，中高度敏感区占比约 56.99%；从分布规律来看，中心城区的敏感程度较低而城市外围的地区敏感程度较高。② 陈磊等（2012）对上海的社会脆弱性研究发现：上海中心城区的灾害脆弱性较低，而上海边缘地区的灾害社会脆弱性较高。③ 而这与曹建军等（2010）得出的上海生态敏感区分布的规律类似。

生态环境不仅为一个地区的社会经济发展提供必要的环境支撑，也能够作为自然环境自我调节的手段。因而，保护生态环境、加强生态环境建设对于地区应对自然灾害具有十分重要的作用。而这也反过来说明上海生态环境脆弱性以及敏感性是上海气候脆弱性的一个重要原因。

（二）上海城市基础设施建设不完善

权瑞松（2014）对上海中心城区建筑暴雨内涝脆弱性进行了研究，认为在当前全球气候变化背景下，城市规模（包括经济规模和人口规模等）的不断扩大使得城市在面临暴雨内涝灾害风险的情况下更加严峻。研究发现：在暴雨内涝灾害来临后，仓库与旧式住宅的脆弱性程度最大。就整个上海城市层面而言，不同地区的建筑脆弱性不同，卢湾、静安与黄浦区建筑的脆弱性程度较低，长宁、虹口、闸北建筑的脆弱性为中等，杨浦、普陀以及徐汇区建筑脆弱性程度最大。④ 城市基础设施是保证一座城市能够正常进行

---

① 鄢忠纯、黄沈发、杨泽生：《上海市生态功能区划综合评价结果》，《环境科学与技术》2007 年第 1 期。
② 曹建军、刘永娟：《GIS 支持下上海城市生态敏感性分析》，《应用生态学报》2010 年第 7 期。
③ 陈磊、徐伟、周忻、马玉玲、袁艺、钱新、葛怡：《自然灾害社会脆弱性评估研究——以上海市为例》，《灾害学》2012 年第 27 期。
④ 权瑞松：《基于情景模拟的上海中心城区建筑暴雨内涝脆弱性分析》，《地理科学》2014 年第 34 期。

社会经济活动的必要条件，它为企业、居民以及政府提供了必要的公共系统服务。气候变化会对一个国家或地区产生影响，通过对基础设施进行合理的规划，能够有效缓解气候变化对城市的不利影响，但是目前上海在城镇化过程中对气候变化的考虑不足，表现在：城镇发展规划忽视了应对气候变化方面的考虑，在城镇化过程中缺少对气候变化进行相应的论证研究，从而导致城镇基础设施不能有效应对气候变化所带来的气象灾害。[①]

当前，气候变化将会增加上海发生自然灾害（如洪涝灾害、风暴潮、海岸侵蚀以及极端天气增加等）的风险。上海应在城市道路、城市排水系统、城市绿地、防洪堤以及滩涂湿地等方面加强建设，从而降低自然灾害带来的不利影响。

1. 城市道路建设

城市道路建设为城市交通提供了基础，在很大程度上反映了一座城市的现代化程度。完善的城市道路建设不仅能够解决城市拥堵的问题（降低货物运输以及居民出行的时间成本），还能够在灾害来临时迅速转移人民群众以及财物，保证人民的生命财产安全。因此，城市道路的建设对于上海应对全球气候变化引发的自然灾害意义重大。图 1 显示了近年来上海的人均道路面积情况。

2010～2014 年，上海人均道路面积约为 11.35 平方米，尽管存在小幅波动，但是相对稳定。对比国外发达城市的情况发现，上海还存在很大差距。以芝加哥为例，芝加哥人均道路面积为 45.9 平方米，约为上海的 4 倍[②]。

2. 城市排水系统

城市排水系统是城市基础设施建设的重要内容，其对不同种类的水分别进行收集、输送、处理以及排放，从而达到对水资源合理利用的目的。此外，城市排水系统还承担着一个更加重要的任务，即在遭遇洪涝灾害的时候，能够迅速排除市内积水，避免对城市居民的生命财产安全造成威胁。

---

① 史军、穆海振：《大城市应对气候变化的可持续发展研究——以上海为例》，《长江流域资源与环境》2016 年第 25 期。

② 丁千峰：《城市道路网等级结构及布局评价研究》，哈尔滨工业大学硕士学位论文，2005。

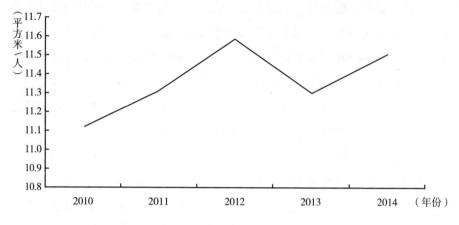

图1 上海市人均道路面积

资料来源：历年《上海统计年鉴》。

城市排水系统主要由排水管网组成，一般认为，城市排水管网密度与城市排水系统的排水能力存在正相关关系。表3反映了上海近年来排水管网的发展情况。

表3 上海排水管网发展情况

年份	城市排水管道长度（千米）	城市排水管道密度（千米/平方千米）	每万人拥有城市排水管道长度（千米）
2008	9208	1.45	4.88
2009	9732	1.54	5.07
2010	11483	1.81	8.13
2011	17599	2.78	12.39
2012	18191	2.87	12.75
2013	19425	3.06	13.56
2014	20972	3.31	14.75

资料来源：历年《上海统计年鉴》。

上海市对城市排水系统的基础设施建设给予了较大支持，在资金投入总量方面较大，城市排水管道长度、城市排水管道密度以及每万人拥有城市排水管道长度均呈现逐年增加的态势。

表 4 反映了 2014 年上海与全国主要发达城市排水管网的对比情况。从全国范围来看，上海市排水管道总长度处于领先地位，在国内几个主要发达城市中，上海的排水管道密度仅次于深圳，每万人拥有城市排水管道长度仅次于深圳和天津。

表 4 2014 年上海与国内其他城市排水管网建设情况对比

城市	城市排水管道长度（千米）	城市排水管道密度（千米/平方千米）	每万人拥有城市排水管道长度（千米）
北京市	14290	0.87	10.72
天津市	18748	1.57	18.44
上海市	20972	3.31	14.58
青岛市	6840	0.61	8.76
广州市	10078	1.36	11.96
深圳市	11634	5.92	35.02

资料来源：《中国城市统计年鉴 2015》。

上述分析表明，上海的城市排水管网系统处于全国相对领先的地位，但是对比国际发达城市在城市排水管网的建设，则仍有很大的提升空间。德国 2007 年排水管道总长度达到 54.0723 万千米，每万人拥有城市排水管道长度为 61.6 千米（按照居民人口数折算）[1]，并且德国在 2002 年城市排水管道密度平均就已经超过 10 千米/平方千米了[2]。可见，与国外发达国家相比，上海的城市排水能力仍显不足，排水管网建设还存在很大的提升空间。

此外，由于城市排水管道建设一般埋在地下，而这与各种地下基础设施存在冲突，尤其是上海市地区轨道交通系统，经常对排水管网的建设造成困扰，这一问题削弱了排水管网应有的排水能力，投资收益比率偏低。

---

① 唐建国、张悦：《德国排水管道设施近况及中国排水管道建设管理应遵循的原则》，《给水排水》2015 年第 5 期。

② 唐建国、曹飞、全洪福、单志和、王健华：《德国排水管道状况介绍》，《给水排水》2003 年第 5 期。

3. 城市绿地

城市绿地包括公园、园林、道路绿化带等，不仅能够减弱噪音、净化空气，更加能够调节城市气候、防灾减灾，有效缓解全球气候变化对上海城市的影响。2010~2015年，上海的城市绿化覆盖率从38.2%增长到38.5%，增长幅度较小①。从全国范围内来看，2014年全国六大城市建成区绿化覆盖率的对比可由图2表示。

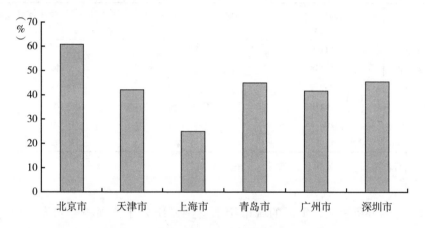

图2　2014年上海与国内其他城市建成区绿化覆盖率对比

资料来源：《中国城市统计年鉴2015》。

尽管目前上海市的绿化覆盖率略有增长，但是从图2可以发现，2014年在国内一线发达城市中，上海市的城市建成区绿地覆盖率偏低，不仅低于北京、广州、深圳，也低于天津和青岛。

4. 防洪堤

在气候变化背景下，上海更加容易遭遇风暴潮、强降雨等极端天气，从而造成洪涝灾害，对上海的社会经济发展产生不利影响。而防洪堤能够有效防御洪水泛滥，避免洪涝灾害，从而保证居民正常生活、企业正常经营以及农业正常生产等社会经济活动。表5显示了2008~2014年上海防洪堤的发展情况。

①　《上海统计年鉴2015》，中国统计出版社，2015。

表5　上海防洪堤的发展情况

单位：千米

年份	防洪堤长度	每万人拥有的防洪堤长度
2008	1014	0.5369
2009	1014	0.5278
2010	1009	0.4382
2011	1119	0.4767
2012	1129	0.4743
2013	1129	0.4675
2014	1159	0.4778

资料来源：历年《上海统计年鉴》。

从表5中的数据来看，上海的防洪堤长度在2008～2010年有所下降，2011～2014年又开始增加，但增长速度较为缓慢。再考虑到人口方面的因素时，则并非如此。2011～2013年，每万人拥有的防洪堤长度出现了一定程度的下降，表明上海对防洪堤这一应对气候变化的基础设施重视程度不足。此外，防洪堤长度仅是防洪基础设施完备性的一个方面，更加需要注重防洪堤的设计和建设标准，才能从根本上提高防洪堤应对气候变化的能力。

5. 滩涂湿地

滩涂湿地是生态系统的重要组成部分，是水域和陆域之间的缓冲地带。滩涂湿地不仅能够保护某一地区的生物多样性、净化环境、提供旅游景观等，更为重要的是，还能够调节当地气候以及在强降雨、洪涝灾害、风暴潮等自然灾害出现时，为城市提供有效缓冲。结合上海的具体情况，发现上海的湿地总面积319714公顷，占上海市面积的22.5%[①]。因此，充分发挥滩涂湿地的生态系统服务功能，能够缓解上海的气候脆弱性。

尽管上海滩涂湿地对降低上海的生态环境脆弱性、应对气候变化意义重大，但是从上海城市发展的角度来看，上海的滩涂湿地保护工作仍显不足。

随着上海城市化进程的推进，上海对土地利用的需求增加，而滩涂湿地

---

① 马涛、傅萃长、陈家宽：《上海城市发展中的湿地保护与可持续利用》，《城市问题》2006年第9期。

作为上海潜在的土地资源，为上海增加土地供给提供了有利条件。20 世纪50 年代到 2000 年初，上海共围垦滩涂 100 余万亩[①]。上海滩涂湿地的主要利用方式是围垦造地，而这是导致上海滩涂发生变迁的主要原因。

表 6 反映了 1953～2000 年上海滩涂湿地圈围情况，可以发现，1953～2000 年上海对滩涂湿地圈围的开发呈现先快后慢的特点。主要原因在于前期对滩涂湿地的开发难度较小，围垦相对容易，而经过了一定时间之后，滩涂湿地的围垦相对较难，圈围速度逐渐下降。20 世纪 90 年代末，上海土地需求增加，使得滩涂湿地的圈围速度加快。从上海开发滩涂湿地的行为可以发现，上海在城市发展过程中注重经济效益而忽视自然资源生态系统的服务功能，造成湿地退化。

表 6　1953～2000 年上海滩涂湿地圈围情况

单位：万亩

项　目	1953～1960 年	1961～1970 年	1971～1980 年	1981～1990 年	1991～2000 年
圈围量	34.15	24.12	22.88	12.87	32.39
年均值	4.27	2.41	2.29	1.29	3.24
累　计	34.15	58.83	81.71	94.58	126.97

资料来源：王敏等：《上海生态保护》，中国环境出版社，2014。

从上述城市道路、城市排水系统、城市绿地、防洪堤建设以及滩涂湿地等四个方面城市基础设施建设的情况来看，上海主要基础设施建设均在稳步推进，但推进速度较为缓慢。上海的基础设施只是在某些方面处于中国的领先地位，在另一些方面如城市绿地（主要是建成区绿化覆盖率）还处于较低水平，同时与国际发达城市还存在很大的差距。此外，在气候变化的背景下，上海面临各种自然灾害（包括风暴潮、强降雨、海岸侵蚀、咸潮、海水倒灌、极端天气以及其他自然灾害）的风险急剧增加，上海城市基础设施建设的缺位将会导致上海应对气候变化的能力降低，进一步加剧了上海的气候脆弱性。

---

① 杨欧、刘苍字：《上海市湿地资源开发利用的可持续发展研究》，《海洋开发与管理》2002年第 6 期。

三 气候变化过程中上海面临的经济和
社会系统的压力

上海市是中国的金融经济中心之一，作为中国城市发展的代表，国民生产总值（GDP）在国内始终保持领先地位。上海拥有较为优越的港口条件，上海港 2015 年货物吞吐量占全国的 6.3%。上海在社会经济发展过程中取得了卓越的成绩，同时也面临人口集聚、资源消耗以及环境污染等方面的压力，在全球气候变化背景下，上海的社会经济系统受到的潜在损失会更大，进一步加大了上海的气候脆弱性。

（一）人口压力

上海市人口变化见图 3，人口密度变化见图 4。2008～2015 年上海市常住人口有所增长，年均增长 1.7%。2015 年，上海市常住人口为 2415.27 万人，较上年下降 0.4%，其中，外来常住人口 981.65 万人，占上海市常住人口的 40.6%。从人口密度而言，2008～2010 年上海市人口密度增长较快，2010～2014 年上海市人口密度持续小幅增长，而 2014～2015 年上海市人口密度则出现小幅下降。目前，上海市的常住人口处于高位水平，上海提出

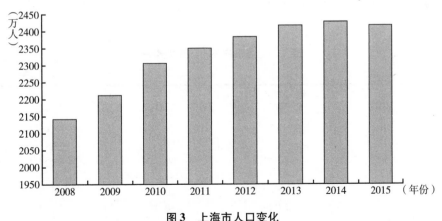

图 3　上海市人口变化

资料来源：《上海统计年鉴 2015》《2015 年上海市国民经济和社会发展统计公报》。

2020 年人口不超过 2500 万人的控制目标，预计未来上海市的常住人口有可能会震荡小幅增长。当前，上海市的人口规模以及人口密度在全国城市范围内均位居前列，较多的人口以及较密的分布格局给城市资源供给、防灾减灾方面带来巨大的压力，而在气候变化背景下，加剧了上海的气候脆弱性。

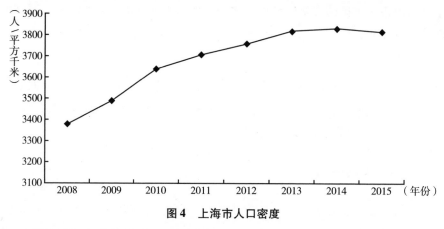

图 4　上海市人口密度

资料来源：《上海统计年鉴 2015》《2015 年上海市国民经济和社会发展统计公报》。

2008～2015 年，上海市户籍人口预期寿命逐渐提高，女性高于男性，并且女性寿命增长的绝对量也高于男性。上海户籍人口预期寿命的提高，一方面表明上海市人民生活水平较高，另一方面也增加了上海的养老压力。一定程度上反映了上海的人口老龄化问题，使得人口结构趋于脆弱。

表 7　上海市户籍人口预期寿命

单位：岁

年份	户籍人口期望寿命	男性	女性
2008	81.28	79.06	83.50
2009	81.73	79.42	84.06
2010	82.13	79.82	84.44
2011	82.51	80.23	84.80
2012	82.41	80.18	84.67
2013	82.47	80.19	84.79
2014	82.29	80.04	84.59
2015	82.75	80.47	85.09

资料来源：《上海统计年鉴 2015》《2015 年上海市国民经济和社会发展统计公报》。

（二）资源压力

随着人口数量的增加，经济规模的扩大，上海市在社会经济发展过程中对资源的依赖有所增加。本文主要从三个方面对上海市面临的资源压力进行分析，即人均道路面积、人均能源消费量以及用水量占供水量的比重（见表8）。

表8 上海面临的资源压力

年份	人均能源消费量（吨标准煤/人）	用水量占供水量的比重（%）	人均道路面积（平方米/人）
2008	4.62	78.58	10.81
2009	4.55	78.96	11.11
2010	4.63	79.09	11.12
2011	4.66	77.42	11.15
2012	4.63	77.42	11.26
2013	4.70	78.09	11.30
2014	4.57	78.22	11.51
2015	4.68	78.73	11.56

资料来源：《上海统计年鉴》《2015年上海市国民经济和社会发展统计公报》。

从表8的数据来看，2008～2015年上海的人均能源消费量波动上涨。从用水的角度而言，上海市用水量占供水量的比重在2008～2010年呈逐年上涨的态势，而2010～2012年急剧下降，2011～2012年又逐渐上涨，表明上海市近年来用水总量相对于供水能力增加较快。从人均道路面积来看，上海在道路建设方面给予了较高的重视，到2015年，上海市人均道路面积为11.56平方米/人。

（三）环境压力

本文主要从污染物的角度来考虑上海市发展过程中面临的环境压力。污染物主要包括废气、废水以及二氧化硫年日平均值等（见表9）。

表9　上海面临的环境压力

年份	工业废气排放总量（亿标立方米）	废水排放总量（亿吨）	二氧化硫年日平均值（毫克/立方米）	二氧化氮年日均值（毫克/立方米）	可吸入颗粒物平均浓度（毫克/立方米）
2008	10436	22.6	0.051	0.056	0.084
2009	10059	23.05	0.035	0.053	0.081
2010	12969	24.82	0.029	0.05	0.079
2011	13692	19.86	0.029	0.051	0.08
2012	13361	22.05	0.023	0.046	0.071
2013	13344.06	22.3	0.024	0.048	0.082
2014	13007	22.12	0.018	0.045	0.071
2015	12801.72	22.41	0.017	0.046	0.069

资料来源：历年《上海统计年鉴》《2015年上海市国民经济和社会发展统计公报》。

2008～2015年上海市工业废气排放呈现先下降后上升再下降的趋势。2011年，工业废气排放总量达到最大值，为13692亿标立方米。2008～2015年上海市废水排放总量相对较为平稳，并未出现逐年增加或减少的趋势性变化。其中，2010年废水排放总量达到最大值，为24.82亿吨。2015年，上海市废水排放总量为22.41亿吨。

此外，2008～2015年，二氧化硫年日平均值、二氧化氮年日均值以及可吸入颗粒物平均浓度均呈现逐年下降的趋势。

四　上海城市气候脆弱性面临的挑战

在全球气候变化的背景下，上海气候条件开始发生变化，对上海市应对气候脆弱性方面构成了挑战。主要表现在以下几个方面。

（一）气温升高

根据徐家汇气象站的统计资料，1873～2015年，上海的年平均气温上升趋势较为明显，以十年为一个区间，上海气温以平均0.16摄氏度的速度增长。尤其是在20世纪90年代以来，上海年平均气温上升速度较快，呈现出波动增长的态势。1873～2015年，近142年来，可以划分为两大时间区间：1873 年至 20 世纪 90 年代初，上海年平均气温基本上低于常年值；此后到 2015 年为止，上海年均气温先上升后下降。2015 年，徐家汇气象站年均气温比常年值高 0.5 摄氏度，气温水平处于相对的高位。

在近 50 年的发展过程中，上海城区以及郊区的温度变化存在差异。从城区来看，气温上升了 2.35 摄氏度，但是并非一直持续上升，呈现出先下降后上升的特征；从郊区来看，气温上升 0.99 摄氏度，远低于城区气温上升的幅度；20 世纪 80 年代之前，城郊气温之间的差异并不明显[①]。此外，根据《上海市气候变化监测公报 2015》的数据显示：2006～2015 年，将上海市的气温分区来看，仍然表现为中心城区较高、郊区较低的特点，两者的年平均温差为 1.2 摄氏度。造成城郊气温差异的可能原因在于随着上海经济的迅速起飞，各种城市建设工程迅速开展，地面硬化程度提高，直接刺激了中心城区气温的上涨，同时空气中的水分比例下降，从而削弱了中心城区降低气温的自我调节能力。

上海市气温的变化一方面受到全球气候变化的影响，另一方面也受上海本身经济发展方式的影响。

（二）降水变化

根据徐家汇气象站 1874～2015 年的统计资料，上海的降水量呈现出逐渐增加的趋势。上海降雨量常年值为 1259.4 毫米，降雨量较少的时间段主要集中在 19 世纪 70 年代、90 年代以及 20 世纪初，20 世纪 20 年代、30 年代、60 年代、70 年代，而降雨量较多的时间段主要集中在 20 世纪 50 年代、80 年代以及 21 世纪初，可以发现降雨量集中的年代更加接近现代社会，同时徐家汇气象站降雨量排名前五位的年份分别为 1999 年、2015 年、1985 年、1941 年以及 2001 年，基本上都发生在 1874～2015 年的中后期。从 1960～2006 年上海降雨量的数据来看，在考虑到枯期、汛期以及年平均降水量的年代际变化之后，仍然认为 20 世纪 80 年代和 90 年代降水量较多，20 世纪 60 年代和 70 年代降

---

① 徐明、马超德：《长江流域气候变化脆弱性与适应性研究》，中国水利水电出版社，2009。

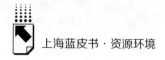

水量较少①，进一步验证了前述对上海降雨量分布区间的分析。

分地区来看，2006～2015 年，上海的降雨量整体有所增加，但是上海不同地区的降雨量呈现出差异性，上海中心地区以及东南部地区降雨量较高，远郊地区中的青浦区以及崇明区降雨量较低。

（三）海平面上升与地面沉降

国家海洋局监测与分析结果表明：从 1981～2015 年，近 35 年来，前三十年以十年为一个区间，最后五年为一个区间，上海海平面上升趋势明显。2011～2015 年，上海沿海平均海平面处于历史高位水平，较 1981～1990 年、1991～2000 年以及 2001～2010 年三个时间段内的沿海平均海平面分别高出 81.8 毫米、48.8 毫米以及 34.8 毫米（见图 5）。

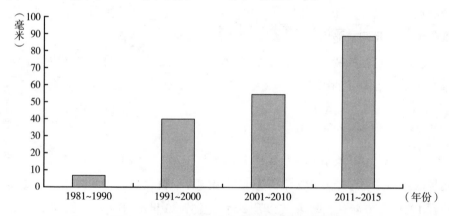

图5 1981～2015 年上海沿海平均海平面变化

资料来源：2010～2015 年中国海平面公报。

由于全球气候变暖，导致全球海平面上升。在这一大的背景下，中国沿海海平面在逐渐上升，上海也并不能独善其身，其沿海海平面总体上呈现出波动上升的态势，而这将加剧上海市自然灾害多发的风险，对经济活动以及实物资产造成潜在的威胁。

---

① 王祥荣、王原：《全球气候变化与河口城市评价——以上海为例》，科学出版社，2010。

在气候变化导致上海海平面上升的同时,上海本身由于特殊的地质条件(主要是位于长江入海口、其土质由大量的泥沙经过漫长的沉淀形成的软土层结构)以及人类活动造成上海市的地面沉降。前者主要是由重力作用引起的土地运动,导致自然沉降;后者主要是由过度开发地下水、修建地铁以及高层建筑等引起的地面沉降。上海在自然因素与人类活动的双重影响下,导致上海不同地区出现不同程度的地面沉降。其中,黄浦区、徐汇区、长宁区、宝山区、金山区等地区地面沉降速度较快,而奉贤区、青浦区和崇明区的地面沉降速度相对缓和,甚至是不存在地面沉降①。目前,上海市政府正在采取措施来防止地面沉降,但是引起地面沉降的原因很多,其调控是一项系统工程,要想从根本上扭转上海地面沉降的趋势,上海市政府还需采取更加行之有效的措施。

(四)上海面临的海洋灾害情况增加

有学者认为随着未来上海海平面的上升以及中心城区地面的沉降,上海应对自然灾害的能力减弱,并且随着时间的推移,上海市的脆弱性区域面积逐步扩大,可能的受灾人群规模增加,经济损失程度也将有所增长②。此外,上海在海平面上升与地面沉降的双重影响下,海平面与上海地面之间的差距逐渐扩大,导致上海面临的海洋灾害风险增加。

表10 2000～2015年风暴潮对上海的影响

发生年月	名　　称	最大增水(厘米)	死亡人数(人)	经济损失(亿元)
2015.7	灿　鸿	312	0	0.05
2012.8	海　葵	323	0	0.06
2011.8	梅　花	159	/	0.12

---

① Wang J, Gao W, Xu S, et al., "Evaluation of the Combined Risk of Sea Level Rise, Land Subsidence, and Storm Surges on the Coastal Areas of Shanghai, China". *Climatic Change*, 2012, Vol. 115 (3-4).

② 邱蓓莉、徐长乐、刘洋、徐廷廷:《全球气候变化背景下上海市风暴潮灾害情景下脆弱性评估》,《长江流域资源与环境》2014年第1期。

续表

发生年月	名　称	最大增水（厘米）	死亡人数（人）	经济损失（亿元）
2005.9	麦莎	241	7	13.58
2005.9	卡奴	320	/	3.7
2004.8	云娜	107	/	0.024
2004.7	蒲公英	142	/	0.1
2002.7	威马逊	219	6	0.021
2001.6	飞燕	120	/	0.02
2000.8	派比安	260	1	1.22
2000.8	桑美	170	/	0.15

资料来源：国家海洋局，2000~2015年中国海洋灾害公报。

　　表10统计了2000~2015年近16年来对上海市造成影响（主要包括对最大增水、死亡人数以及经济损失）的主要风暴潮记录，可以发现，每一次风暴潮都带来了风暴增水，使得水位暴涨，对上海地区的经济活动以及人员安全造成负面影响。其中，2005年9月的"卡奴"风暴潮、2012年8月的"海葵"风暴潮以及2015年7月的"灿鸿"风暴潮带来的风暴增水较为明显，最大增水均超过310cm，而以2005年9月的"麦莎"带来的综合影响最为严重，不仅导致7人死亡还导致了13.58亿元的经济损失。闫白洋（2016）针对由于气候变化导致海平面上升，同时考虑到叠加风暴潮这种海洋灾害，运用SPRC评价模式对上海市的社会经济脆弱性进行了评价，认为要应对或减缓上海市社会经济脆弱性，保障海岸带生态系统的稳定，就是需要考虑地面沉降以及海平面上升两大因素，同时采取切实可行的办法降低异常灾害对上海的社会经济影响[1]。

　　上海还面临海岸侵蚀以及咸潮入侵等海洋灾害的影响。表11对崇明东滩2012~2015年的侵蚀情况进行了统计。其中，在2012年，侵蚀岸段长度为近年以来最长，平均侵蚀距离以及侵蚀总面积分别为其余年份平均值的6.3倍和3.8倍。在咸潮入侵方面，2011年、2012年以及2013年，长江口

---

[1]　闫白洋：《海平面上升叠加风暴潮影响下上海市社会经济脆弱性评价》，华东师范大学博士学位论文，2016。

分别遭遇 9 次、1 次、9 次咸潮入侵；2015 年 2 月，长江口遭遇咸潮入侵，持续 7 天，对长江口宝钢水库以及青草沙水库的水质产生影响；而在 2014 年 2 月，长江口遭遇咸潮入侵，持续 23 天，为 1993 年以来持续时间最长的一次，对周边水库（青草沙水库和宝钢水库）的水质产生明显的负面影响，影响上海城市居民用水。

表 11　崇明东滩侵蚀情况

年份	侵蚀岸段长度（千米）	最大侵蚀距离（米）	平均侵蚀距离（米）	侵蚀总面积（万平方米）
2012	3.42	22.1	47	7.56
2013	2.51	25	10.1	2.53
2014	2.9	22	4.4	1.28
2015	2.7	24	7.9	2.14

资料来源：2012～2015 年中国海平面公报。

上海海平面呈现逐年上升的趋势，又考虑到上海地区地面沉降的状况，使得海平面与地面之间的差距扩大。而这种情况加剧了风暴潮、海水倒灌、海岸侵蚀以及咸潮等海洋灾害对上海城市的影响，对上海沿海地区农业、工业以及海上运输业等造成不利影响，对城市基础设施建设特别是城市排水设施建设提出了更高的要求。

（五）极端气候事件增加

1. 高温天气增加

在全球气候变化背景下，上海近年来高温天气日数明显增加。根据 1961～2015 年的统计资料显示：上海平均高温日数为 13 天，但是以 2001 年为分界线，之前上海高温天气日数较少，之后上海高温天气日数较多（见图 6），并且在 2013 年达到最大值。

2. 降水极端性增加

根据 1981～2015 年的统计资料，上海强降水事件共发生 362 次（将小时降雨量超过 35.5 毫米的降水定义为强降水事件），近 35 年来，强降水事

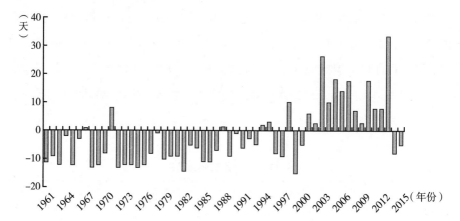

图6　1961～2015年徐家汇站年高温日数距平变化

资料来源：《上海市气候变化监测公报（2015）》。

件频次呈现逐年上升趋势。2006～2015年，强降水事件高发地区主要位于嘉定、闵行以及中心城区，分别发生17次、14次以及11次。

此外，将1951～2015年分成1951～1980年、1981～2015年两个时间区间来看，上海的降雨特征发生了结构性变化，主要表现为1981～2015年小雨日数减少（从77.1%降低到70.5%）、而中雨、大雨以及暴雨以上的比例分别增加了3.8%、2.1%以及1.1%（见图7）。

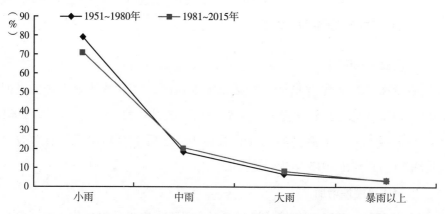

图7　不同时段上海各级降水日数占总日数的比率

资料来源：《上海市气候变化监测公报2015》。

近年来，上海遭遇了几次降雨极端性情况，如 2013 年 9 月 13 日，浦东遭受两小时 141 毫米强降雨过程；2015 年 8 月 24 日，上海遭遇特大暴雨。这些强降雨过程由于时间短雨量大，上海不能及时有效地将这些积水清除，最终导致部分基础设施被淹，公共交通受到不利影响，给居民出行造成困扰。

从上述分析来看，在全球气候变化的背景下，上海在气温升高、降水增加、海平面上升、海洋灾害增加以及极端气候事件增加等方面面临挑战。

五 应对上海城市气候脆弱性的对策建议

全球气候变化正在成为困扰全人类的重要环境问题，城市的建设与发展需要将气候变化因素考虑进来，从而提高城市应对气候变化的能力。气候变化不仅表现为全球气温的变化，还表现为由气温变化引致的一系列环境问题（如海平面上升、降雨变化、极端天气事件增加等），如何应对气候变化是当前全世界范围内城市发展的重要问题之一。上海作为中国的金融经济中心，无论是经济规模还是人口规模都领先于中国其他城市，同时上海还处于河口、陆地以及海洋的交汇地带，在这种背景下，如果不考虑气候变化对上海的风险，上海在今后的发展中面临的损失可能是无法估量的。因此，上海在今后的发展过程中，需要从更多的角度、更长的时间以及更广的空间范围内来思考如何将上海建成弹性城市，实现转型发展，更好地适应未来全球环境经济的发展变化。具体而言，建设弹性城市应该做好以下几个方面的工作。

（一）加强社区灾害宣传工作，增强社区防灾建设

上海市的人口规模以及人口密度均位居全国前列，一旦发生自然灾害，受到影响的人口数量将会较多。在人口相对集中的社区，有针对性地对居民进行灾害宣传教育工作，提高居民的防灾意识，同时有利于增进气象相关部门与居民之间的信息交流，提高居民在应对灾害方面的参与程度，有利于形成气候治理的社会氛围。增强社区灾害建设：一方面，要因地制宜，根据不

同社区所处的位置以及需要应对的主要风险，制定相应的方案；另一方面，要加强投入，建立常规性防灾基础设施并且定期检查更新，还要加强社区的生态环境建设，提高自然环境应对气候灾害的能力。

（二）制定发展规划，加强对气候变化适应能力的城市建设

上海在以往的城市发展过程中对气候变化的关注度不够，一定程度上降低了上海应对气候变化的能力。在以后的发展规划中，需要更加全面地考虑上海应该如何提高适应气候变化的能力。一方面，要对上海在不同气候变化条件下的不同区域开展科学评估，估算不同区域最优的人口规模以及经济规模，从而制定不同区域的发展规划。另一方面，根据估算的结果以及实际的发展状况，合理引导人口在不同区域之间的流动，调整不同区域的经济发展政策。

（三）加强城市基础设施建设

城市基础设施不仅对全市的社会经济发展具有重要作用还具有防灾减灾的重要功能。城市基础设施包含多方面的内容，如道路、排水管网、防洪堤等。首先，完善道路建设。不仅要增加道路的长度、宽度还要通过合理的规划增加道路的运输能力，从而增强突发灾害时疏散人群的能力。其次，完善排水管网建设。城市排水系统主要由排水管网组成，排水管网的完善能够增强城市排水能力，有效应对强降雨等极端天气，防止城市内涝。最后，加强防洪堤建设。上海是一个典型的河口城市，近年来由于气候条件的变化，海平面上升以及地面沉降等因素的影响，增加了海洋灾害发生的风险，因而需要增加防洪堤的建设，并且不能仅仅停留在增加防洪堤的长度方面，还要增加防洪堤的建设标准，提高上海应对海洋灾害的能力。

（四）加强生态环境建设，构筑上海的生态屏障

全球气候变化在一定程度上改变了人类的生存环境，增加了人类应对自然灾害的风险，上海作为中国城市发展的代表，应该积极探索在新的环境条

件下的发展之路，从而为国内其他城市提供宝贵的经验。一方面，要增加城市绿化覆盖率。除了注重增加森林面积、建设园林以及公园等，还应该注重合理利用城市空间中的每一寸土地，在城市不同的区域内尽可能多地实现绿色植被的覆盖，保证城市的自我净化能力（吸收空气中的二氧化碳、二氧化硫以及可吸入颗粒物等），同时降低城市温度，尽可能抑制城市居民使用空调的需求，进一步缓解城市的热岛效应。另一方面，保护滩涂湿地，避免对滩涂湿地的过度开发。上海作为典型的河口城市，有着丰富的滩涂湿地资源。以往的城市发展对滩涂湿地资源进行了过度开发，而忽视了其生态系统服务功能。而实际上，在自然灾害如风暴潮、洪水以及强降雨等来临时，滩涂湿地能够有效缓解其对上海的直接影响，减弱自然灾害对上海的冲击力度。

（五）优化能源利用方式，促进产业转型发展，降低温室气体排放

上海的社会经济系统对能源的消费需求较大，而能源的使用不仅产生大量的可吸入颗粒物还产生大量的温室气体，客观上促进了城市气温的上升。因而一方面，要优化能源利用方式，促进能源利用的清洁化、低碳化。另一方面，要促进产业转型发展，降低高耗能产业比重，发展绿色产业，降低上海整体产业对能源的依赖性。此外，要提升城市公共交通的运输能力以及便捷性，加大对居民的环境保护宣传教育，提倡绿色的出行方式。

参考文献

IPCC. *Climate Change 2013*：*the Physical Science Basis.* Cambridge：Cambridge University Press，2013.

Wang J, Gao W, Xu S, et al. ，"Evaluation of the combined risk of sea level rise, land subsidence, and storm surges on the coastal areas of Shanghai, China". *Climatic Change*，2012, Vol. 115（3-4）.

曹建军、刘永娟：《GIS 支持下上海城市生态敏感性分析》，《应用生态学报》2010年第 7 期。

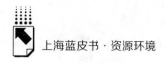
陈磊、徐伟、周忻、马玉玲、袁艺、钱新、葛怡：《自然灾害社会脆弱性评估研究——以上海市为例》，《灾害学》2012年第27期。

丁千峰：《城市道路网等级结构及布局评价研究》，哈尔滨工业大学硕士学位论文，2005。

马涛、傅萃长、陈家宽：《上海城市发展中的湿地保护与可持续利用》，《城市问题》2006年第9期。

邱蓓莉、徐长乐、刘洋、徐廷廷：《全球气候变化背景下上海市风暴潮灾害情景下脆弱性评估》，《长江流域资源与环境》2014年第1期。

权瑞松：《于情景模拟的上海中心城区建筑暴雨内涝脆弱性分析》，《地理科学》2014年第34期。

史军、穆海振：《大城市应对气候变化的可持续发展研究——以上海为例》，《长江流域资源与环境》2016年第25期。

唐建国、曹飞、全洪福、单志和、王健华：《德国排水管道状况介绍》，《给水排水》2003年第5期。

唐建国、张悦：《德国排水管道设施近况及中国排水管道建设管理应遵循的原则》，《给水排水》2015年第5期。

王敏等：《上海生态保护》，中国环境出版社，2014。

王祥荣、凌焕然、黄舰、樊正球、王原、雍怡：《全球气候变化与河口城市气候脆弱性生态区划研究——以上海为例》，《上海城市规划》2012年第6期。

王祥荣、王原：《全球气候变化与河口城市评价——以上海为例》，科学出版社，2010。

徐明、马超德：《长江流域气候变化脆弱性与适应性研究》，中国水利水电出版社，2009。

鄢忠纯、黄沈发、杨泽生：《上海市生态功能区划综合评价结果》，《环境科学与技术》2007年第1期。

闫白洋：《海平面上升叠加风暴潮影响下上海市社会经济脆弱性评价》，华东师范大学博士学位论文，2016。

杨欧、刘苍字：《上海市湿地资源开发利用的可持续发展研究》，《海洋开发与管理》2002年第6期。

实 践 篇

Practice Reports

B.5

上海水污染治理现状评价
与路径创新

邵一平　艾丽丽　赵　敏*

摘　要：　经过多年来坚持不懈地推进水污染治理工作，上海水环境质量得到稳步改善。同时，随着社会经济和城市建设的高速发展，水环境治理的要求不断提升，治理难度也逐渐加大。上海地表水环境总体呈现低氧、高氮磷的特征，主要污染情况由于区域差异存在不同。其中，中心城区雨污混接现象较为普遍，导致部分污水直接排入河道，农村地区则以畜禽养殖和面源污染为主。在总结上海水污染治理取得的成效和梳理目前存在问题的基础上，探讨上海在水源地环境整治、城市面源污染控制、农业面源污染防治等领域的重点环节和手段。

* 邵一平，上海环境科学院水规划研究所，高级工程师，研究方向为水环境保护与治理；艾丽丽，上海环境科学院水规划研究所，工程师；赵敏，上海环境科学研究院低碳经济研究中心，工程师。

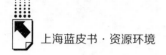

研究建议，上海要进一步提高水污染防治和管理的精细化程度，深化水环境承载力研究，推进水环境相关领域的综合决策和区域、流域的整体协作；创新水环境管理制度，提升管理效能；建立水质目标责任考核制度，加强基层水环境管理能力。

关键词： 水污染治理评价　路径创新　上海

上海市地处长江和太湖流域下游，为流域主要下泄通道，水环境质量受上游来水影响十分明显。2015 年苏沪、浙沪 7 个入境断面水质均未达到相应的水功能区要求①。加之本地污染排放，上海部分水质指标超标情况依旧存在，属于水质性缺水城市。

上海始终坚持走环境保护与社会经济协调发展的可持续道路。在水污染防治领域，先后推进建设了以竹园、白龙港等污水处理厂建设为代表的大型、集约化末端处理基础设施，以苏州河综合整治为代表的城市水环境改善和以青草沙水源地开发为代表的"两江并举、多源互补"原水系统格局搭建等重大战略举措，上海水环境质量逐步改善。随着水污染治理难度的进一步加大，对上海市水环境治理水平和管理能力提出更高的要求，需要在大力推进水环境基础设施建设和开展河道整治的同时，进一步加强水环境管理方式的优化和管理制度的创新。

一　"十二五"期间上海水污染治理取得的成效

（一）全面强化水源地保护

"十二五"期间，在水源地保护方面，全面完成青草沙水源地及原水工

---

① 上海市环境保护局：《上海市环境质量报告（2015）》。

程，建成崇明岛东风西沙水库及原水系统一期工程；同时完成罗泾、金山一水厂等新建、扩建、改建工程；2015 年郊区集约化供水工作全面完成（横沙岛除外），到 2015 年底，全市共有自来水厂 37 座，总供水能力达到 1137 万立方米/日。[1] 上海市供水总量变化趋势见图 1。在水源地日常监督管理方面，对全市饮用水水源保护区开展了风险源排查，按"一源一档"模式建立了饮用水源地风险源名单，每年对名单进行更新，按不同风险状况进行环保监管，四年累计关闭风险企业 71 家。

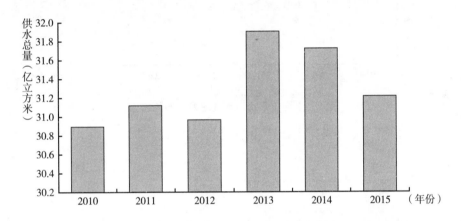

图 1　上海市供水总量变化趋势

资料来源：上海市水务局，2014 年上海水资源公报。

（二）大力推进环境基础设施建设

目前，本市已建成污水处理厂 53 座，设计能力 794.6 万立方米/日（见图 2），日均处理污水 586.15 万立方米/日，城镇污水处理率达到 90% 以上。[2] "十二五"期间针对郊区水环境治理的薄弱环节，上海已累计完成 40 余万户的农村生活污水收集处理，占全市农村总户数的 38%。已建成的农村生活污水处理系统运行基本稳定，经检测，尾水中化学需氧量、生化需氧

---

[1] 　上海市水务局：2015 年上海水资源公报。

[2] 　上海市水务局：2015 年上海水资源公报。

量、氨氮、总磷等主要水质指标达到相关规定，有效改善了农村地区的环境面貌。

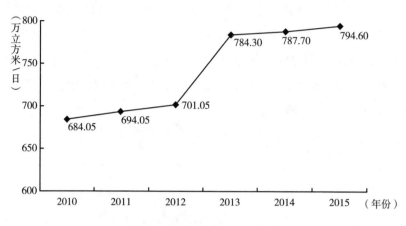

图2　上海市日均污水处理能力增长趋势

资料来源：上海市水务局，2015年上海水资源公报。

（三）稳步开展河道综合整治

通过截污治污、两岸整治、底泥疏浚、综合调水和建立长效管理机制等措施，以苏州河环境综合整治为重点，带动全市中小河道整治，上海市共整治河道约2万千米，城乡河道的水环境面貌和水质均明显改善。为进一步改善河道水质，在长宁、徐汇、闸北等区截污治污已完成的河道试点开展生态治理，取得良好效果。

（四）不断加强近岸海域污染防治

建立了严格的涉海工程环境影响评价制度，严格监管涉海工程和海洋倾废活动。稳步提升海洋环境监测能力，每年开展上海市及邻近海域"海洋环境质量状况与趋势监测""海洋（涉海）工程监测"等工作。海洋赤潮、核辐射泄漏等海洋环境突发事件应急监测能力得到有效提升。推进实施了奉贤示范岸段海岸生态修复工程。同时，持续开展水生生物增殖放

流、濒危物种救护和驯养繁殖等工作，五年放流鱼种、苗种总数近 4.204
亿余尾（只）。

二 上海水环境主要问题研判

上海市水环境质量总体不容乐观。随着城市发展，水污染排放压力持续
增长，与之相比，水环境基础设施能力匹配仍显不足。城市地区雨污混接现
象较为普遍，导致部分污水直接排入河道。农村地区畜禽养殖污染以及农业
面源污染成为郊区河道污染的主要来源。全市水环境质量与市民的期待以及
现代化国际大都市的定位仍存在较大差距。

（一）水质稳中趋好，但总体尚不能满足功能区要求

流域来水水质较差。2015 年苏沪、浙沪 7 个入境断面水质总体为Ⅲ类～
劣Ⅴ类水质，均未达到相应的水功能区要求，主要污染指标为氨氮、总磷
和溶解氧等。黄浦江上游省界断面徐六泾、大朱库、急水港、太浦河和大蒸
港来水为Ⅲ类，水质状况为良好；胥浦塘来水水质劣于Ⅴ类，水质状况为
中度污染；苏州河省界断面赵屯来水劣于Ⅴ类，水质状况为重度污染[1]。

本地氮磷污染突出，上海市地表水质总体不能满足功能要求，呈现低
氧、高氮磷的污染特征，中心城区间歇性低氧问题突出，郊区河道富营养化
情况较为普遍。水质监测数据显示，溶解氧、氨氮、总磷、生化需氧量等都
是上海市河道超标的主要常规因子，其中又以氨氮和总磷的超标情况最为严
重。2015 年，全市水环境质量考核断面综合污染指数在 0.43～3.72，平均
综合污染指数为 1.82，水质达标率为 46.6%。其中，中心城区考核断面平
均综合污染指数为 2.02，郊区考核断面平均综合污染指数为 1.55。总体水
质与 2014 年基本持平。郊区河道总体水质优于中心城区[2]。

---

① 上海市环境保护局：《上海市环境质量报告（2015 年）》。
② 上海市环境保护局：《上海市环境质量报告（2015 年）》。

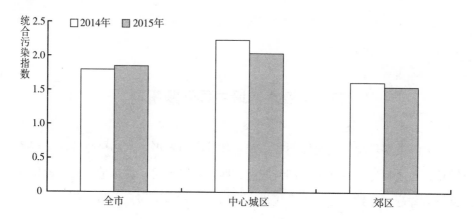

图3 2015年上海水环境质量考核断面总体水质状况

资料来源:《上海市水环境质量报告(2015年)》。

(二)水源地环境风险不容忽视

上海市现有四大水源地集中在长江口和黄浦江上游,已形成了"两江并举、多源互补"的供水格局,但受先天条件的制约,四大水源地均面临水环境安全的挑战。

黄浦江上游地区位于江浙沪交界,区域经济发达,产业众多,加之京杭运河和苏申外港线等多条高等级航道的建设,都加大了区域发生突发水污染事件的环境风险。黄浦江上游水源地属于开放式水源地,取水口分散,又处于太湖流域下游的平原感潮河网地区的开放式、流动性、多功能水域,受流域来水、区域排水、下游潮水和通航等因素综合影响,原水水质变化复杂,遭受突发性水污染事件影响的威胁较大,存在原水水质不稳定和应对突发性水污染事故能力薄弱等问题,水源地水质安全保障存在不确定性。长江口的水源地包括青草沙水源地、东风西沙水源地以及陈行水源地,均属于水库型水源地。长江沿线是中国最主要的经济带之一,沿江各省市加大开发建设力度,长江全流域的快速发展及产业布局对长江水环境保护和沿江饮用水源地带来巨大压力。此外,随着上海国际航运中心的加快建设,长三角营运规模保持快速增长以及北港航道开通将给长江口的水源地增加巨大压力,突发性污染风险也日益加剧。

（三）水环境基础设施还需大力提升

作为中国最大的特大型城市，上海市城镇化率达 89.6%，远高于全国平均水平 54.77%，也高于长三角地区的 68%①，人口密度 3809 人/平方千米②，居全国之首。同时，上海城镇化快速发展，导致人口大量导入和聚集，水污染排放压力持续增长，2002~2015 年，上海市废污水排放量增加 16.7%，其中生活污水排放量增加 39.3%③。与持续增长的水污染排放压力相比，市政环境基础设施建设能力匹配仍显不足。

上海市城镇污水处理能力和水平都远低于国外发达国家同等规模城市。全市 53 座污水处理厂，设计污水处理能力 787.7 万立方米/日④，仅 8 座执行一级 A 标准，占全市总处理能力的 2.8%，不仅远落后于北京（排放标准相当于地表水 IV 类标准），也落后于浙江、江苏、山东等其他省市。2015 年，上海市城镇污水产生量 631.30 万立方米/日，实际污水处理量 586.15 万立方米/日，污水处理率达到 92.8%⑤。尚存部分规划的排水系统空白区和配套二级管网薄弱区，郊区撤制镇、"195" 区域污水管网覆盖率仅为 50% 左右，大部分农村地区污水处理尚未形成体系。此外，污泥处理处置和异味控制设施建设相对滞后，雨污混接现象较为普遍。

随着中心城区截污纳管工作的推进，城市面源污染特别是泵站放江污染问题逐步体现出来，直接影响全市城市河道水质。每逢降雨期前后，沿线市政和雨水泵站附近水域仍时常出现黑臭现象。相关研究表明，泵站放江目前已经成为中心城区河道污染的主要来源。入河污水量中泵站放江量约占 60.82%，入河 COD 污染中泵站放江比例达到 86.55%。2010 年张厚强对田林、芙蓉江、剑河等泵站初期雨水放江污染开展研究，发现其初期雨水放江

① 中华人民共和国国家统计局：《中国统计年鉴 2015》。
② 上海市统计局：《上海统计年鉴 2016》。
③ 上海市统计局：《上海统计年鉴 2016》。
④ 上海市水务局：2015 年上海水资源公报。
⑤ 上海市水务局：2015 年上海水资源公报。

水质浓度已超过《污水综合排放标准》中规定的污水排放浓度[①]。同时，由于降雨放江是短时间集中式放江，其冲击负荷较大，受纳河道出现阶段性黑臭。由于雨污混接，后端排水系统不完善及泵站自身缺少相应的截留、回笼水设施等多重原因，造成泵站排放难以完全杜绝，进而成为市中心区域一个主要的污染源。

（四）农业面源污染尚未得到有效控制

上海郊区农村化地区生产生活产生的面源排放对周围水环境造成直接影响。一方面，上海市郊区畜禽养殖量大面广。2015年，全市畜禽养殖规模为340万头标准猪，其中，崇明县、浦东新区、奉贤区和金山区四个远郊区县养殖总量占全市的80.9%[②]。畜禽养殖场污染治理设施大都简陋且不配套，粪尿资源化综合利用水平低，设施长效运行和管理机制缺乏。污染负荷计算结果显示，畜禽养殖占郊区氨氮水污染负荷的15%，对总磷的贡献率高达31%，成为河道污染的一个重要原因。由畜禽养殖排放造成周边河道黑臭的现象在本市郊区较为普遍。此外，种植业生产过程中，地表径流控制成效并不明显，化肥、农药减量空间逐步缩小，大量设施菜地等高污染种植方式普遍，农业地面径流排入周边河道，对河道水质造成压力。此外，生活污水分散处理系统长效机制不足，处理设施运营管理存在缺失，也成为郊区河道环境质量难以有效改善的原因之一。

三 上海水污染治理的重点环节分析

为全面贯彻落实国家《水污染防治行动计划》（即"水十条"），切实加大水污染防治力度，持续改善水环境质量，上海出台了《上海市水污染防治行动计划实施方案》。在完成国家行动计划明确的各项节点任务基础

---

① 张厚强、徐祖信、刘立坤、尹海龙、李怀正：《上海芙蓉江混流排水系统排江污染及控制对策》，《中国给水排水》2010年第14期。

② 上海市统计局：《上海市环境统计年鉴2016》。

上，根据上海市实际情况和存在问题，突出了饮用水安全保障、污水处理厂提标和管网建设、市政设施污染控制、养殖业和面源污染控制以及河道治理等重点工作。与国家行动计划设定的远期目标相比，上海将力争提前十年实现生态环境质量全面改善，生态系统功能全面提升，实现安全、清洁、健康的水环境目标。

（一）城市面源污染防治：加强中心城区泵站放江污染综合治理

随着水环境治理要求的提升，市政泵站放江成为中心城区水环境污染的重要来源之一。泵站放江污染原因可概括为三个方面：一是由于合流制的截留倍数低，导致雨天溢流频繁；二是分流制排水系统的雨污混接严重，污水通过雨水管道排入河道；三是合流管道运行水位较高，旱流期间难以达到自清流速而导致淤积，雨季流速增大又使沉积物泛起，致使溢流雨污混合水污染负荷高，对河道水环境造成较大冲击。

为解决初期雨水对泵站截留能力不足的冲击，上海2016年启动苏州河段深层排水调蓄管道系统的建设工程，将初期雨水收集于敷设在苏州河河底的大型深层调蓄隧道中，经过净化、沉淀，错峰时再纳入合流污水总管。整个主线工程约15.3千米长，可新增74万立方米左右的有效雨水调蓄库容，初期雨水收集区服务面积可达58平方千米。此外，上海加强市政泵站污水截流能力建设与改造，2020年前将中心城区21座雨水泵站纳入旱流截污改造的重点，结合泵站调度运行制度的优化，进一步减少泵站放江量。同时，开展城市建成区排水管道雨污混接大摸查，市政管道实施雨污混接改造，老旧小区因地制宜开展雨污混接改造。

此外，上海制定《推进本市开展海绵城市建设工作的实施意见》，将国家海绵城市建设的要求积极落实到各级城乡规划中，并将海绵城市建设的指标和要求纳入用地条件和"一书两证"（选址意见书、建设用地规划许可证、建设工程规划许可证）审核范围。研究制定新建或改造地块地表径流系数控制要求，积极推广可渗透铺装和生态屋顶等技术，推进道路"雨水花园"等雨水生态处理处置技术试点，有效降低地表径流，从源头削减城市面源污染。

（二）农业面源污染防治：大力推进养殖污染综合治理

随着上海养殖业规模的不断扩大，养殖业污染成为郊区水环境的主要问题。为贯彻落实《畜禽规模养殖污染防治条例》，上海结合农业发展总体规划，编制实施本市畜禽规模养殖布局规划，削减养殖量，优化养殖布局。2016 年，完成 2000 余家不规范养殖场的关闭工作，在今后五年将全市养殖总量控制到 200 万头标准猪左右。此外将全市范围划分为禁止养殖区、控制养殖区和适度养殖区。禁止养殖区内"只减不增不布点"，所有养殖场逐步完成退养，不保留、不新增；控制养殖区，不发展大型养殖场，不新增；适度养殖区，"种养结合、生态达标、适度规划"。制定各区县养殖业布局规划方案，严格按照方案逐步调整实际养殖业布局，优化养殖规模、控制养殖总量。

实施规模化畜禽场污染减排治理，完善基础设施，强化污水纳管，实施规模化畜禽养殖场雨污分流、干粪收集处理、尿污水发酵处理等污染治理和资源化利用工程，对污染排放严格把控。发展种养结合循环经济模式，继续推进生态还田、沼气工程，利用养殖业附近的基本农田，对畜禽粪便、农作物秸秆等废弃物进行循环利用。提高养殖业标准化水平，加强不规范畜禽养殖场整治，按照减量提质的原则，对布局不合理、防疫不达标、环保不配套的中小畜禽养殖场（户）加大整治和淘汰力度①。

（三）水源地环境整治：全过程保障饮用水安全

上海地处长江流域的下游，水源主要集中在黄浦江上游和长江口水域，水源地保护面临沿江企业、船舶污染、危险品运输、上游污染等多重风险。早在 1985 年，上海市颁布了《黄浦江上游水源保护条例》，1987 年上海市政府发布了《黄浦江上游水源保护条例实施细则》，划分了黄浦江上游水源保护区范围，上海市成为全国最早划定水源保护区的省市之一。2010 年 3

---

① 上海市农业委员会：《上海市养殖业发展布局规划（2015~2010 年）》，2015 年 6 月 26 日。

月，上海正式实施了《上海市饮用水水源保护条例》（以下简称《条例》）。

为贯彻落实《条例》的要求，上海一方面大力推进水源地建设，进一步优化"两江并举，多源互补"的原水供水格局，着力解决黄浦江上游水源地开放性问题，积极开展流域联防联控，完善多源联动的原水系统布局。2018 年底，全市将全面实现供水集约化。另一方面加大饮用水水源地保护力度，科学划定上海市饮用水水源保护区范围，针对一级保护区内与供水设施和保护水源无关的项目开展清拆整治和围栏建设，二级保护区内的污染源纳管及风险企业实施关闭。强化船舶流动污染源监管，研究推进太浦河上海段危化品船舶禁航。此外，为进一步提升饮用水供水水质，启动中心城区水厂及杨树浦、月浦等水厂的深度处理工程，并加强水厂水质的定期监测、检测和评估工作。

（四）以城市转型升级，推动水环境质量改善

为有效推动产业结构调整，上海出台产业结构调整负面清单，制定产业能效指南，加大铸造、锻造、电镀和热处理等四大加工工艺结构优化调整力度，对于铸/锻件酸洗工艺、镀铅工艺、手工电镀工艺等生产企业实施全面淘汰。2016 年上海市环保局联合市经济信息化委员会等四部门制定了《上海市取缔"十小"工作方案》，要求年底前全部取缔不符合国家和本市产业政策的印染、染料、炼焦、小型造纸、制革、农药、炼硫、炼油、炼砷、电镀等严重污染水环境的生产项目[①]。

为科学推进产业空间布局进一步优化，上海以水资源和水环境承载能力研究为基础，以水定城、以水定地、以水定人、以水定产，合理确定城市及产业发展布局、结构和规模。在工作推动机制上，结合"198"土地整治和郊野公园建设等年度重大项目安排，加快推进村镇污染小企业成片清拆整治；结合"195"区域转型提升和"104"产业区块调整升级，分类推进区

---

① 中国上海：《市环保局等关于印发〈上海市取缔"十小"工作方案〉的通知》，2016 年 5 月 24 日，http://www.shanghai.gov.cn/nw2/nw2314/nw2319/nw12344/u26aw47762.html。

域污染企业调整。"城中村"改造是上海转型发展过程中不可忽视的难题。由于人口众多、违建密集，且缺乏污水收集设施，"城中村"大部分污水直排河道，成为城乡接合部水环境治理的难点。2015 年以来，上海结合"五违"整治（即违法用地、违法建筑、违法经营、违法排污、违法居住），将水环境治理与整治区域的生态环境综合治理紧密结合，水岸联动，有效推进了水环境质量的改善。

四　上海水污染治理的路径创新建议

"十三五"是中国全面建成小康社会的攻坚阶段，是我市基本建成"四个中心"和社会主义国际化大都市的冲刺阶段，也是打好污染治理持久战和攻坚战的关键时期。在水污染治理领域，更应全面贯彻以生态文明为指引的"五位一体"发展战略，加大综合管理制度创新力度，持续改善本市水环境质量。

（一）深入开展水环境容量分析，推进水环境相关领域的多规合一

国家"水十条"提出，以水资源、水环境承载能力作为调整发展规划和产业结构的重要评价依据，要求 2020 年前市、县域完成水资源、水环境承载能力现状评价。在完成国家要求基础上，建议上海市及各区县深入开展水环境容量分析，建立水环境"质量—容量—总量"的内在耦合关系，以水环境质量为目标，以水环境容量控制为手段，实施水污染物总量管理。通过量化分领域、分区域污染物排放总量，提出水环境资源配置优化调控方案和对策，探索污染物总量控制的创新管理模式，为水环境质量改善提供制度保障。

当前，水环境管理过程中普遍存在"水源地不管供水，供水不管排水，排水不管治污，治污不管回用"的问题，割裂了水环境管理的一体性。为此，建议依托水资源、水环境承载力等研究工具，开展区域水资源综合管理规划，形成"水源地—供水—排水—治污—回用"一体化的综合管理体系，真正实现水环境相关领域的"多规合一"，有效提升水资源相关领域的资源整合和管理能力。

（二）探索水环境管理制度创新，提升管理效能

在中心城区水污染治理方面，为解决泵站放江污染对中心城区河道水环境的影响，上海市制定了一系列治理措施，从初期雨水调蓄、雨污混接改造、泵站截留能力提升到海绵城市建设等，这些措施得以实施后，能够从工程措施上缓解泵站放江对河道水环境的污染。为进一步加强泵站自身管理和对泵站的监督管理，建议将市政泵站放江纳入全市污染源管理体系，全面推进泵站放江的排污许可证管理，从而推动泵站优化调度运行制度，进一步减少泵站放江量。

在郊区水源地保护方面，建议进一步研究完善有利于保护饮用水源和水环境的补偿政策和激励措施。生态补偿机制是平衡流域环境受益方与环境保护和建设方之间利益关系的有效手段。上海市早在 2009 年，发布了《关于本市建立健全生态补偿机制的若干意见》和《生态补偿转移支付办法》，提出先从基本农田、公益林、水源地的生态补偿机制入手，逐步扩大范围、完善方式、健全机制。2010 年《上海市饮用水水源保护条例》明确提出需建立饮用水水源生态补偿制度。目前，本市已建立通过财政转移支付等方式的饮用水水源保护生态补偿制度，并将饮用水水源保护生态补偿资金纳入市和区县财政转移支付范围。从近几年水源地生态补偿工作的考核情况来看，一方面需进一步加强水源地生态补偿资金的使用情况的管理，及时评估现有政策的社会效益和生态效益；另一方面需结合生态保护红线划定工作，进一步拓展生态补偿范围，将生态补偿与生态保护红线制度相衔接，建立流域水生态环境功能管理体系，研究跨界生态补偿制度，进一步拓展、强化和完善生态补偿制度。

（三）建立水质目标责任考核制度，加强基层水环境管理能力建设

为贯彻落实《党政干部生态环境损害责任追究办法（试行）》和上海市市委市政府办公厅联合印发的《关于本市落实生态文明建设责任制的实施

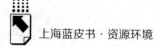
意见》的精神，上海在《上海市水污染防治行动计划实施方案》中明确提出，建立水质目标责任考核制度。该制度强调"党政同责"和"一岗双责"，将水环境治理与领导干部的政绩考核挂钩，同时强调基层领导干部的水环境治理意识和责任，要求建立市、区县、乡镇、村四级党政领导责任体系，明确各级党政领导的目标任务和考核问责方式。

为有效落实水质目标责任考核制度，需要各级政府勇于担当，党政领导作为第一责任人，承担起河道治理工作的指导、协调和监督职责，确保水质达到考核要求。各镇人民政府、街道办事处作为镇、村管河道断面达标的责任主体，也是水环境治理的实施主体，具体负责组织开展河道污染现状调查和治理任务的实施，需进一步加强水环境管理能力，将截污纳管、排污执法、畜禽整治等水污染治理任务与镇、街道办事处的产业结构调整、企业减量化和违建清理等工作有机结合，推动水环境治理与经济发展、居民生活等主要工作的协同发展。

B.6
上海水生态重建案例研究

康丽娟　曹勇　付融冰*

摘　要：　在河道水环境治理方向上，上海市已经实现了从"消除黑臭、改善水质"为主向"稳定水质、修复生态"为主的转变，全市开展了大规模的生态修复，但距离河道生态修复目标仍有相当大的距离。针对中心城区中小河道，分析导致河道生态退化和制约其生态修复的主要因素。以典型河道为例，建议中小河道生态修复应本着尊重自然的原则，因地制宜，适当选取人工干预措施，启动生态系统的自修复过程，恢复河流的功能，实现生态环境保护和河流整治的双赢。同时，简要介绍河道生态修复技术与管理政策，提出在加快基础设施建设和开展实事工程项目的同时，通过政策机制落实河道生态修复的长效管理，维护和强化生态修复的效果。

关键词：　中小河道　生态修复　水质污染　处理技术

一　中心城区中小河道主要生态环境问题

水系是自然环境的重要构成要素，发挥着生产、生活用水，防洪、排

---

* 康丽娟，上海市环境科学研究院水环境研究所，高级工程师，博士，研究方向为湖泊生态学；曹勇，上海市环境科学研究院水环境研究所，高级工程师，博士，研究方向为水污染治理；付融冰，上海市环境科学研究院水环境研究所，博士，研究方向为水污染治理。

涝，景观等多方面的功能。上海市河网密布，在城市化进程中，自然水系受人类活动影响，逐步失去了自然的形态和结构，特别是中心城区中小河道，渠道化严重，水动力不足，部分河段依然存在黑臭现象。河流生态环境不仅与上海国际大都市的形象定位不符，更无法满足周边居民对水环境的要求。

（一）河流人工化，生态服务功能下降

中心城区人口密度大，许多构筑物临河而建，为稳定河道，河床过度硬化现象非常突出，多采用浆砌块石、钢筋混凝土护坝等硬质护岸材料，护岸结构形式也基本为直立式。河道硬质化提高了河道抗侵蚀能力与耐久性，利于城市防洪、泄洪，同时节约了城市土地资源，也利于建成供人们休闲娱乐等活动的城市河滨廊道风景线[1]。但护岸硬质化完全破坏了河流长期形成的自然形态，导致水流多样性消失，隔绝了土壤与水体之间的物质交换，使得土壤、植物、生物之间的有机联系被切断，造成生境异质性降低，引起水生态系统退化。研究表明，河道硬质化后水生生物种类下降50%，甚至更多[2]。

随着居民对生态环境需求的增加与城市生态化建设的加快，河流环境综合整治成为建设生态城市的重要内容。目前来看，中心城区中小河道环境综合整治重视安全和景观效果，与河流生态重建尚有一定的距离。在岸带绿化上，河道垂直绿化、背水面绿化、滨河绿地比比皆是，部分区段修建了亭、廊、水码头，扩建了亲水河岸绿地等，增加了河岸绿化面积，起到了软化硬质驳岸的效果。河岸绿化的生态、景观性大大提高，但受河流渠道化制约，河道绿化限于外观上的绿色处理，对于增进河流健康无大裨益。以北潮港岸线绿化为例，将原有硬质护岸顶部铁质栏杆改为景观植物，增加了河岸的观赏性与岸沿生物的多样性，但由于植物与河道没有物质和能量的连通，对河流自然修复功能改善作用不大。在水域绿化上，多采用生态浮床与沉水植物

---

① 刘勇、刘燕、朱元荣等：《河道硬化与生态治理探讨——以贵阳市南明河为例》，《环境与可持续发展》2015 年第 40（1）期。
② 关春曼、张桂荣、程大鹏等：《中小河流生态护岸技术发展趋势与热点问题》，《水利水运工程学报》2014 年第 4 期。

增加水系绿化量，达到水质净化和水系美化的目的。受河道防洪排涝需求限制，水域绿化覆盖度低，群落结构单一，植物群落缺乏自我更新和维持的能力。过多观赏性植物的应用导致绿化维护费用过高。

闸门控制是平原河网区水资源调度与管理的一种普遍手段，通过闸控管理进行引清排污，可缓解河网水体富营养化问题。目前全市共有水闸 2203 座①，其中 128 座水闸参与水力调度，年运行 3.6 万闸次，年引排水量 120 亿立米，局部地区水质可改善一个等级，并维持 3～6 天②。在引排水期间，水闸开启，河道水系相互联通；而在非引排水期间，各河段相互隔离，形成了近乎封闭的水体，加剧了河道水动力不足的负面影响，一方面引发河网水体发生富营养化的趋势，另一方面，河网闸控导致河道水流时空上的非连续性，降低了水生生物栖息地的稳定性和多样性，导致河流生态功能退化。

（二）河道淤积严重，内源污染负荷高

中心城区调水常态化，引调水源含沙量大，调水结束后流速降低，泥沙沉积。以蒲汇塘为例，大部分时段水体流速在 3cm/s 左右，达不到淤积泥沙的启动流速（一般需 0.5～0.7m/s），使得河段易产生淤积。且长期以来，居民环保意识薄弱，沿河垃圾倾倒屡禁不止，更加剧了河道淤积的程度。虹口区近三年河面垃圾打捞量均在 2000 吨/年以上。除了清捞的垃圾外，部分垃圾沉入水底，成为河道沉积物的一部分，既加剧了河道的淤积程度，又增加了河道的内源污染负荷。另外地表径流中夹带的大量悬浮物质（SS）也是河道沉积物的主要来源。研究表明，雨水泵站放江 SS 平均浓度为 129mg/L，以徐汇区为例，年均泵站雨天排放至受纳河道的 SS 约 4463.5 吨③。沿河泵站雨天放江 SS 不仅本身就是水体污染物，而且成为水体中微量污染物的主要载体，与重金属、有机物等污染物吸附凝聚，沉降至底泥中，加重河道内源污染负荷。

---

① 刘晓涛：《上海市第一次水利普查暨第二次水资源普查总报告》，中国水利水电出版社，2013。

② 何斌、金鹏飞、羊丹：《上海市水资源调度现状与思考》，《中国水利》2015 年第 3 期。

③ 康丽娟、曹勇：《徐汇区市管泵站放江污染特征及对策研究》，会议论文，2015。

河流淤积降低河道调蓄能力，给区域防洪排涝造成安全隐患。并且由于河道变浅，水量减少，而排入河道的污染物总量并不减少，导致水污染浓度增加。另外，在低水位期，河道淤积裸露，既影响美观，又不利于河道保洁等工作的进行。从各区编制的轮疏规划可以看出，中小河道年淤积深度在0.2~2米，一般3~5年即轮疏一次。例如2011~2012年，虹口港水系累计疏浚河道淤泥208764立方米，2016~2017年预计疏浚土方126904m³。河道轮疏有利于解决河道污染，改善水质，然而疏浚在清除污染的同时，对该层生活栖息的水生植物及大型底栖生物种子库也进行了清除，影响了后续生态恢复的种质资源。因此无论采取何种疏浚方式，都会对河道生态系统产生一定程度的影响①②，改变原有的生物群落结构③。

（三）水体污染，生物群落退化

近年来，上海市河流水环境治理取得明显成效，但水污染问题依然较严重，水功能区水质达标率仍然较低，与国家要求的到2020年78%的水功能区水质达标率目标差距较大④。中心城区河道总体上水质属Ⅴ类~劣Ⅴ类⑤，主要污染物指标为氨氮和总磷⑥。以氨氮和总磷为例，虹口区氨氮和总磷劣Ⅴ类断面比例分别为60%和40%，徐汇区40%的断面全年有6个月以上不达标。

在河道水环境治理方向上，上海市已经实现了从"消除黑臭、改善水质"为主向"稳定水质、修复生态"为主的转变，全市开展了大规模的生态修复，但距离河道生态修复目标仍有相当大的距离，生态系统健康状况仍

---

① Spencer KL, Dewhurst RE, Penna P. Potential Impacts of Water Injection Dredging on Water Quality and Ecotoxicity in Limehouse Basin, River Thames, SE England, UK. Chemosphere, 2006, 63（3）：509 – 521.

② 胡伟：《基于生态保护及后继生态修复的新型环保疏浚关键问题研究》，《安徽农业科学》2012年第40（27）期。

③ 王先云：《清淤疏浚和生态修复后湖泊后生浮游动物群落结构研究》，上海海洋大学硕士学位论文，2011。

④ http://news.xinhuanet.com/local/2016 – 03/23/c_ 128825073. htm.

⑤ http://bmxx. shanghaiwater. gov. cn/BMXX/default. htm? GroupName＝水资源公报.

⑥ 上海市环境保护局：《上海市环境状况公报》，2015。

未得到根本改观。与郊区段相比，中心城区河段水生生物群落结构趋于简单，生物种类减少，多样性降低，种类组成中耐污种类增加，且往往成为优势种群，部分河段生物种类有所恢复，但受阶段性清淤等因素影响，群落结构不稳定。在优势种类上，浮游植物中的蓝藻和绿藻，底栖动物中的环棱螺或颤蚓等耐污性种类成为优势物种[1][2]。

二 中小河道生态退化原因

河流生态退化主要表现为基本结构和功能破坏或丧失、稳定性和抗逆能力下降、生物多样性降低、生产力下降、服务功能减弱或丧失及生态效益和社会效益降低等[3]。河流系统一般表现出一种自我恢复的功能，而人类活动特别是近一个时期开始的大规模经济活动往往使系统自身难以恢复。一般认为，影响河流生态退化的原因有以下两个方面。

（一）自然因素

上海市地势平缓，水流速度较慢，易造成河道的淤积。而降雨年际变化大，年内分配不均，台风、暴雨等灾害性天气频发，易造成河道流量大幅变化，对河道形成冲刷，对河道沿岸的生态造成破坏，不利于河道水生动植物的繁衍生长，不利于河道植物群落、生态系统的形成与稳定。另外受潮汐影响，污染物排入后随水流不断回荡，不利于污染物扩散，而湿热的气候条件有助于微生物增殖，易导致阶段性的生态风险。

（二）人为因素

1. 生境破碎

河流人工化特征明显，标准化的堤防建设对防洪除涝起到了一定作用，

---

① 康丽娟：《城市水系大型底栖动物调查和重金属富集效应分析》，2015。
② 禹娜、刘一、姜雪芹等：《上海城区小型河道生物组成特征及食物链结构分析》，《华东师范大学学报（自然科学版）》2010 年第 6 期。
③ 任海、彭少麟、陆宏芳：《退化生态系统恢复与恢复生态学》，《生态学报》2004 年第 24（8）期。

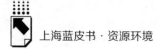

但也割裂了沿河生物与河道内的联系。人工建筑物破坏了河网的整体性和动态性，不仅加速泥沙的淤积，而且造成水生生物栖息地碎片化，水生生物多样性降低[1]。

2. 径流模式改变

自然情况下，降雨经地表和地下补给河流。城市化改变了地表径流的传输模式，且目前中心城区雨水为强排模式，地表径流经泵站收集后集中排放，将原来的"面源"变为"点源"，加大了对局部河段的冲击负荷，常导致河道的阶段性黑臭。

3. 水污染

水污染是水生态系统崩溃的直接原因，一方面水体富营养化导致蓝藻、浮萍、水葫芦及沉水植物等耐污性强的生物优势度增加，甚至"疯长"；而另一些水生生物因缺氧而死亡，生物多样性降低[2]。另一方面重金属等有毒有害污染物对水生态系统的危害逐步显现，成为水系生态系统进一步修复和改善的阻碍。

4. 河流功能定位过于单一

河流功能是河流自然属性、生态属性和社会属性的效用体现，目前城市河流重视其防洪、航运、景观娱乐等社会功能，而对其生态功能重视不足。受人类活动胁迫，河流部分生态功能受损，长此以往，河流的生态功能甚至社会服务功能也会逐渐减弱甚至消失。

案例一

虹口区区内河道蜿蜒，虹口港、沙泾港、俞泾浦、西泗塘、南泗塘、江湾市河、走马塘（北郊水闸以东段）等河道组成虹口港水系，南接黄浦江，北入蕴藻浜，西通过走马塘与其他河道连接。虹口港水系河流总长19.2km，河网密

① 段学花、王兆印：《生物栖息地隔离对河流生态影响的试验研究》，《水科学进展》2009年第20（1）期。
② 曹承进、陈振楼、黄民生：《城市黑臭河道富营养化次生灾害形成机制及其控制对策思考》，《华东师范大学学报（自然科学版）》2015年第2期。

度 0.82km/km², 河面率 3.83%, 河湖槽蓄容量（不包括黄浦江和苏州河）
65.24 万 m³。区内有水闸工程 1 座, 水利泵站 1 座, 堤防工程总长 39.12km。

按照上海市水功能区划的要求, 虹口港水系执行 V 类水标准。2014 年
各断面的氨氮浓度范围为 1.69 ~ 7.22mg/L, 溶解氧含量为 1.10 ~ 3.03mg/
L, 总磷浓度范围为 0.25 ~ 0.81mg/L, 均有断面超标; 高锰酸盐指数、化学
需氧量等指标均能达到功能区水质要求。

虹口区已基本实现污水管网全覆盖, 工业废水和生活污水基本实现全收
集全处理。根据虹口区环境统计数据, 2014 年度工业企业年报共计重点工
业企业 8 家, 城市污水处理厂 1 家, 工业废水排放量为 19.3 万吨, 均排入
污水处理厂。从目前来看, 随着产业结构调整, 企业关停并转, 废水排放量
和污染物排放量大幅下降, 且废水全部排入污水厂处理, 因此产业结构和空
间布局对整个虹口区水环境的压力较小。分析认为区域河道水质不达标的主
要原因如下:

(1) 上游来水水质差

虹口区河道的地理位置及周边水利设施形成南引北排、引清冲污的排水
体系, 即南引黄浦江水, 北通过蕴藻洪、黄浦江排入长江。南部虹口港引黄
浦江水, 水质相对较好, 但北部的走马塘按市调水方案引蕴藻浜来水, 由于
受宝山、原闸北污染而水质较差。

(2) 雨、污放江

河道污染负荷主要来源于市政泵站和污水厂尾水。虹口区河道沿线分布着
市政泵站 23 座, 区管泵站 2 座, 泵站放江污染是河道主要的污染来源。2014 年
曲阳污水厂年处理污水 1672 万吨, 尾水排入沙泾港, 也是主要污染因素之一。
此外蕴藻浜经西泗塘的来水水质较差, 对北部河道造成严重影响。虹口区部分
老旧居住小区因排水设施不完善, 还存在阳台污水混接现象。

(3) 底泥淤积污染较重

由于污水、初期雨水进入, 以及外部来水的浊度较高, 在水动力差的情况
下, 河道淤泥沉积情况严重。以俞泾浦为例, 河道两侧为垂直驳岸, 于 2012 年
进行了清淤工作, 至 2015 年, 河道内已形成了较厚的淤泥。该河道水体中没有

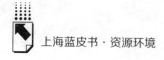

高等水生生物，主要通过新建虹口港泵闸从黄浦江调水进行水质保持。

（4）生态岸线缺乏

虹口港水系河道两岸均为硬质驳岸，岸边没有水生植物，河道中底栖动物和鱼类很少。沿河生态缓冲带缺失，河道自身净化能力逐渐消失殆尽。

（5）水文过程变异大

虹口港水系南北长达十几千米，在空间上，受到北部蕴藻浜来水的冲抵，水动力自南向北逐渐减弱，俞泾浦北部区域及走马塘水动力明显不足，河道内几无流速，水体交换及自净能力下降。在时间上，调水期间，水体流速大，不利于沉水植物生长，而在不调水时，河道基本处于静止状态。

资料来源：上海市虹口区环境监测站：《虹口区环境质量状况报告》，2011~2015年。

三 中小河道生态修复的必要性和意义

"既要金山银山，又要绿水青山"，随着社会发展和人民生活水平不断提高，人民群众对生态环境的要求越来越高，生态环境在群众生活幸福指数中的地位不断凸显，环境问题日益成为重要的民生问题。生态文明是实现中国梦的重要组成部分，党的十八大把生态文明建设纳入中国特色社会主义事业"五位一体"格局，并首次提出了树立尊重自然、顺应自然、保护自然的生态文明理念。《水污染防治行动计划》明确了水环境治理的目标，从生态学角度整治河流、维持城市河流的自然特性已经成为评价河流治理成功与否的关键。

（一）经济社会可持续发展的需求

目前中小河道水环境质量已成为影响和制约区域经济社会可持续发展的主要瓶颈因素，生态修复迫在眉睫。上海市特别是中心城区，交通便利，配套成熟，具有良好的投资基础，但是河道周边恶劣的水环境制约了其对优秀投资商的吸引力。进行中小河道生态修复，提高河道水质，改变区域生态环境，不仅能提升区域投资价值，也给当地居民提供一个水清岸绿的美好生活环境。

（二）绿色发展战略的需求

目前中国经济发展已经开始积极转型，已经从过去单纯追求经济效益向多方面利益兼顾的方向发展，不但要实现经济效益，同时还重视社会效益和环境效益的和谐发展，在这种和谐发展的现实要求下，生态修复已经成为必要选择，刻不容缓。

（三）居民生活质量提高的需求

中心城区人口密度高，进行河流生态修复有利于改善人居环境，造福子孙后代，满足人们亲水的天然本性，有效提升当地人的生活品质，在维持当地生态环境稳定等方面有着不可替代的作用。

（四）河流生态治理工程化的需要

建设生态河流的理念已经得到共识，但河流生态化治理还处于经验积累的阶段，成熟的案例依然较少，许多生态治理的技术需要进一步的验证。恢复水体生态系统结构和功能的完整性不仅是水污染综合治理的目标，也是水污染治理的重要手段。开展中小河道生态化治理，有利于在河流生态治理设计、施工、管理等各阶段积累经验，为河流生态治理工程化奠定良好的基础。

四 河流生态修复的自组织过程与人工辅助技术

河流生态系统是一个复杂的综合体系，它是流域及其水体、沉积物、各种有机和无机物质之间相互作用、迁移、转化的综合反映。河流生态修复即通过对主要生态过程的干预，启动生境景观范围内生态系统的自发修复过程。自组织理论是退化生态系统修复的理论基础之一，在自然界，生态系统能自行趋向与达到一种有序状态，使系统内的所有成分彼此互相协调。中心城区大部分河道经过长期高强度开发，生态系统结构已遭到破坏，单纯依靠污染控制、水文条件改善、改造河流的人工渠道化工程等胁迫因子无法实现生态系统的自我恢复，还需要辅助以人工措施创造生境条件，进而发挥自然修复功能，实现某种程度的自我修复①。

（一）完善市政基础设施，减少城区入河污染负荷

中心城区基本实现了生活污水全收集，2015年中心城区污水处理率达到96.6%②，少量规划中待拆迁的城中村依然存在生活污水直排入河的现象，虽然水量较小，但对局部河段影响较大。封堵排污口能有效改善局部水环境，大幅度提高水质。

中心城区市政泵站杜绝了旱天放江，但雨天放江负荷依然高居不下。雨天放江过程中，河道COD升高30%左右，NH_3-N升高30%～50%，细菌总数与大肠菌群升高2～8倍，且由于受纳河道水动力条件差，放江结束24小时后，水质并无明显好转③。泵站放江已成为中心城区河道污染的主要因素，除加强管理外，需通过改善地表蓄、渗、滞流系统等工程措施从源头上削减入河污染负荷；完善排水系统截流设施，针对存在混接的排水系统，应推进混接点改造；对有条件的排水系统开展就地调蓄和处理，有效削减入河污染负荷，为河流生态修复提供条件。

集中式污水处理厂是中心城区河道除上游来水、泵站放江外的第三大污染源。目前，中心城区有十座污水处理厂在运行，设计规模47.4万立方米/天。龙华污水处理厂等规划调整关闭，曲阳污水处理厂等计划减量提标。中心城区污水厂调整与提标不仅有利于降低河道污染负荷，更为河道提供了充足的清水。

---

① 董哲仁：《河流生态恢复的目标与原则》，《中国水利》2004年第10期。

② http：//222.66.79.122/BMXX/default.htm？GroupName = 水资源公报。

③ 康丽娟、曹勇、付融冰：《泵站放江对景观河道微生物指标的影响》，《水生态学杂志》2016年第37（1）期。

（二）改善水文条件，提高水体自净能力

要实现水体生态修复就要恢复水体的自净能力，影响水体自净能力的因素多样且十分复杂，它不是一个固定值，而是随年度水情、水流、水质以及水生生物条件等自然环境和人类活动而变化。目前，中心城区河道常用的技术手段有底泥疏浚、引清调水和曝气复氧等。

底泥疏浚是中心城区消除河道淤积、改善区域水环境、增强区域防洪除涝能力最常用的技术手段。各区编制了中小河道轮疏规划，对河道轮疏周期、轮疏标准等进行了规定，一般 3~5 年即轮疏一次。底泥疏浚的效果至今仍存在很大争议，疏浚能够有效地削减沉积物中的污染物，降低潜在的生态风险，但往往对生物产生危害，具体表现为种类、丰富度与生物量的减少，群落结构发生变化，多样性降低①。研究表明，不当疏浚不仅破坏原有水生生物群落，且达不到水质改善的效果，导致后期主要生物类群的恢复缓慢②。而部分河段即使不进行底泥疏浚，长期的水生植被恢复也可以使城市河流沉积物中的内源磷释放及水体磷浓度得到有效控制③。

引清调水已成为上海市改善河道水环境的一项重要措施，形成了"依托两江、趁潮引排、分片调度、定向有序"的调度格局。针对改善局部区域水环境、突发水污染事件、应对咸潮影响和保护水厂水源地等，制定相应专项调度方案。同时，明确了引清调度组织管理机构和相关单位的运行、管理和监督职能，水资源调度工作做到"常态运行、精细调度"。

曝气复氧是治理河道污染的有效措施，在中心城区中小河道应用广泛。曝气复氧可以提高水体中的溶解氧含量，强化水体的自净功能，促进水体生

---

① 钟继承、范成新：《底泥疏浚效果及环境效应研究进展》，《湖泊科学》2007 年第 19（1）期。

② 毛志刚、谷孝鸿、陆小明等：《太湖东部不同类型湖区底泥疏浚的生态效应》，《湖泊科学》2014 年第 26（3）期。

③ 琚泽文、蔚枝沁、邓泓：《水生植被恢复对城市景观水体磷浓度及沉积物磷形态的影响》，《湖泊科学》2015 年第 27（2）期。

态系统的恢复。例如在虹口港水系生态修复过程中，除疏浚河道13929米外，还布设了人工曝气复氧设备14套[①]。

（三）生境修复，构建健康水生态系统

生境多样性是物种和生态系统多样性的基础，中心城区河道形态基本固定且周边区域用地限制较大，河流生态治理多采用造流、植石、岸带改造、浮岛、增殖放流等措施提高生境的空间异质性，构建适宜的生态系统结构。

生物群落设计过程中，对生物种类和数量的设计已有较多的研究与成功经验，水生植物、水生动物以及微生物的引种以水质改善净化为导向，采用近自然的配置原则，优选土著种、慎用外来种、调控先锋物种，适当配置景观物种、丰富生物种类，延长水体食物链，稳定水生态系统。

常见的修复植物有芦苇、莲、梭鱼草、黄菖蒲、再力花、睡莲、萍逢草、轮叶黑藻、金鱼藻、苦草、马来眼子菜、大茨藻、小茨藻、篦齿眼子菜、菹草、狐尾藻、轮藻等；常用水生动物为滤食性鱼类、螺、蚌等刮食性底栖动物；常用微生物有食藻虫、硝化细菌、光合细菌微生物及复合生物菌剂等[②]。

（四）长效管理，启动自发修复过程

人工构建的生态系统具有不稳定性，在河流生态系统恢复的过程中，应遵循自然规律，在时间序列上一定要做到一个阶段采取一类措施，不同阶段必须有不同的主导措施。在工程措施完成以后，应及时重新评估与生境退化的相关指标，适时维护和补救，诱发生态系统的自发修复过程，达到生态修复的目标。如果不及时更新管理模式，而是退回到该生境最初退化阶段的经营管理模式，则会造成该修复生境的再次退化。物种选择不合理、修复后管理不当是许多修复项目效益短暂的主要原因。退化生境常被一些妨碍或降低

[①] http：//sw.shanghaiwater.gov.cn/xxgkAction！view.action？par.fileId=237427&sdh.code=002006.

[②] 左宇玲、陈隽祎：《关于河道生态治理中生物群落设计的研究》，《城市道桥与防洪》2013年第9期。

生境成功恢复的非目标物种支配，例如在黑臭河道修复过程中，有害藻类水华常称为次生灾害，如果不能很好地使这些潜在竞争种迁出，将会显著影响大型水生植物的定植，降低生态修复的效益①。

案例二

曹杨环浜是一条环形封闭河道，位于上海市普陀区曹杨新村，全长2208米，宽8~14米。过去由于大量城市污水和垃圾注入，环浜水体发黑发臭严重，沿途环境污浊不堪，是上海市有名的城中心臭水沟，周围市民深受其苦。该河流于20世纪80年代初进行截污治理，90年代开始通过重建水生植被净化水质，是上海市最早一批开展生态修复的城市水体。2003年前，污染源已全部截流，底泥也曾二次疏浚，全面修建了驳岸、周围绿地和公园，这些工程措施的实施，对减轻环浜水体污染，改善周围环境质量起到很大作用，但由于水体生态系统被严重破坏，水生植物和水生动物十分贫乏，水体缺乏自净能力，故水质仍处于劣V~V类状态，蓝藻水华经常暴发。2003年曹杨环浜开始大规模生态治理，工程主要采用如下生态修复措施。

1. 沿浜截污

工程实施前环浜已基本解决点源污染，该措施主要解决入浜地表径流，在通过修建坎埂减少径流和垃圾入河，为生态修复创造先决条件。

2. 环浜造流

为使曹杨环浜封闭的水体循环流动，在环浜西南角上，构筑了一道长10米的拦水坝，安装了一台低水头提升水泵选用节能低扬程潜水轴流泵，不定期地运行，尤其是在水质出现不正常情况下，运转后就能大大改善水质，为水体的自我恢复提供条件。

3. 构建健康水生态系统

构建水生植被：曹杨环浜中原有的沉水植物很少，而且种类单一，只有菹草和黑藻。在3年时间内，移栽沉水植物11种、挺水植物6种、浮叶植

① 〔美〕惠森特：《受损自然生境修复学》，赵忠等译，科学出版社，2008。

物6种，随移栽苗种时带进来的漂浮植物3种，使环浜沉水植物全覆盖，四季均有生长，形成了美丽的"水下森林"景观。为水生动物提供栖息生存、繁衍生存、索饵育肥场所，为发挥它们的净水功能起到积极作用。

构建水下花坛：从景观角度出发，在主要景点、桥等河段种植浮叶花卉（睡莲、荇菜和菱等）和挺水花卉（香蒲、菖蒲、荷花、花叶芦荻、再力花和石龙芮等），提升河段景观。

构建水生动物种群：根据生态系统食物链摄取原理，放养滤食性动物及螺蛳、蚌等底栖动物，既能实现生产力的转换，控制蓝藻水华发生，同时也是恢复和维护良好健康水生态系统所必需。

生产力的人为控制：构建水草收割，蓝藻收集，鱼、蚌、螺等水生动物捕捞和利用系统，控制不同生物种类的生物量，维持适当的种群密度，通过人为控制，移除营养物质，并使水生态系统趋于稳定。

4. 长效管理，启动自发修复过程

严格按照长效管理制度进行科学维护是示范工程结束发挥效益的保障。以沉水植物管理为例，定期打捞能有效维持水质，过度收割或水草过度增殖都会导致水生态系统失调，水质恶化。在示范工程一年后曹杨环浜水质提高至Ⅲ类。截至目前，曹杨环浜依然是普陀区水质最好的河道，同时也是市区水生生物多样性最高的河道。

资料来源：http：//tieba.baidu.com/p/3877184729；王春树、胡险峰：《生态工程技术在城市河道治理中的应用研究——以上海市曹杨环浜河道水环境整治为例》，《水利发展研究》2005年第7期；普陀区环境保护局：《普陀区环境状况公报》，2009~2015；毛开云、禹娜、姜雪芹等：《冬季上海市城区河道中原生动物群落的结构特征》，《四川动物》2009年第4期；戴奇、李双、周忠良等：《上海城区河道底栖动物群落特征与沉积物重金属潜在生态风险》，《生态学杂志》2010年第10期；刘一、禹娜、熊泽泉等：《城区已修复河道冬季浮游动物群落结构的初步研究》，《水生态学杂志》2009年第3期；姜彩虹、张美玲、陶琰洁等：《上海市内不同水质的河道春季浮游细菌群落结构分析》，《微生物学通报》2009年第36卷第4期。

五 中小河道生态修复技术发展方向

要顺利实施河流生态修复，保证治理效果能长期维持，首要条件是净化河道水质，修复生物宜居的生态环境，营造健康的水生态系统，所以河流生态修复要遵循"外源减排、内源清淤、水质净化、生态恢复"的科学理念。其中，外源减排和内源清淤是基础与前提，水质净化是阶段性手段，水动力改善技术和生态恢复是长效保障措施。

（一）外源控制

随着上海市截污纳管工作的推进，中心城区的纳管率达到90%以上。目前，上海市中心城区中小河道主要外源污染来自市政泵站放江和污水厂尾水的排放，其他工业和生活直排污染源所占比例较低。据统计，中心城区河道污染中泵站放江引起的污染比例已达60%以上。要控制泵站放江，一方面要开展源头控制，推进排水系统的雨污混接改造，加快推进海绵城市建设，采用低影响开发（LID）技术，降低雨水径流总量和污染排放；另一方面，要完善泵站基础设施，加快推进泵站污水的调蓄和处置。对于污水厂的尾水排放，根据《上海市水污染防治行动计划实施方案》的要求，加快推进污水厂的提标改造，尾水进行深度处理，排放标准达到《城镇污水处理厂污染物排放标准》一级 A 要求。另外，对于有条件的区域，逐步废除老旧污水厂（如龙华污水厂和曲阳污水厂等），将污水排入竹园或白龙港污水厂统一处理，可以有效降低污水厂尾水对中小河道的污染。

（二）内源清淤

环境中的污染物质进入河流后，经沉淀、吸附、生物吸收等多种途径进入底泥并逐渐沉积，可见，底泥沉积是水体环境各种污染物质的最终储存场所。但是，在一定条件下污染物会重新从沉积物中释放出来，影响上覆水水质，从污染物的"汇"变成污染物的"源"。因此，对于作为内源释放源的底泥,必须开展生态疏浚。根据河流水文水质特征、底泥分布状况、底泥营养盐含量和垂直分布特性以及水体水生态系统特性等诸多参数进行系统分析和评估,根据污染物的特性采取疏浚措施,尽量减少开挖时污染物在水中扩散所形成的二次污染,尽量减少对水生生物的不利影响。河流生态疏浚能显著降低底泥污染释放,增加河道水容量,提升河道水体流动性,有助于河道水质的改善。

(三)水质净化

水质净化技术目前主要有人工曝气、生态浮床、人工湿地技术等。采用跌水、喷泉、射流等曝气方式,能有效提升水体的溶解氧水平,辅助提升水体流动性能。采用人工湿地、生态浮床、种植水生植物等方法,利用植物根系吸收氮磷等营养物质,分解水体中的污染物质,同时还美化了环境,形成新的景观亮点。此外,还有投放微生物制剂、促进微生物生长等净化手段,在一些重污染河流都有良好的治理效果。

(四)生态恢复

水生态修复包括水生植物和水生动物(如鱼类、底栖动物等)食物链的修复与水文生态系统构建。种植水生植物和投放水生动物,恢复良好的水生态系统,利用生态学原理构建的食物链,能提升河流的自净功能,可以持续去除城市水体中的污染物和营养物。对于河道驳岸,则提倡建设生态护坡,能起到固土护坡、保持水土、缓冲过滤、美化景观的作用。

六 中小河道修复的政策建议

(一)落实责任,整合各方力量形成合力

中心城区的河道生态修复工作进行了很多年,但效果并不明显,水质并没有显著改善。据统计,上海市建成区还存在56条(段)的黑臭河道。河

道治理着眼点在水里，但污染排放的根源在岸上，治理工作不能只开展河道疏浚和生态修复，同时还要依托市排水公司（泵站管理）、水务（污水厂提标、污水管网雨污分流）、房管（小区阳台污水改造）、环保（企业污废水监管）等多个部门共同努力，建议建立由各相关部门参与的河道治理协调推进委员会，政府主要领导任组长，各部门领导任组员，建立定期联席例会制度，就河道修复工程加强沟通和协调，凝聚合力，确保任务分解、责任落实、各项工程得以协调推进，保证河道修复工程顺利实施。

（二）抓住机遇，加快落实水污染防治行动计划

2015 年，从国家到地方都发布了水污染防治行动计划。上海市明确提出，到 2017 年建成区基本消除黑臭水体，到 2020 年全市水环境质量有效改善，基本消除劣于 V 类水体断面，全面恢复水体观赏功能。从 2016 年起，各区县根据要求也制定相应的河道治理对策，对每条河道提出了"因地制宜、一河一策"的具体要求，对每条重污染河道制订"量身定体"的治理方案。同时，上海市逐步推行"河长制"，将治理责任落实到各区县主要领导，从而保证各项治理工作落实到位。从 2016 年下半年起，全市河道治理各项工程已经全面展开，建议紧紧抓住这次河道生态修复的机遇，加快落实水污染防治行动计划实施方案，确保中心城区河道水质明显改善，给居民提供良好的水生态环境。

（三）推动信息公开，强化公众参与

《城市黑臭水体整治工作指南》提出，政府主管部门根据排查掌握的水质监测资料及百姓投诉情况，界定建成区水体黑臭与否，并征求社会意见。河道总体整治计划、整治工作进展情况、整治效果也要定期（每季度或每半年）公布，接受公众评议。建议全面推行环保信息公开制度，充分发挥"12345"环保举报热线和网络平台作用，搭建河道整治信息发布平台，区域内主要河道水环境质量的环境信息公开，公布黑臭水体名称、责任人及达标期限，发动社会各界关注和参与到河道环境整治的监督中来。强化河道生

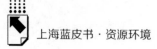

态修复工程的公众参与度，形成全社会重视水环境保护、参与水环境建设的良好氛围。

（四）强化水质监测，落实评估和长效管理制度

建议河道生态修复工程实施后，要建立后期的长效管理维护机制，保证水质稳定达标，水生态系统持续改善。同时，委托第三方机构开展水质监测，并对治理效果进行跟踪评估，从生态环境效益、社会经济效益等多角度开展评估，研究分析治理工程实施后河道在水质、生物群落等生态系统服务价值方面的改善程度。

B.7
弹性城市建设与长三角
水环境治理研究

刘新宇 *

摘　要：　通过研究上海在气候变化条件下应对水灾害的弹性，以及有
助于提升这种弹性的长三角合作现状，提出完善此类合作的
建议。在气候变化条件下，上海面临的水灾害主要包括枯水
期上游来水减少加剧咸潮、汛期台风＋暴雨＋上游洪水造成
的洪涝灾害以及输入型污染加剧水质性缺水。上海与邻近区
域围绕弹性城市建设已经开展了一些合作，但存在协调架构
功能欠缺、经济激励机制不足、咸潮来袭时的应急联动机制
未建立、湿地等生态系统未连通、信息共享与科研合作缺乏
等问题。下一步，上海需要在充实提高相关协调架构功能、
创新和运用多样化经济激励机制、咸潮期应急供水、湿地等
生态系统连通、建立共享信息库、推动联合研究等方面完善
长三角区域的弹性城市建设合作。

关键词：　气候变化　水灾害弹性　长三角合作　上海

弹性城市是指有"弹性"的城市，城市弹性是指城市中的个人、社
区、社会组织、企业、政府和基础设施等适应变化尤其是负面变化的能

---

* 刘新宇，上海社会科学院生态与可持续发展研究所副研究员，博士，主要研究方向为低碳经
济、新能源和环境绩效管理等。

力，无论在慢性（长期性）压力和急性（突发性）冲击之下都能生存、调适和发展。[①]城市弹性包括经济弹性（经济系统适应外部变化甚至动荡的能力）、社会弹性（社会系统在社会变迁下自我调适和修复的能力）和物理弹性（生态系统、基础设施和建筑物等应对自然灾害的能力，也有文献将其细分为自然弹性和物理弹性，狭义的物理弹性仅指基础设施和建筑物应对灾害的能力）。[②]本报告关注的焦点是城市在气候变化条件下应对水灾害的能力。

本报告致力于探究在气候变化条件下，上海面临哪些水灾害，上海为应对这些水灾害采取了哪些措施，哪些应对水灾害的举措需要长三角城市的协同、此类合作的现状与问题如何，以及上海与邻近区域之间应采取哪些措施来完善此类合作。

一 气候变化条件下上海的水灾害

在气候变化条件下，上海主要面临这样几种水灾害：在枯水期，上海来水减少易造成或加剧咸潮；在汛期，易造成台风—暴雨—内涝灾害；存在一定水污染问题，造成水质性缺水，而太湖上游输入型污染加剧了水质性缺水。

（一）枯水期上游来水减少加剧咸潮入侵

上海目前有黄浦江上游、青草沙、陈行、东风西沙四个水源地，在气候变化条件下，冬春之际，后三者易受咸潮入侵的影响，危及上海供水安全。近年来，受气候变化和南水北调减少上游来水等多重因素影响，上海咸潮入侵有加剧趋势，表现为秋冬季初次入侵时间提前、频率提高、单次咸潮持续

---

① Rockefeller Foundation: "Website of 100 Resilient Cities," http://www. 100resilientcities. org/ #/ - _ /.

② Bam H. N. Razafindrabe, Gulsan Ara Parvin, Akhilesh Surjan, et al. "Climate Disaster Resilience: Focus on Coastal Urban Cities in Asia," *Asian Journal of Environment and Disaster Management*. 2009. Vol. 1 (1).

时间更长、盐分浓度更高、上溯距离更远。[①]

上海咸潮多发生于冬春缺水之际，如 2014 年 2 月，上海遭遇史上最严重咸潮，历时 19 天，陈行、青草沙两水源地取水口的氯化物浓度远超国家地表水标准（国家标准为 250mg/L，当时最高实测值在 3000mg/L 之上）。[②] 咸潮对上海沿江水源地的威胁是不言而喻的，受 2014 年 2 月咸潮影响的供水人口就有约 200 万[③]。

咸潮加剧的原因之一是气候变化带来的海平面上升。2015 年，上海海平面较常年高 105 毫米；预计到 2045 年，上海海平面将上升 75～150 毫米。在易发生咸潮的季节，2015 年 11 月和 12 月，上海海平面比常年同期高 144 毫米和 182 毫米，为 1980 年以来同期最高。[④] 在此背景下，2016 年 2 月 23 日，上海遭遇咸潮入侵 7 天，氯化物浓度最高达 714mg/L（国家标准为 250mg/L），青草沙和陈行水库启动应急预案，方保证向市民正常供水。[⑤]

咸潮加剧的原因之二是气候变化带来的降水量波动，其表现之一是枯水期的干旱持续时间更长、程度更深。根据 Zhang Dan 等（2015 年）的研究，1979～2000 年，长江流域水文干旱事件的平均持续时间为 6 个月，平均缺水程度为 85 毫米；2000 年之后，这两个数值分别增加到 10.7 个月和 281 毫米。[⑥] 2016 年，鄱阳湖再次发生大旱，湖床几乎完全裸露，10 月 14 日的星子站水位比常年同期平均值低 4.75 米。[⑦] 长江中游旱情是否会导致 2016～2017 年之交长江口径流量过少、咸潮增加，令人无法乐观。

南水北调、长江上游大型水电站群等工程可能会对长江口径流量造成较

---

① 毛兴华、金云：《2014 年初长江口咸潮入侵分析》，《上海水务》2014 年第 30 卷第 2 期。

② 毛兴华、金云：《2014 年初长江口咸潮入侵分析》，《上海水务》2014 年第 30 卷第 2 期。

③ 郑莹莹：《上海史上最长咸潮基本结束　影响供水人口约 200 万》，2014 年 2 月 26 日，中国新闻网。

④ 国家海洋局：《2015 年中国海平面公报》，2016。

⑤ 国家海洋局：《2015 年中国海平面公报》，2016。

⑥ Zhang Dan, Zhang Qi, Adrian D. Werner, et al. "GRACE – based Hydrological Drought Evaluation of the Yangtze River Basin, China". *Journal of Hydrometeorology*. 2015. Vol. 17 (3).

⑦ 王剑：《中国最大淡水湖"喊渴"再破 10 米枯水位　变沙滩草原》，2016 年 10 月 14 日，中国新闻网。

大影响。不过，根据《三峡水库优化调度方案》（2009 年），在枯水期，三峡水库反而是增加长江口径流量的。需要注意的是，在三峡更上游的长江及其支流上，还有约 10 个大型水电站，其总库容之和超过三峡水库，这些水库若不能全面制定并落实优化调度方案，将可能在枯水期对长江口径流量产生较大负面影响。

总体而言，上海的长江干流来水量相比十年前有所减少，这将提高咸潮发生的概率。据 2005 年的统计，上海的长江干流来水量多年平均值为 9335 亿立方米；而 2006～2014 年，这一数值降到 8473 亿立方米，减少了 9.24%，且波动很大（见图 1），最低年份即 2011 年仅有 7127 亿立方米。[①]

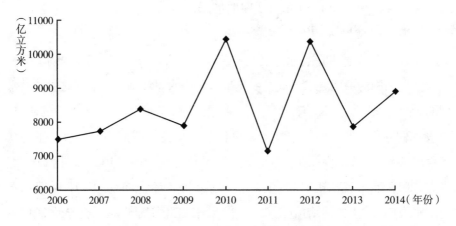

图 1　上海 2006～2014 年长江干流来水量

资料来源：上海市水务局，2006～2014 年《上海水资源公报》，2007～2015 年。

（二）汛期易受台风—暴雨—洪涝灾害

如表 1 和图 2 所示，上海在汛期易遭受台风和暴雨袭击。而且，2008 年之后，年度暴雨的次数有明显增加；2013 年开始，年度大暴雨和特大暴雨的次数有增加迹象；2003～2015 年，上海汛期降雨呈现增加趋势。

---

① 上海市水务局：2005～2014 年上海水资源公报，2006～2015。

表1   上海2002～2015年汛期暴雨次数和台风情况

年份	暴雨次数（场）	中心雨量＞100mm的暴雨次数（场）	台风情况
2002	—	4	"威马逊"和"森拉克"外围影响
2003	—	1	"鸣蝉"外围影响
2004	5	1	"蒲公英"和"云娜"外围影响
2005	9	2	"麦莎"和"卡努"/本年受灾严重，尤以麦莎灾情为近年最严重
2006	8	3	无较大台风影响
2007	—	3	"韦帕"和"罗莎"外围影响
2008	18	3	4次台风外围影响
2009	11	4	"莫拉克"外围影响
2010	6	0	4次台风外围影响
2011	17	3	"米雷"和"梅花"外围影响
2012	14	3	5次台风外围影响，其中"海葵"强度较大
2013	13	5	菲特/强度大、长时间暴雨，加上上游洪水、天文大潮，本市受灾严重
2014	17	6	凤凰/正面侵袭/强度有所减弱
2015	19	8	"灿鸿"和"杜鹃"/外围影响

资料来源：上海市水务局，2002～2014年《上海水资源公报》，2003～2015年；上海市防汛信息中心，《2015年汛期（6～9月）上海地区水情总结》，2015年。

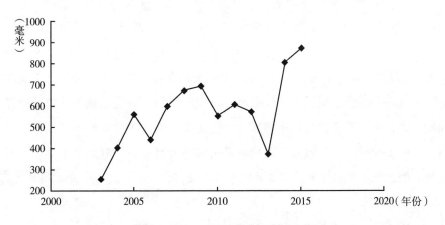

图2   2003～2015年上海汛期降水量

资料来源：上海市水务局，2003～2014年上海水资源公报，2004～2015年；上海市防汛信息中心，《2015年汛期（6～9月）上海地区水情总结》，2015年。

强度较大的台风和暴雨袭击时，郊区和城区都会发生灾情。郊区会发生农田被淹、房屋倒塌、人员被迫转移等情况；城区会发生马路积水，民宅和商铺进水，地下空间（地下立交、地下步道、地铁、地下商场等）封闭，防汛堤处渗水、河水倒灌，汽车底盘被淹致抛锚等。最危急的情形是"台风＋暴雨＋天文大潮＋上游洪水"同时到来，一般在这种情况下，上海受灾人口超10万，直接经济损失超10亿元，并可能出现人员伤亡。2016年汛期，太湖出现史上第二高水位——4.87米，太湖水位顶托给上海雨水外泄造成更大困难。[①]

（三）输入型污染加剧水质性缺水

上海自身就存在较多水污染，造成水质性缺水问题。如2015年主要河流断面中有85.3%差于Ⅲ类水，超标项目主要是氨氮、总磷，淀山湖轻度富营养化；2016年1~9月中，占上海供水量1/4的黄浦江上游水源地（闵行西界取水口）有4个月水污染超标，不达标指标涉及溶解氧、BOD、氨氮。[②]

此外，从表2可见，由于太湖流域的输入型污染仍然较严重，进一步加剧了上海的水质性缺水（而长江来水并无严重输入型污染）。表2中所示2016年三个月份，淀山湖的水质都是劣Ⅴ类，而其主要污染物为总磷、总氮（即出现水体富营养化），此类污染物主要来自生活污染、禽畜养殖污染和农业面源污染。淀山湖的上游是急水港，苏州境内的急水港大桥断面水质一般为Ⅲ类或Ⅳ类，流入上海的淀山湖边急水港桥断面处水质进一步恶化为劣Ⅴ类。在这两个断面之间，急水港流经苏州周庄镇和上海商榻镇，周边还有苏州同里镇，水质的恶化与这些区域的生活污染、农业污染排放不无关联。对其中一些旅游地而言，旅游业固然对繁荣经济大有裨益，但如果不遵循生态化的原则加以组织和开发，其排放的生活污染将远大于一般的小城镇。

---

① 《沪28个排水系统明年底全面建成，城市内涝有望缓解》，2016年8月11日，搜狐公众平台。

② 上海市环境保护局：《2015年上海市环境状况公报》，2016；上海市环保局：2016年1~9月上海市市级集中式生活饮用水水源水质状况报告，2016。

表2 上海及周边城市若干断面地表水水质

时间	河湖	断面	说明	水质	主要污染物
2016年9月（最新）	长江	浏河	长江入上海市境断面	III	
	长江	青草沙	上海最重要水源地	III	
	淀山湖	急水港桥	接近淀山湖上游急水港入湖处断面	V +	总磷
	淀山湖	四号航标		V +	总磷
	黄浦江	淀峰	水流出淀山湖入黄浦江断面	III	
	黄浦江	松浦大桥	黄浦江上游水源地取水口之一	IV	
	太浦河	丁栅大桥	上海－嘉兴边界太浦河入境断面，离上海、苏州、嘉兴交界处不远，接近黄浦江上游水源地取水口之一的金泽水库	IV	
	急水港	苏州昆山急水港大桥	急水港经苏州周庄镇和上海商榻镇流入淀山湖，该断面接近苏州与上海的边界	IV	
	太湖	苏州吴江庙港	接近水流从太湖入太浦河处的断面	II	
	太湖	无锡新吴区大溪港	接近太湖水面无锡苏州交界处	III	
2016年7月（丰水期）	长江	浏河		III	
	长江	青草沙		III	
	淀山湖	急水港桥		V +	总氮
	淀山湖	四号航标		V +	总氮
	黄浦江	淀峰		III	
	黄浦江	松浦大桥		IV	
	太浦河	丁栅大桥		III	
	急水港	苏州昆山急水港大桥		III	
	太湖	苏州吴江庙港		II	
	太湖	无锡新吴区大溪港		III	

续表

时间	河湖	断面	说明	水质	主要污染物
2016年2月（枯水期）	长江	浏河		3月数据为Ⅲ	
	长江	青草沙		Ⅲ	
	淀山湖	急水港桥		Ⅴ+	总氮
	淀山湖	四号航标		Ⅴ+	总氮
	黄浦江	淀峰		Ⅲ	
	黄浦江	松浦大桥		Ⅳ	
	太浦河	丁栅大桥		Ⅲ	
	急水港	苏州昆山急水港大桥		Ⅲ	
	太湖	苏州吴江庙港		Ⅱ	
	太湖	无锡新吴区大溪港		Ⅲ	

说明：（1）表中未注明城市名的断面在上海境内；（2）除太湖本身外，太湖流域还包括太湖周边湖泊淀山湖及其下游黄浦江，以及来自太湖的河流太浦河。

资料来源：上海市环境保护局：2016年2月、3月、7月、9月《上海市地表水水质状况》，2016年；江苏省环境保护厅：《江苏省太湖流域65个重点断面水质自动监测周报》2016年第6、7、8、9、10、28、29、30、31、32、36、37、38、39、40周，2016年。

在太湖入太浦河处（苏州庙港断面），水质一般为Ⅱ类，而太浦河流至丁栅大桥处水质降为Ⅲ或Ⅳ类。在这两处之间，太浦河沿岸及其周边有若干工业或旅游业较发达的城镇（前者如苏州纺织业重镇盛泽，后者如嘉兴西塘），它们的工业或生活污水给太浦河带来较大压力。

此外，从表2来看，虽然长江来水污染并不严重，但未来长江来水水质仍然要取决于苏州、南通等市的产业布局。

在气候灾害来临时保证供水稳定性是适应气候变化的重要方面，而上游来水污染影响水源地安全，显然不利于上海在这方面增强气候变化的适应能力。其中，来自急水港—淀山湖的污染将对黄浦江上游水源地松浦大桥取水口造成影响，来自太湖—太浦河的污染将对该水源地金泽水库取水口带来影响。

二 上海应对水灾害的措施

上海已经采取了一系列应对水灾害的措施：对于咸潮，已经为水源地制定了应急预案，并已经考虑到用苏州浏河水源地应急；对于暴雨—洪涝灾害，除了传统的海塘、江堤、抽水、排涝等基础设施，海绵城市的建设将上海的雨水管理能力提升到了一个新高度；对于太湖流域输入型污染，上海已经与上游区域形成一些合作应对机制。

（一）为咸潮制定应急预案并已考虑用外地水源应急

上海有关部门已经在黄浦江上游建设金泽水库作为应急备用水源，它可以在紧急状态下连续 2 天为全市供水；加上青草沙水库的一部分应急淡水储备，一共能够在紧急事态下为全市供水 3 天。

在发生咸潮或其他污染事故时，上海各水源地可实现"一网调度"，即将黄浦江上游水源地的原水调度到长江沿岸水库来。在遭遇一般程度灾害的情况下，这种做法完全能满足应急需要；但是若发生持续时间特别长的咸潮，金泽水库加上青草沙水库应急储水将难以应付。为应对这种风险，就需要安排更多应急水源。

利用外地水源应急是一种可选方案，而上海市政府已经将其纳入考虑。如苏州现有四个沿长江水源地，其中太仓市的浪港和浏河离上海最近，在技术上完全可以建设通向上海的应急供水管道。而且这两个水源地的水质一般为Ⅱ类，优于上海的青草沙水库。[1] 2016 年，上海市政府已责成水务、环保等部门就连通浏河—宝钢—陈行水库进行深入研究。[2]

（二）防汛工作随海绵城市建设走向新阶段

上海的防汛工作一方面是建好传统的海塘、江堤、抽水、排涝等基础设施，对具有防灾减灾作用的湿地保护与建设也颇为重视；另一方面，更重要的是，海绵城市建设将上海雨洪管理推向一个新阶段。

---

[1] 2016 年 1～8 月《苏州市集中式饮用水水源地监测情况》，从苏州市政府信息公开网中的"环境保护监督检查情况"得到，http://www.suzhou.gov.cn/xxgk/hjbh/hjbhjdjcqk/。

[2] 《上海市水污染防治行动计划实施方案》，2015。

1. 传统防汛抗洪设施的建设

上海传统的防汛抗洪设施可概括为"千里海塘＋千里江堤＋区域排涝＋城镇排水"。在排水除涝方面，上海采取建设强排水系统、扩大雨水管、采用新型雨水口、配备功能强大的移动泵车、建设应急排水队伍等措施。截至2016年8月，上海已建成220个强排水系统（规划建设253个），并以1台/10平方千米的标准配备移动泵车。[①] 2016年，《上海市除涝标准》制定完成（此乃全国首例），其目标为到2020年和2025年除涝能力分别达到15年和20年一遇（目前上海大部分地区除涝能力只能达到1～3年一遇，甚至低于5年一遇的国标）。[②]

2. 具有减灾防灾作用的湿地保护与建设

上海同样重视具有减灾防灾作用的湿地保护与建设，用了10年时间将湿地保护率提高了12个百分点，新建设湿地5000多公顷。目前全市湿地面积近40万公顷，其中约85%为自然湿地，约15%为人工湿地。对抵御台风、风暴潮具有重要价值的近海与海岸湿地约占3/4；相形之下，湖泊湿地与河流湿地不足（分别只有约6000公顷和7000公顷），在抵御湖泊与河流汛情方面不能起到较大作用。[③]

3. 海绵城市建设：以先进的调蓄理念进行雨洪管理

中央政府相关部门在2014～2015年之交开始推进海绵城市建设试点，所谓海绵城市建设，就是要以先进的"调蓄"理念来进行雨洪管理，而不仅仅是排水除涝。也就是说，在雨洪多水时"蓄水"，在雨洪过后，需要"用水"时再将其提取出来；不仅要"蓄水"，而且要"净水"，使其成为"可用之水"；在"蓄水"之前，要注意"渗水"，即改变城市中不渗水的硬地面较多的现状，多建可渗水地面。因此，海绵城市建设不仅重视"灰

---

① 《沪28个排水系统明年底全面建成，城市内涝有望缓解》，2016年8月11日搜狐公众平台。
② 上海市水务局：《上海市除涝标准》，2016。
③ 上海市林业局、华东师范大学河口海岸国家重点实验室等：《上海市第二次湿地资源调查报告》，2015。

色基础设施"（钢筋水泥的市政设施），更重视"绿色基础设施"（绿地、林地、湿地等生态系统），在建筑、小区、道路、广场中也注重植草沟、渗水砖等技术的使用。

上海2015年末出台海绵城市建设的实施意见和技术导则，2016年入选第二批国家海绵城市建设试点名单，并于2016年11月4日公布了《上海市海绵城市专项规划》（公示文本），根据该规划，上海不同圈层海绵城市的建设路径和目标定位如表3所示。

表3 上海不同圈层海绵城市建设路径和目标定位

圈层	区域	建设路径	目标定位
外圈	远郊的生态涵养区、重要生态廊道和节点，如水源地	生态保护	生态空间充足、生态廊道贯通
中圈	环绕、贯穿或楔入中心城区和郊区新城的重要生态廊道和节点，如黄浦江、苏州河	生态修复	生态廊道贯通
内圈	新建、改造区，位于中心城区和郊区新城	低影响开发（+专门的基础设施建设）	渗水、蓄水、排水、治水体系健全，有效减轻和抵御洪涝灾害，水环境优良、水景观优美

就内圈的低影响开发（及专门的基础设施建设）而言，上海的海绵城市建设举措可归纳为以下四个方面：（1）重视绿地建设，并在其中采用有利于渗水、蓄水的技术，如雨水花园、下沉式绿地；（2）建设海绵型建筑、小区、道路、广场；（3）建设更强大的排涝系统，并在其中采用海绵型的技术，如深层排水调蓄管道（即所谓的"深隧"，首先沿苏州河河床之下建设，2016年开工，并将与沿河建筑、小区、道路等下方的此类工程联网）；（4）注重"初期雨水"的截流和污染治理。

上海海绵城市建设的总体目标是到2020年让海绵城市区域扩展到200平方千米；上海市相关部门将全市划分为15个管控分区，因地制宜地开展海绵城市建设，其中，位于浦东、松江、普陀等区的三个先行试点区域，到2020年80%的雨水要用"调蓄"（蓄水—回用）方式而不是传统的排水除涝方式管理。

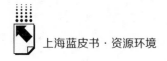

（三）防治水污染以缓解水质性缺水

上海多措并举防治水污染，以缓解水质性缺水困局。主要包括：水源地的环境整治、生态补偿和上游来水预警，污水厂扩建和提标，工业污水深度治理，实施农业源减排工程，以及保护和建设水生态系统。2015 年，上海 COD 和氨氮排放量比上一年分别减排 11.39% 和 4.57%，比五年前分别减排 25.15% 和 18.40%，超额完成国定目标。2016 年，上海还完成了建成区截污纳管攻坚战。而且，上海注重与邻近区域合作，减少输入型污染，下文将有详述。

三 与邻近区域的现有合作机制及其问题

由于水环境、水生态的互通性，上海的水质受到上游输入型污染的影响。上海要减少水污染、缓解水质性缺水等问题，仅靠自身努力是无法取得成功的，必须依靠和周边区域合作。

对于上海与周边区域的水环境合作而言，相关协调机构已经建立，边界联合执法和应急联动机制等实践已存在多时并取得一定效果；上海还将与江苏共建重要的防汛抗洪设施。不过，仍然存在现有协调架构难以满足弹性城市合作需要、缺乏有力经济激励机制、未能就咸潮来袭建立应急联动机制、湿地等生态系统未能互连互通、未能形成信息共享与科研合作机制等不足之处。

（一）上海维护水安全离不开与上游合作

由于水体或水生态系统是跨行政边界互通的，上海的水环境必然要受到周边区域的影响，如前文所述，位于上海西部边境的黄浦江水源地水质就受到太湖流域上游苏州、嘉兴等相关城镇的影响。因此，上海要保护水环境、缓解水质性缺水等问题，仅依靠自身努力是无法成功的，离不开与周边区域的合作。

（二）现有水环境与防洪合作机制

上海和其周边城市已经在省级、城市、区县层面形成了一些水环境合作机制，它们对减少上海水污染、缓解上海水质性缺水、提高上海在气候变化条件下维护供水稳定的能力是有一定积极意义的。此外，上海还将与江苏在太湖流域共建重大排水防洪工程。

1. 建立水环境治理协调机构

在组织方面，上海与周边城市已存在若干水环境治理协调机构（见表4），在其协调下，上海与周边区域形成了多层次的水环境治理合作，如围绕淀山湖（太湖外围湖泊）治理的省级层面上海—江苏合作，城市层面上海—苏州合作，区县层面青浦—昆山—吴江合作等。

表4　现有长三角水环境治理协调机构

协调机构	所属业务条线	成立时间	协调进行的典型联合行动
长江水利委员会	水利部	1950年	协调沪苏水务部门落实《长江口综合整治开发规划》
太湖流域管理局	水利部	1984年	形成《太湖流域"一湖两河"水行政执法联合巡查制度》（2005年）
太湖流域水环境综合治理省部际联席会议	国家发改委	2008年	协调落实《太湖流域水环境综合治理总体方案》（2008年颁布、2013年修订），应对以蓝藻暴发（富营养化）为主要表现的水危机
长三角地区环境保护合作联席会议	长三角三省一市环保部门	2009年在沪苏浙之间首次召开，2012年左右安徽加入	就各省份环境保护合作事宜进行协调，但总体而言是一个松散的联合体

2. 边界联合执法机制已形成

在环境与水务等方面，上海与周边城市之间已形成边界联合执法机制。在水务条线，早在2005年，就自上而下地形成了《太湖流域"一湖两河"水行政执法联合巡查制度》。近年来逐步出现并发展起地方政府相关部门自发的联合行动，如上海青浦、江苏苏州、浙江嘉兴的水务部门2014年建立边界联动执法制度，上海和江苏边界处双方水务执法部门开展长江采砂专项联合执法等。在环保条线，上海金山、浙江嘉兴等地之间形成区县层面的环保联动监管制度。从以上信息来看，上海与周边城市的环境联合执法主要是在太湖流域，较少涉及长江流域，长江流域的联合执法主要限于水务条线。如上海与南通之间就没有环境联合执法，但这两个城市相互的水环境影响又是不容小视的。

3. 应急联动机制已建立

就省级层面而言，2009年，沪苏浙之间就跨界污染纠纷处置和应急联动签约；2010年，浙皖之间签订相关协议；2013年，形成了沪苏浙皖三省一市的跨界污染应急联动机制。

就地级市层面而言，2014年，《沪苏浙边界区域市级环境污染纠纷处置和应急联动工作方案》签订，在沿边界的上海区县和苏浙地级市之间形成一系列应急合作机制，如在边界3千米范围内联合检查重点企业、通报风险源信息、联合监测、共享监测数据、共建预警系统等。

4. 省际流域双向生态补偿即将试点

流域双向生态补偿是指在两个行政区域交界处的水体断面进行监测，若其水质达到规定或约定标准，下游需补偿上游；反之，上游需补偿（或曰赔偿）下游。该制度能有效促进上游行政区域对下游水环境负责。

这一制度在一省内部容易实施，如江苏省从2009年开始在太湖流域执行，从2014年开始在全省执行。根据上海社会科学院生态与可持续发展研究所课题组赴苏州、南京等地的调研，在该制度实施后，江苏各市、县、区治理水环境的积极性显著提高。

长三角跨省的流域双向生态补偿机制则正待启动试点：在嘉兴王江泾镇，沪苏浙跨省流域双向生态补偿试点方案正在等待环保部批复，这是苏州市在2015年联合沪浙两地申报的。

5. 在太湖流域共建重大防洪工程

根据国家相关规划，2017年，上海将与江苏在太湖流域开工共建重大防洪工程——吴淞江泄洪工程。该工程上海段有53千米（占总长度约

45%），建成后，来自太湖的相当一部分洪水将从青浦斜插上海市境西北部，在宝山处直入长江。即通过大规模分流，减少太湖洪水对青浦地区、黄浦江沿线、苏州河沿线（尤其是中心城区）的冲击。

（三）现有合作机制的不足

本报告试图从协调架构、激励机制、水灾害应急联动、生态系统连通、技术与信息合作等方面①来审视上海与邻近区域在弹性城市建设方面开展合作的基础与不足之处。

1. 现有相关协调机制在议题和地域上覆盖面不足

从协调架构来说，现有上海和邻近区域之间围绕水管理或环境管理的协调机制（如表4所示）存在以下不足之处。

其一，未能将弹性城市建设的一些重要方面纳入合作议题，如防汛抗洪、海绵城市。

其二，长江委、太湖局和三省一市环保联席会议，均只限于某一条线（如环保或水务）的跨区域协调，但弹性城市建设是一个涉及多个条线的系统性工程，包括环保、水务、林业（负责湿地建设）等，单一条线的协调难以满足合作建设弹性城市的需要。

其三，长江委、太湖局和太湖流域水环境治理联席会议纳入协调的地理范围或是只覆盖长江干流，或是只覆盖太湖流域，但上海与邻近区域围绕弹性城市的合作地域既包括长江干流又包括太湖流域，覆盖范围仅限于其中一处的协调机制很难满足此类合作的需要。

2. 在已涵盖的水环境议题上缺乏有力经济激励机制

虽然上海与邻近区域已经开展了不少水环境治理方面的合作，但由于缺乏有力的经济激励机制，这种合作的成效与上海保护水源地的需求之间尚有较大差距。从自身利益出发，上游一般倾向于将水污染较重的产业布局在靠

---

① 程进：《长三角弹性城市建设协作研究》，上海社会科学院生态与可持续发展研究所与德国艾伯特基金会联合举办的"弹性城市与水"论坛上所做报告，2016年。

近下游的河湖边界处，而此处可能接近下游区域的水源地。对于边界处的太湖流域水体水质，上海需要其达到水源地的标准Ⅱ类；而江浙将该处定位为生态缓冲区，水质目标只有Ⅳ或Ⅴ类。上海希望建设太浦河"清水走廊"，但这有损于上游区域的产业发展与河道通航利益。在这种背景下，太浦河、急水港等河流承受了相当大的工业和生活污染压力，如来自太湖（苏州庙港附近）的干净水经过太浦河到金泽水库（上海应急备用水源地）附近，水质也会明显下降（见表2），无法满足水源地建设的要求。①

3. 应急联动—生态系统连通—信息共享等合作欠缺

此外，围绕弹性城市建设，上海与周边区域在应急联动、生态系统互连互通、技术与信息合作等方面有所欠缺。

其一，就应急联动而言，虽然有跨界污染事故的应急联动机制，但针对咸潮来袭的应急联动机制却未能建立起来。如前文所述，上海已经在考虑建设连接苏州浏河水源地和上海宝钢—陈行水源地的工程，在技术上亦并无较大障碍；难点在于相关方利益的协调，故这种合作目前只能停留在研究阶段。

其二，就生态系统互连互通而言，上海与邻近区域之间缺乏围绕湿地建设的合作。在上海—苏州、上海—嘉兴边界处共同建设湿地，可以形成覆盖较大范围的整块湿地，从而在抗击洪水、调蓄雨水、净化污水方面更好地发挥整体效能。然而，上海及其周边城市尚未在跨界湿地建设方面开展合作。只有嘉兴提出其北部的湿地要与上海青浦、松江的旅游资源对接，但那只是旅游业合作，并非海绵城市建设的合作。

其三，就技术与信息合作而言，上海与邻近区域之间围绕弹性城市建设的信息共享与科研合作机制尚未建立。以海绵城市建设为例，至少长三角城市间的数据共享、经验交流、技术推广对于各自提高海绵城市的建设效率是有益的。然而，可能是因为国内海绵城市建设尚处于探索阶段，各城市自身尚未积累起足够经验，上海与邻近区域并未感受到就海绵城市建设交换基础信息和经验的必要性，更遑论开展信息或技术合作。

---

① 陈晶莹：《长江经济带建设与水资源立法探析》，《上海金融学院学报》2015年第3期。

四　完善与邻近区域围绕弹性城市的合作

在协调架构方面，上海可以联合其他省份充实提高长三角环境保护联席会议的功能，使应对气候变化成为其主要议题，并在应对气候变化名义下将水务、林业等部门纳入联席会议。在经济激励机制方面，中央政府有关部门已经就长江经济带的生态补偿提出了一些指导意见，以此为契机，上海可以在流域双向生态补偿之外探索多样化的经济激励机制。还要考虑若太浦河的航运和两岸污染难以避免，如何借助工程措施将其航运和污染分流。此外，对于水源地在应对咸潮时的应急联动、湿地等生态系统的连通、弹性城市建设的信息共享与科研合作，上海都需要探索与邻近区域合作的机制。

（一）充实提高长三角环保联席会议的功能

如前文所述，现有围绕长三角弹性城市建设合作的协调架构要么不具有综合性（如三省一市环境保护联席会议），要么在地域上不能同时涵盖长江干流和太湖流域（如太湖流域水环境治理联席会议），我们需要建立一个统合多个条线、涵盖地域足够广泛的协调架构。可行的办法是，充实长三角三省一市环保联席会议或太湖流域水环境治理联席会议的功能，后者固然有统合多个条线的优势，但其牵头单位是中央政府相关部门（国家发改委），上海或长三角其他省市很难在其中发挥主动作用。因此，相比之下，充实提高前者的功能是一个更好的选择。

可以让应对气候变化成为三省一市环境保护联席会议的主要议题，联席会议的名称亦可改为"环境保护与应对气候变化联席会议"，然后在应对气候变化的名义下将水务、林业（负责湿地建设）等部门纳入联席会议，即体现大环保概念。为适应这一变化，联席会议的牵头者可以改为统筹管理环保、水务、林业部门的副市长（副省长）。

（二）采用多样化的经济激励方式促进合作

虽然苏州主动提出在沪苏浙之间试点省际流域双向生态补偿机制，正在等待环保部批复阶段，但总的来说，上海与邻近区域的水环境合作是缺乏经济激励机制的，而且该省际流域双向生态补偿机制从试点启动到推广又需很多时日。2016年初，中央政府相关部门就长江经济带污染防治出台指导意见，提出可采取多样化的生态补偿（经济激励）机制，如下游经济较发达地区可帮助上游发展产业、培训人才、共建园区等。① 上海也可以借鉴这一思路，创新对太湖流域上游地区的生态补偿（经济激励）方式，促使其在维护上海水环境方面提供帮助或合作。

1. 将本市水源地生态补偿延伸到周边相关乡镇

上海市相关法规已经就本市水源地生态补偿作出规定②。在对太湖流域上游地区共同维护上海水环境提供经济激励方面，上海首先可以考虑能否将本市的水源地生态补偿机制延伸到苏州、嘉兴范围内邻近本市边境的乡镇。上海可以尝试为此和苏州、嘉兴协商，签约并建立履行契约的监督机制。

2. 帮助邻近区域完善基层农业技术推广体系

上海可以为苏州、嘉兴完善基层农业技术推广体系提供部分资金，或者上海在完善基层农业技术推广体系时，与苏州、嘉兴协商将其太湖流域各乡镇纳入统筹安排。该基层农业技术推广体系将指导农民减少面源污染，包括节约化肥与农药的使用、研发和推广环境影响更小的化肥与农药、建立有机肥原料收集—生产—销售体系、指导并补贴农民使用有机肥等。

3. 上海的绿色供应链管理对接邻省的行业水管理

长三角很多企业是上海大型企业的供货商，以上海大型企业的绿色供应链管理为抓手，可以对这些企业的环境行为产生一定约束力。上海在推动企业绿色供应链管理方面走在全国前列，经过三年试点后，于2016年推出了"100＋企业绿色链动项目"。当然，靠近上海边界的邻省乡镇中，不少企业的供货对象未必是上海企业，也可能是跨国公司。对此，上海可以联合跨国公司建立覆盖面更广、功能更强大的绿色供应链管理网络。在具体做法上，

---

① 国家发展和改革委员会、环境保护部：《关于加强长江黄金水道环境污染防控治理的指导意见》，2016。

② 《上海市饮用水水源保护条例》，2009。

可以借鉴"APEC 绿色供应链合作网络"。

上海的绿色供应链管理可以和邻省的行业水管理相对接。自 2013 年以来，WWF 一直在长三角工业园区或工业强镇推广行业水管理或水管理创新，在太浦河流域的苏州盛泽镇就有此类项目。行业水管理激发企业主动性，发动企业自治，并联合政府、社区等利益相关者共同治理水污染，以其"自下而上"的方式对政府"自上而下"的环境管理形成补充。上海的绿色供应链管理网络和苏州等地的行业水管理机制对接起来，可以形成一个更广范围的企业环境自治和自律网络。

上海的绿色供应链管理对接邻省的行业水管理，不仅是对相关乡镇施加的一种约束，也可以为其发展与上海对接乃至与国际对接的相关产业链提供机会，通过提高其环保标准、技术水平等促使其向国际化方向发展。

4. 以资金和技术帮助太浦河—急水港流域企业节水治水

上海可以设立一定财政项目，资助苏州、嘉兴境内太浦河流域和苏州境内急水港流域的工业企业节水治水，以减轻其对黄浦江上游水源地的影响。除了以上节水技改项目和提升污水治理设施，上海还可以资助这些企业开展水足迹和水风险评估，为其后续的节水治水项目提供指导。当然，设立此类资助项目的前提之一是苏州和嘉兴两地配合，严格要求新进入上述区域的工业企业达到更严苛的用水和排污标准，以防出现一边推进节水治污、一边大量新污染企业涌入的情形。

除了以资金帮助太湖流域上游相关乡镇节水治污，上海还可以借助本市高校、研究院所的力量，针对前述区域内的主要产业（如盛泽镇的纺织产业、周庄镇的旅游产业）研发节水治污新技术，从而以提供先进技术的方式帮助其减少水污染。

5. 将碳交易覆盖全长三角助力水环境治理

上海是首批试点碳交易的 7 省市之一，以其先行优势成为长三角环境能源交易的中心。若上海利用这一地位、争取中央有关部委支持，将碳交易覆盖到全长三角区域（至少覆盖到对上海环境有直接影响的苏州、无锡、嘉兴等地），对该区域水环境治理亦有所裨益。因为建设湿地亦能形成碳汇，

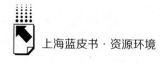
将碳汇在碳交易市场上出售能够为湿地建设增加一笔收益。

6. 经济激励要配合以更严厉的联合执法

在上海及其周边城市范围内，对企业减少水污染的经济激励机制需要以更严格的环境联合执法来配合。若是从相关资助项目或碳交易项目获益的企业偷排污染，是对资金提供方利益的极大损害；若其他企业偷排，也会影响政策执行的效果。太湖流域已有的环境联合执法需要加强，而上海、南通等地在长江沿岸缺乏环境联合执法的情况需及时得到改善。

（三）就太浦河航运和污染分流展开深入研究

如果因为诸多利益纠葛，太浦河无法终止航运功能，苏州、嘉兴境内的两岸污染也无法减少，就需要深入研究如何让太浦河的航运和污染分流出去。

可选方案之一是沿着太浦河一侧另外开挖一条清水河道，将干净的水从太湖水流入太浦河口附近引入金泽水库。如果以明渠形式开挖仍然无法避免两岸向其排放污水，可以考虑采用修建暗管的方式建设。

可选方案之二是沿着太浦河一侧另外开挖一条脏水河道，用于承接两岸和航运污染，而让太浦河成为一条清水河道。

将以上两个方案归纳起来，太浦河和与之平行的新开河道，一条是清水河道，另一条是脏水河道；也可以让其中一条河道只承担接收污水的功能，另一条河道则承担航运功能，后者水质将相对清洁，可利用其为金泽水库供水。

可选方案之三是待吴淞江泄洪工程建成，利用该水道分流太浦河大部分的航运功能，从而让太浦河完全终止通航，小部分不能从吴淞江泄洪工程分流的船舶可以经由急水港—淀山湖—黄浦江等水道分流。

（四）连通苏州水源地以完善咸潮应急联动机制

如前文所述，上海与邻近区域之间已经就跨界污染事故建立了应急联动机制，但水源地应对咸潮来袭的联动机制仍未建立。与苏州水源地连通来获得咸潮时的应急供水是一个可行选择，但前提是需要在上海、苏州之间为此建立较好的利益协调机制。上海一方面可以在水权交易的框架下和苏州建立利益协调机制并创新水权交易方式，另一方面可以在浏河水源地附近建设对苏州和上海双方都有利的生态工程。

2016 年，《水权交易管理暂行办法》出台，从国家层面到长江流域，相关的交易平台（如中国水权交易所）、交易规则、监管体系正在加紧建设中。水权交易提供了一个很好的框架，上海和苏州可以在这一框架下就跨界利用异地水源地应急展开利益协调，并根据应急用水的特点创新水权交易方式。

上海与苏州之间围绕水源地应急用水的交易可以实行"两部制"——"合理数量的水权期权＋高价购买超额用水"。上海可以向苏州购买一定数量的水权期权，在一定时期或季节可以平时价格或较低价格向苏州购水。这种购买水权期权的行为可以被视作买保险——以小额投入购买对方提供的降低风险的服务，苏州要为上海安排一定的应急用水储备。这部分水权期权合理数量的确定需要先行精确计算来袭咸潮超出上海自身原水调度能力（金泽水库＋一部分青草沙水库储备）的概率以及在此情形下对外部应急用水的需求量。但如果在极端情况下，上海对苏州应急用水的需求超过此额度，就需要以高价购水。因为当用水量超过苏州为上海在咸潮多发季节常备的应急用水储备，它就需要以更高成本向后者供水，如利用它境内的"一网调度"机制从其他水源地调水。而且，此时水价的确定要考虑到咸潮发生时干净的水资源变得更为稀缺这一因素。甚至可以考虑在将来长三角水权交易发展起来后，采取季节性水价的模式，枯水期水价采用高水价，其中的咸潮高发期水价更高。上海向苏州购买咸潮高发期以较低价格买水的期权，也可以被视作提前预订、可享受折扣。

此外，上海还可以在浏河水库附近、沪苏边界建设对苏州和上海都有利的生态工程，来对上海从苏州获取应急供水的权利（期权）进行利益补偿或支付报酬。如上海可以出资在浏河附近进行湿地建设或水污染治理，由于生态系统在地域上的互通性，这些生态工程也能让上海获益。如浏河附近湿地与上海境内湿地连成片，就能增强其整体功能；在浏河附近治理水环境，有助于减少来自长江的输入型污染；改善浏河水库水质就是改善上海应急用水的水质。

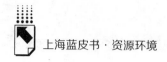

（五）让湿地等生态系统成片和连通

在弹性城市建设方面，让上海—苏州、上海—嘉兴等之间的湿地等生态系统"成片"和"连通"，有助于各方提高抵御洪水（湿地蓄水、湿地当中或湿地之间的小型河道排水）和净化污水（吸纳邻近城镇的工业、生活、农业面源水污染）的能力。当两块湿地连片后，这块更大湿地的不同片区之间就能具有更好的水量和水污染调节功能。就泄洪通道而言，不仅需要吴淞江工程那样的大动脉，也需要丰富的毛细血管。用河道将跨界湿地连通，对于双方加速洪水排泄、降低洪峰水位都是有利的。

苏州与上海交界处有淀山湖湿地、吴江同里湿地、太湖绿洲湿地、震泽湿地（这四块位于太湖流域、黄浦江上游）、昆山天福湿地、太仓金仓湖湿地等；①嘉兴在太湖流域和上海交界处有丁栅镇附近的大片湿地，在杭州湾与上海交界处有大片近海与海岸湿地（滩涂）；在太湖流域边界处上海一侧，有淀山湖、大莲湖、元荡、汪洋荡、大葑漾等湿地；在杭州湾沿海，上海与嘉兴一样拥有杭州湾北岸边滩。上海有关部门可以与苏州、嘉兴的相关部门协商并落实将这些湿地连成片并打通它们之间水系的工程。

这种跨界的湿地建设合作还可以引入环保组织，如 WWF（世界自然基金会），利用它们的专业知识和经验在湿地中种植吸附污染的植物、发动周边社区参与保护、开展环保宣教活动等。

（六）实现信息共享和科研合作

建议上海有关部门与邻近城市或省份之间围绕弹性城市建设共享数据库，其内容包括基础数据（如测试海绵城市建设中灰色或绿色基础设施效果的数据）和案例（用于分析和总结经验）。在共享数据库基础上，上海有关部门还可以联合邻近城市或省份开展科研合作，开发出弹性城市建设所需的更先进或更适用技术。为此，共享数据库可以有条件地向合作区域内相关

---

① 苏州市林业局：《2015 苏州湿地保护情况年报》，2016。

高校和科研机构开放。

在信息或案例分享过程中，上海尤其要重视学习邻近城市或省份的经验。如苏州在海绵城市建设中特别重视水系和森林建设，就水系而言，依托太湖、阳澄湖和京杭大运河等，实施贯通水系的工程，让水系在市境内尤其是城区内成线、成环、成网；就森林而言，主要依托西部山地和东部水系，从五个方向建设"楔"入城区的林地。① 对于海绵城市重要的绿色基础设施——湿地建设，苏州市也积累了大量经验，如 2011 年推出"湿地保护条例"等。苏州 2013 年发布"市级重要湿地名录"和 2016 年发布"湿地保护情况年报"的做法在全国都属首例。后者通过信息公开，助推经验总结、经验共享和公众参与。无锡则在制度方面有所创新，提出未来新上项目的土地出让合同都要纳入海绵城市建设要求。②

参考文献

Bam H. N. Razafindrabe, Gulsan Ara Parvin, Akhilesh Surjan, et al. "Climate Disaster Resilience: Focus on Coastal Urban Cities in Asia". Asian Journal of Environment and Disaster Management. 2009. Vol. 1 (1).

Zhang Dan, Zhang Qi, Adrian D. Werner, et al. "GRACE – based Hydrological Drought Evaluation of the Yangtze River Basin, China". Journal of Hydrometeorology. 2015. Vol. 17 (3).

陈芳芳：《长三角区域大中型城市的弹性水平对比研究》，2015 年中国城市规划年会会议论文。

陈晶莹：《长江经济带建设与水资源立法探析》，《上海金融学院学报》2015 年第 3 期。

程进：《长三角弹性城市建设协作研究》，上海社会科学院生态与可持续发展研究所与德国艾伯特基金会联合举办的"弹性城市与水"论坛上所做报告，2016 年。

河南省建筑科学研究院规划所：《我国海绵城市发展概况及行业分析》，2016。

---

① 《苏州市海绵城市专项规划》，2016 年。
② 《无锡市推进海绵城市建设的实施意见》，2016 年。

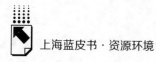
黄宇驰、王敏、黄沈发等：《长三角地区开展流域生态补偿机制的策略选择与前景展望》，《生态经济》2011年第6期。

林兰：《长三角地区水污染现状评价及治理思路》，《环境保护》2016年第44卷第17期。

毛兴华、金云：《2014年初长江口咸潮入侵分析》，《上海水务》2014年第30卷第2期。

上海市林业局、华东师范大学河口海岸国家重点实验室等：《上海市第二次湿地资源调查报告》，2015。

徐光华：《长江三角洲地区环境保护协同机制研究》，《中国浦东干部学院学报》2010年第4卷第2期。

徐蕾：《长三角城市群环境治理面临的挑战及对策建议》，《中国环境管理干部学院学报》2015年第25卷第4期。

B.8

上海城市水治理转型

陈 宁[*]

摘 要: 气候变化对国家和城市的水环境产生深远影响,而现有的水管理实践很可能不足以减少气候变化对供水可靠性和水生态系统的负面影响。因而必须改善水治理实践,增强地区对气候变化的适应能力。从 2000 年以来,通过五轮环保行动计划的滚动实施,上海城市水治理取得了水相关基础设施建设的巨大进展,也在水相关管理制度上不断探索和创新。上海集中开展了河道整治工作,从苏州河环境整治——市区骨干河道整治——郊区骨干河道整治——万河整治,近 20 年的集中式河道整治消除了部分河道黑臭现象,但主要河道水环境质量仍不理想。随着水相关基础设施建设的逐渐完善,未来工程建设的空间相对有限,水治理越来越依赖于政策体系的完善;现有集中整治的水治理模式应转向常态化的长效治理模式;治水思路从现有的减少人类活动对水体影响为主转向恢复水体自身修复能力为主;而在政策手段上从命令控制为主转向市场调节为主。为了顺利实现上海水治理的转型,建议上海应按照水环境的自然属性,制定长期的、分阶段实施的河道水质改善目标;加强全市水体基础环境能力及污染源排放影响的研究;有针对性地削减水污染物排放;将污染源削减与河流自然恢复相结合;并将河道水质改善目标纳入河道

---

* 陈宁,博士,上海社会科学院生态与可持续发展研究所,研究方向为环境治理与绿色发展。

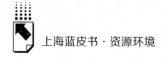

治理财政资金考核机制。

关键词： 水治理　河道整治　河流恢复　转型　上海

气候变化对国家和地区的水环境产生深远的影响，伴随气温升高，水温也相应升高，导致出现各类极端的降水天气，加剧了各种形式的水污染，包括沉积物、营养物、溶解的有机碳、病原体、农药、盐和热污染等，对现有水基础设施的功能可靠性和运行成本产生较大影响。同时气候变化对水系统的不利影响也加剧了其他压力，在区域层面上，现有的水管理实践很可能不足以减少气候变化对供水可靠性、防汛系统、居民健康、能源利用和水生生态系统的负面影响。因而城市需要改善水治理实践，增强对气候变化的适应能力。

一　上海水环境现状与趋势

本部分的水环境是指城市与水相关的领域发展的现状与历史趋势。力求从近年数据梳理中找寻城市水相关领域发生转折的时间节点和数据表现。

（一）水资源利用量有显著下降

2000 年以来，上海市用水总量经历了从不断攀升到快速下降的过程（见图 1）。以 2010 年为界，2000～2010 年是用水总量的上升周期，2010 年达到全市用水总量的最高值 126.29 亿立方米；2011 年至今是用水总量持续下降周期，2014 年全市用水总量 78.77 亿立方米，比峰值水平下降了 1/3。尽管在 2013 年用水总量略有反复，但全市用水总量基本已经处于 80 亿立方米的量级，除极特殊情况外，用水总量不会再有明显的增长。

用水结构来看，包含火电工业用水和一般工业用水的工业用水占用水总量的近一半。全市用水总量之所以可以在 2010 年之后实现快速下降主要是源于火电工业用水的突降。2011 年，火电工业用水从前一年的 73.77 亿立

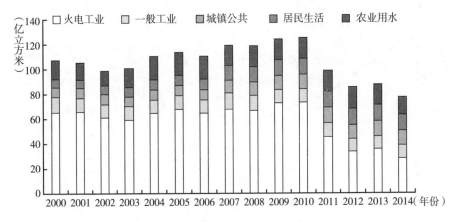

图1　2000～2014年上海用水总量结构

资料来源：2000～2014年上海水资源公报。

方米降至45.8亿立方米，其他部门用水没有显著变化。其后火电工业用水仍然保持了下降势头，到2014年，火电工业用水为28.11亿立方米，相比2010年的峰值下降了近62%。与此同时，由于常住人口的不断增加和城市发展的需要，居民生活水和城镇公共用水还处在小幅增长的区间。自2012年开始，生态环境用水的统计从城镇公共用水中剥离开来，根据近三年的数据来看，生态环境用水保持稳定，在每年0.8亿立方米之内。

　　尽管2010年前上海全市用水总量持续增长，但由于地区国内生产总值（GDP）及工业增加值增长的速度更快，上海全市用水强度指标除个别年份外，都是处于持续下降的趋势（见图2）。2014年万元GDP用水量仅为1999年的12.31%，万元工业增加值用水量是2005年的26.9%，经济发展的用水集约程度显著提高。2010年后，万元GDP用水量处于50立方米及以下、万元工业增加值用水量处于70立方米及以下时，经济发展与用水总量开始绝对脱钩。

　　上海全市每年农业用水和居民生活用水逐渐趋近，2014年，居民生活用水12.75亿立方米，农业用水14.57亿立方米，分别占用水总量的16.19%和18.5%。前文所述，居民生活用水总量有一个总体增长的趋势，2013年的近年最高点是2000年的2.01倍；而农业用水总量呈现总体略降

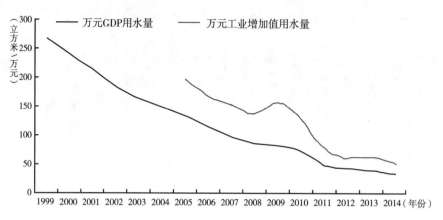

图2　1999~2014年上海用水强度指标

资料来源：1999~2014年上海水资源公报。

的趋势，2014年的近年最低点是2000年的95.17%。尽管生活和农业用水总量的趋势大相径庭，但其用水效率却呈现大致趋同的走势，均为先增长后下降（见图3）。在居民生活用水方面，2010年是重要节点，从这一年开始，人均居民生活用水量从139升下降到117升，并稳定处于110升量级；在农业用水方面，2014年观测到用水效率显著下降，农田灌溉亩均用水量基本与2003年相当。

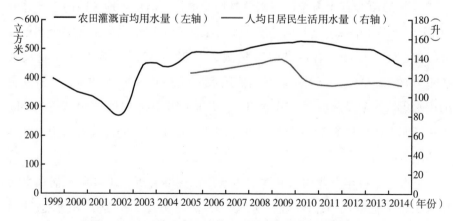

图3　1999~2014年上海农业及居民生活用水效率指标

资料来源：1999~2014年上海水资源公报。

（二）水源地取水格局变革

2014 年上海从各水源地取水总量 32.37 亿立方米，相比 2010 年提高了 19.47%，2013 年、2014 年两年取水总量基本持平。但上海各水源地的供水格局发生了很大的变化（见图 4），2011 年是一个重要的时间节点。2011 年 6 月，青草沙饮用水水源地原水工程正式通水，日供水能力 719 万立方米，青草沙水源地通水当年的取水量就达到 12.45 亿立方米，而以往占取水总量绝大部分的黄浦江上游水源地取水量缩减一半以上。到 2014 年，青草沙水源地取水总量占比近 58%，黄浦江上游水源地取水总量约占 24%。而当年建成通水的上海第四个水源地工程东风西沙水库取水总量约 1607 万立方米，占比约 0.5%。2015 年开工的上海第五个水源地工程黄浦江上游原水工程建成通水后，上海水源地取水比重可能会发生一定的变化，但以青草沙水源地为主的供水格局应会持续。

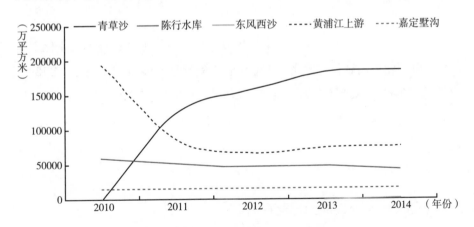

图 4　2010～2014 年上海主要水源地取水量

资料来源：2010～2014 年上海水资源公报。

（三）水污染物排放量有明显下降

上海市近二十年来污水排放总量基本保持在 20 亿吨量级，但工业废水排放总量有明显下降。2010 年是近二十年来工业废水排放的最低点，为

3.69 亿吨。2014 年工业废水排放量仅为 1995 年的 37.81%。废水排放总量没有明显的波动趋势，工业废水排放量则稳步下降（见图 5）。

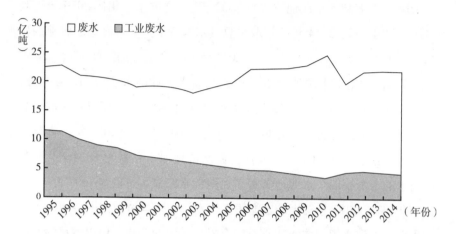

图 5　1995～2014 年上海市废水排放总量及工业废水排放

资料来源：《上海统计年鉴（2015）》。

近二十年来，上海主要水污染物排放量呈现总体下降趋势，工业化学需氧量下降幅度更加显著。2014 年工业化学需氧量是 1996 年排放量的 20.18%，化学需氧量排放总量是 1997 年的 58.21%。从 2008 年开始，工业化学需氧量降至 2 万吨量级，此后基本维持在该量级。预计上海工业化学需氧量减排进入微量减排的阶段，在不发生结构性改变的情况下，上海工业化学需氧量的减排空间较为有限。

（四）污水处理能力显著提升

截至 2015 年，上海市共有污水处理厂 53 座，日污水设计处理能力799.73 万立方米，年污水处理量 24.8 亿立方米。2004 年是上海污水处理历史上具有里程碑意义的年份，在第二轮环保行动计划的重点任务中明确提出"加快污水收集管网和大型污水处理厂建设"。其间，竹园污水处理厂（170万立方米/日）、白龙港污水处理厂（120 万立方米/日）、海湾污水处理厂（3 万立方米/日）、南汇污水处理厂（5 万立方米/日）等相继投产运行。全

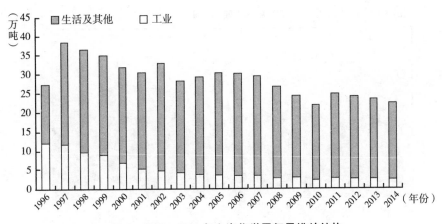

图 6　1996～2014 年上海化学需氧量排放结构

资料来源:《上海统计年鉴（2015）》。

市污水处理厂数量由 30 座增加至 37 座，污水总设计处理能力由 2003 年的
144.6 万立方米/日提高到 2004 年的 449.6 万立方米/日，提高了近两倍。
污水处理量从 2003 年的 3.99 亿立方米跃升至 2004 年底的 9.53 亿立方米。
2004～2014 年十年间，全市污水处理厂集中污水处理量由近 10 亿立方米翻
了一倍，达到 20.1 亿立方米。

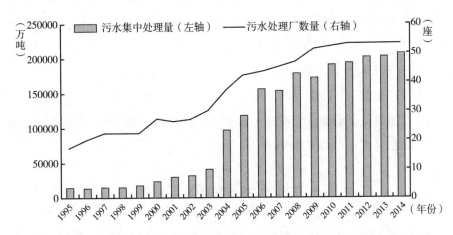

图 7　1995～2014 年上海市污水处理厂数量及其集中处理污水量

资料来源:《上海统计年鉴（2015）》。

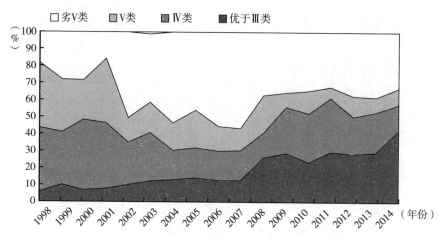

图8　1998～2014年上海市骨干河道水质评价类别

资料来源：1998～2014年上海水资源公报。

（五）水环境质量未得到明显改善

根据水务局的监测，2014年上海主要骨干河道中，优于Ⅲ类水质的河长超过40%，劣于Ⅴ类水质的河长占32.7%。从历年监测的数据结果来看，2008年后，上海骨干河道中，优于Ⅲ类水质的河长迅速增长。但这并不能说明上海骨干河道水质发生了根本性的转变。因为2001年，全市骨干河道评价河长474.6千米，2004年增加到590.7千米，2007年为617.9千米，2013年为719.8千米。截至2014年，评价河道为黄浦江、苏州河、太浦河、斜塘—泖河—拦路港、圆泄泾—大蒸塘、大泖港—掘石泾—胥浦塘、蕴藻浜、淀浦河、金汇港、大治河、川杨河、油墩港、叶榭塘—龙泉港、浦南运河、浦东运河和环岛河等16条。

二　上海水治理的历程和特征

城市水资源、水环境与水生态之间是广泛联系又相互影响的，城市水治理需要从广泛的视角进行分析总结。上海水治理的历程纵然一脉相承又呈现显著的阶段性特征。

（一）水环境基础设施工程建设成效斐然

从第二轮环保行动计划开始，上海开始进入大规模水基础设施工程建设的阶段。从世界范围看，提高水基础设施能力和水平是水环境治理的首要和必然途径，污水处理是末端处理点源及生活污染的几乎唯一手段。水环境基础设施工程建设一般包括三个部分，分别是污水处理厂建设、污水收集管网铺设、污染源截污纳管。

截至 2015 年底，上海共有 53 座污水处理厂，总体设计规模达到日处理污水约 800 万立方米。

图 9　2014 年上海市城镇污水处理厂分布

资料来源：上海水资源公报（2014）。

全市设计规模日处理污水超过 100 万立方米（年 3 亿立方米）的污水处理厂有 2 座，分别是白龙港污水处理厂和竹园第一污水处理厂，这两座污水处理厂都位于浦东新区，均为第二轮环保行动计划中建设的。在处理中心城区污水的处理厂中，设计负荷利用率最高的是位于宝山区的泗塘污水处理厂，年处理污水超过设计能力的10%，其次为竹园第二污水处理厂、桃浦污水处理厂和长桥水质净化厂，年处理污水基本与设计能力相符。全市污水处理厂产能利用率约85%，处理中心城区污水的处理厂利用率略高于郊区。鉴于全市废水排放量已经基本处于筑平台的阶段，预计不会再有大规模增长。而全市污水处理厂的总体处理能力尚未饱和，全市城市污水处理率为92%，郊区污水处理率为84%左右。未来即使全市污水收集处理率达到100%，污水处理厂处理能力也不会出现较大缺口。因而未来全市范围内将不复污水处理厂大规模建设的阶段，而将着力于污水处理标准的提升。

（二）水源地格局基本成型

上海水源地建设从1987年开始，这与河道整治的起始时间节点有某种意义上的相关性。从因果关系来看，正是由于全市水环境质量欠佳，历史上上海的水源地经历了从苏州河到黄浦江下游的转移。但进入20世纪80年代，黄浦江下游水质也不能满足饮用水水质要求，从黄浦江下游水体直接取水的方式难以保障饮用水安全。上海逐渐转移到从黄浦江中游、上游取水，分别建设了黄浦江上游引水一期、二期工程。由于上海从黄浦江上游直接取水量不断加大，影响了黄浦江的自净能力，导致黄浦江上游的水质逐渐变差。同时黄浦江作为一条多种功能的横跨江沪两省的河道，黄浦江上游开放式水源地的形式不能保障饮用水安全。而长江口水量充沛，长年可达到Ⅱ类水质，因此，长江水源从上海的备用水源逐渐成为上海的主要水源（见图11）。

从黄浦江上游引水一期工程到黄浦江上游原水工程，上海市水源地工程建设共投入301.45亿元。其中，青草沙原水工程的投资超过一半以上，达到170亿元；其次为黄浦江上游原水工程，预计总投资76亿元。从黄浦江上游引水一期工程到二期工程之间历经了10年，从第一个封闭式水源地陈行水库通水到最大的封闭式水源地青草沙原水工程通水历经了15年。在青

第一、二轮	第三轮	第四轮	第五轮	第六轮
建设竹园、白龙港污水处理厂和郊区小型污水处理厂。	①提高污水处理能力。中心城区新建竹园二厂，实施升级改造，启动污泥处理工程，实施白龙港升级改造，完成污泥处理；郊区扩建嘉定新城、松江、松江东部和青浦等4座，新建青浦赵屯处理厂。②基本实现中心城区污水收集管网全覆盖。中心城区完成污水治理三期工程污水收集系统建设，重点实施分流制地区12座雨水泵站的截流设施改造工程，肇嘉浜合流污水泵站的调蓄池工程；郊区建设18个处理厂管网收集系统。	①提高污水处理能力。中心城区完成竹园一厂升级改造工程，白龙港扩建二期工程；郊区新建、扩建11座城镇污水处理厂，升级改造周浦和建设金山鹏鹞、崇明陈家镇等厂。②实现建成区污水收集管网全覆盖。中心城区完成西干线改造工程，建设白龙港片区南线东段输送干管和黄浦江过江管线工程；郊区建设21个配套污水收集管网项目。③污水厂污泥基本得到安全处置。基本完成石洞口污水处理厂污泥处理完善工程。④优化现有污水处理设施的运行和管理。	①提高污水处理能力。中心城区建成白龙港二期扩建，启动泰和新建；郊区完成嘉定大众三期、松江西部二期、金山朱泾二期、金山廊下二期、金山枫泾二期、青浦华新二期、青浦白鹤二期、青浦朱家角二期、青浦商榻二期扩建升级工程和青浦徐泾一期升级改造工程。②实现污水收集管网与城镇发展建设同步。③基本完成建成区直排污染源的截污纳管。④污泥处理和臭气治理工程完成竹园、石洞口、松江、金山污泥处理工程，白龙港污泥预处理应急工程。	①提升污水处理设施水平。中心城区完成石洞口、竹园、白龙港、吴淞、曲阳提标改造，新建泰和、新虹桥；郊区完成松江东部、松江西部、嘉定北区、安亭、奉贤西部提标扩建，新浜、大众、奉贤东部、临港、新江、兴塔、城桥提标改造，完成南翔新建。②污泥和臭气改造竹园、石洞口、松江、奉贤、崇明陈家镇和城桥等污泥无害化处理工程。

图10 上海环保三年行动计划中污水处理工程进展

资料来源：上海市环境保护和建设三年行动计划（2000～2002年、2003～2005年、2006～2008年、2009～2011年、2012～2014年、2015～2017年）。

草沙通水后的四年内东风西沙水库通水，黄浦江上游原水工程开工建设。上海饮用水水源地的建设步伐显著加快。

上海水源地建设具有一些典型的特征：第一，从单水源到多水源，历史上上海的水源地从苏州河到黄浦江下游、中游的阶段均为单一水源的阶段，从1996年陈行水库的建成通水，上海进入多水源的阶段，这也是上海水源地建设中"两江并举"的战略；第二，从开放式水源地到封闭式水源；第三，从各水源地相互独立到相互连通，这是上海水源地建设中"多源互补"的战略。

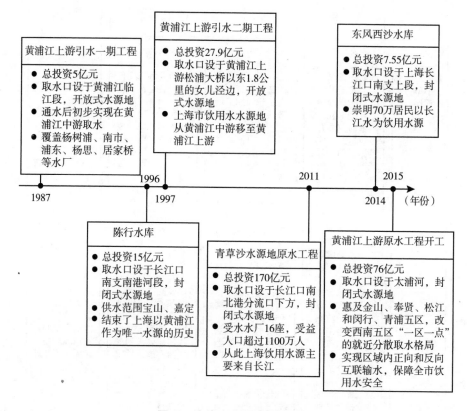

图11 上海市水源地建设历程

资料来源：笔者整理。

（三）水治理制度不断完善

上海市水治理法律法规及政策条文的出台有三个明显的阶段：20世纪90年代中期是第一个阶段，这一时期是与水相关的环保、水务等法律法规的初始建设阶段。在地方法律建设层面，1994年出台《上海市环境保护条例》，1996年出台《上海市排水管理条例》《上海市滩涂管理条例》《上海市供水管理条例》《上海市排水管理条例》，1997年出台《上海市河道管理条例》；政府规章层面，1993年发布《上海市河流污水治理设施管理办法》，1994年发布《上海市节约用水管理办法》，1995年发布

《上海市排水设施使用费征收管理办法》、《上海市危险废物污染防治办法》，1996 年发布《上海港防止船舶污染水域管理办法》等。通过这一阶段的水治理相关法律法规的出台，上海水治理的相关法律法规基础已经成型。

21 世纪初，上海开始滚动式实施三年环保行动计划，第二轮行动计划（2003～2005）中明确指出要围绕整治重点，加快制定或修订一批法规和规章。随后相继修订了《上海市环境保护条例》、《上海市河道管理条例》、《上海市供水管理条例》、《上海市排水管理条例》等地方法规，2009 年制订《上海市饮用水水源保护条例》。并相继制订了一批政府规章，包括《上海市实施〈中华人民共和国环境影响评价法〉办法》（2004）、《上海市畜禽养殖管理办法》（2004）、《上海市餐厨垃圾处理管理办法》（2005）、《上海市危险化学品安全管理办法》（2006）等。2010 年以来，随着各级政府对环境保护工作越来越重视，生态文明体制机制改革进入快车道，上海市一方面根据国家环境保护形势和上位法的要求修订部分地方法规，如 2010 年修订了河道、供水、排水、滩涂、防汛等管理条例，2016 年修订了环境保护条例。但需要看到，水治理法规建设还存在缺陷，在国家气十条发布后，上海市人大常委会通过了《大气污染防治条例》。但国家水十条发布已两年有余，上海尚未出台水污染防治的专项法律。另一方面更多地以政府规章及规范性文件的形式，推动水治理体制机制改革及制度创新。市政府层面发布的最有影响力的文件主要有 2014 年发布的上海市实行最严格水资源管理制度的实施意见、2015 年发布的上海市水污染防治行动计划实施方案。主要水治理职能部门如环保局、水务局尽管各自的职能范围并不相同，但近期发布的规范性文件在目标和原则上却较为相似。主要表现在：第一，注重价格等经济杠杆的调节作用。环保局调整了排污费征收标准，并将挥发性有机物（VOC）纳入排污费征收对象中；水务局出台污水处理费征收使用管理办法；第二，基本管理制度不断完善。环保局出台主要污染物排放许可证管理办法，水务局出台水功能区管理办法、排水许可制度实施办法等；第三，行政管理更加规范。环保局和水务局均出台了行政处罚裁量基准规定，水务局出台排水水质监测管理规定、河道养护工作考核办法，环保局出台自动监测设施数据执法应用的规定等。

（四）上海河道整治效果评价

上海市大规模治水的历程应是从 1988 年开始。1988 年 8 月，时任上海市委书记的江泽民题词："决心把苏州河治理好。"当年实施了合流污水治理一期工程，项目总投资 16 亿元，建设时间约 5 年，至 1993 年竣工。这一工程的目标是为了减少直排污水对苏州河的污染。项目建成后，平均每天将约 100 万立方米的污水长距离输送至长江口。但污水合流一期工程实施后，苏州河并未消除黑臭现象。从 1996 年，上海市政府成立了苏州河环境综合整治领导小组，时任上海市市长的徐匡迪担任组长，时任常务副市长的陈良宇和时任副市长的韩正担任常务副组长。如此高规格的领导小组配置，无论在环境治理领域还是在其他领域都是非常罕见的，可见上海市政府治理全市水环境的决心。

苏州河水环境综合整治拉开了上海大规模河道整治的序幕。苏州河的综合整治共三个阶段，总投资 141 亿元。梳理苏州河综合整治的方案可以发现（见图 12），苏州河整治以工程建设为主要抓手，主要包括支流截污工程、污水处理厂工程、支流闸门建设工程、雨水调蓄池建设工程、河口水闸建设工程、改造防汛墙工程、底泥疏浚工程、码头搬迁工程等。可以看到，这些工程建设有些是水环境治理的基本工程，如支流截污、污水处理厂的大规模建设是削减外源污染的必然手段，底泥疏浚是减少内源污染的常规做法。但有些工程建设如一期工程中建设支流闸门，控制污染严重的支流流入苏州河干流，以控制干流的污染程度。诚然，这是出于对快速治理苏州河市区段污染的渴望而走的捷径，但忽略了城市水网是一个相互联系的生态体系，支流与干流之间存在各种复杂的水文运动关系，人为切断干流和支流的联系并不能显著改善干流的水环境质量。

随后，上海不断完善了河道整治的思路和策略，在第三轮环保行动计划中，规划中心城区骨干河道整治、郊区骨干河道整治，与苏州河综合整治三期工程同步进行；第四轮环保行动计划规划 366 条黑臭河道整治和太湖流域

图 12 上海河道环境综合整治历程

1998~2002年	2003~2005年	2006~2008年	2009~2011年	2012~2014年	2015~2017年
苏州河综合整治一期	苏州河综合整治二期	苏州河综合整治三期	366条黑臭河道综合整治	42千米区域骨干河道	200千米以上河道
总投资：70亿元。 ①建设苏州河六支流截污工程，消除排入苏州河城区支流的直排点源污染； ②建设西干线和石洞口污水处理厂工程，处理苏州河六支流区域的截流污水； ③实施综合调水，控制水流向和净泄量； ④建设支流闸门，控制支流输入苏州河干流的污染物总量； ⑤搬迁环卫码头工程； ⑥改造防汛墙工程； ⑦综合整治陆域环境。	总投资：40亿元。 ①建设雨水调蓄池，消除市政泵站雨天放江污染； ②完善支流截污工程，消除排入苏州河支流的直排点源污染； ③建设苏州河河口水闸，深化综合调水； ④建设苏州河梦清园，宣传环保理念。	总投资：31亿元。 ①苏州河市区段底泥疏浚和防汛墙改建工程，削减底泥污染； ②完善支流截污工程，削除排入苏州河支流的点源污染。	以截污、疏浚和水系沟通为重点，完成郊区练祁河、金汇港等6条（段）骨干河道整治。	完成张网港、砖新河、金汇港等42千米区域性骨干河道治理；进一步提高地区防洪除涝和水资源调度能力。	以郊区和城效结合部、新城周边、骨干道路周边、郊野公园区域等为重点，累计实施200千米以上河道综合整治。
		郊区骨干河道整治 ①近郊6镇24条黑臭河道和郊区25条骨干河道整治； ②编制蕰藻浜、淀浦河等河道综合整治规划。	太湖流域河网综合整治 ①淀浦河中段综合整治工程； ②斜沥港水系沟通工程； ③叶水路港水系沟通工程； ④镇村级河道水系沟通工程。	35千米界河整治 完成桃浦河、金山卫界河、盐径塘等35千米界河整治。	村镇级河道整治 加大村镇级河道整治。
		"万河"整治 累计完成中小河道23345条段17067千米整治。		22千米河道生态治理 逐步实施万平河、斜经港、丰收河等22千米河道生态治理。	河道长效管理 推进河道管理范围陆域、水域设施养护一体化。

资料来源：上海市环境保护和建设三年行动计划（2000~2002年，2003~2005年，2006~2008年，2009~2011年，2012~2014年，2015~2017年）。

河网综合整治；第五环保行动计划规划 42 千米区域性骨干河道整治和 35 千米界河整治；第六轮环保行动计划规划 200 千米以上河道整治及村镇级河道整治（见图 12）。可见，从苏州河市区段到中心城区骨干河道、郊区骨干河道、区域性骨干河道，再到普通河道及村镇级河道，进而囊括了太湖流域河网综合整治及 35 千米界河全面整治，上海河道整治从重点河道到一般河道，从市内河道到交界河道全面铺开。

从河道整治的历史背景来看，从重点集中整治到常态治理的战略安排也具有合理性。在苏州河整治一期工程开始前，上海水环境历史欠账较多，全市除个别水体外，存在大面积的黑臭，水环境治理千头万绪。选择苏州河这个主体河段位于城市中心、历史上长期作为上海水源地的河道进行集中整治，并通过苏州河的整治为全市河道的全面治理提供经验和教训。梳理六轮三年行动计划的要求也可以发现，在前三轮的行动计划中对河道整治的项目、工作做出了详细的规定；而在第五轮、六轮行动计划针对河道治理的篇幅已经大幅缩减。可见通过十余年水环境基础设施工程的建设和整治活动的实践，上海河道整治已经基本进入常态治理的阶段。

全市河道整治投入巨额的资金，苏州河一至三期工程的时间跨度为十年（1998～2008 年），共投入 141 亿元。2008～2009 年，创建国家环境保护模范城市开展消除河道黑臭专项整治工程，按照每公里河道 80～200 万元的标准〔上海市人民政府办公厅转发市水务局、市财政局关于本市创建国家环境保护模范城市开展消除河道黑臭专项整治工程实施意见的通知（沪府办〔2008〕4 号）〕，仅治理全市 719.3 公里骨干河道整治所需的资金约 5.75 亿～14.39 亿元。万河整治工程时间为三年，资金投入标准为每公里河道 1 万元～1.5 万元（"万河整治行动"中市级财政补贴资金由市财政局会同市水务局共同核定，市级资金补贴标准实行差别化政策：崇明县按 1.5 万元/千米补贴；金山区按 1.3 万元/千米补贴；南汇、奉贤区按 1.2 万元/千米补贴；其他区按 1.0 万元/千米补贴。），整治河道总长约 2 万公里，合计总投入约 2～3 亿元。1998 年至 2010 年前后，全市每年投入河道整治的资金一般不低于 14 亿元。此外，从 2010 年来，水务局每年下发的中小河道管理养护工作市补助资金约 9817 万元 。

尽管河道整治工作取得了显著进展，河道黑臭现象基本消除，但就断面水质等级数据来看，上海主要河道水环境质量仍然不理想。根据上海市环保局发布的 2013 年 1 月至 2016 年 8 月的地表水水质信息，苏州河共三个监测断面，其中浙江路桥断面除 2013 年 4 月、11 月、12 月，2015 年 1 月、9 月、10 月外，其余 38 个月份均为劣五类水质，主要污染物为氨氮、总磷、溶解氧；北新泾桥断面 39 个月份为劣五类水质，主要污染物为氨氮、总磷、溶解氧；赵屯断面 35 个月份为劣五类水质，主要污染物为氨氮、总磷。2016 年 7 月，全市劣五类断面占全部监测断面的比重约占 60% 。

三　上海水治理转型中存在的问题及建议

通过五轮环保行动计划的滚动实施，上海水治理既取得了水相关基础设施建设的巨大进展，也在水相关管理制度上不断探索和创新，水治理呈现出转型的趋势。同时要顺利实现水治理转型，改善城市水治理，还存在很多制约问题需要破解，本部分针对水治理转型存在的问题提供对策建议。

（一）上海水治理转型的趋势

上海经过长期的水环境治理，在水治理思路、模式、手段上已经开始转型，或者呈现出转型的迹象。本部分在上文水治理历程梳理的基础上归纳未来水治理转型的趋势。

1. 从以基础设施建设为主转向制度规制为主

水治理基础设施包括治理水污染的截污纳管基础设施、污水处理设施及保障用水安全的水源地建设设施等。无论哪个国家或经济体，水治理的初始及首要手段都是基础设施建设。上海市从 2000 年开始进入大规模基础设施建设阶段，这其中有很大部分是弥补以往基础设施建设的欠账。随着水相关基础设施建设的逐渐完善，未来工程建设的空间相对有限，而越来越依赖于制度、政策及发动广泛的公众参与。从本质上看，各类基础设施建设是通过人工手段从末端物理上减少进入水体的污染物，是一种直接和线性的方式。而制度创新是通过新的有效的制度规制，建立一种多维的、多方参与的水治理模式。

2. 从以命令控制为主转向市场调节为主

环境保护管理早期基本是单一运用命令控制手段，随着经济发展及环境保护形势的变化，政策工具的种类和范围不断扩大，基于经济激励的环境保护政策工具日渐丰富。我国环境保护政策中，命令控制政策较为成熟，以经济激励为主的市场调节政策仍处于摸索阶段。尽管以往也实施了一些以价格为主的环境经济政策，如排污费等，但问题在于排污收费标准过低，不能反映实际的污水处理成本，无法将排污的外部成本内部化，也就无法起到经济激励的作用。上海第六轮环保行动计划中提出要完善环境价格机制，推进环境污染责任保险，完善生态补偿等，表明上海越来越重视以经济激励等市场调节手段改善企业环境行为。

3. 从集中整治为主转向长效治理为主

自1998年上海市政府发布苏州河环境综合整治管理办法开始，全市经历了近20年的河道集中整治的历程。在上海经历了从苏州河整治——市区骨干河道——郊区骨干河道——万河整治这一系列的集中整治行动后，市内地表水水质未有显著改善。实际上水环境的自然属性与集中式的运动式的整治原本就是互相矛盾的，集中整治只能在短期进行一些工程治理，而伴随着上游污染水体的流动新的污染物又重新富集。未来对照国家生态文明示范区建设方案要求，建立水环境长效治理机制和政策。近年来，市水务局财政预算支出中，每年约有9000万元用于河道养护，2015年市水务局出台了河道管理养护工作考核办法，一定程度上表明长效的河道养护机制逐渐建立。但未来应将污染防治与河道养护相结合，建立能够长足改善河道水质的长效机制。

4. 从减少人类活动对水环境影响为主转向恢复水体自身修复能力为主

需要看到的是，无论基础设施建设还是水管理制度创新，主导思想是通过各种手段减少人类活动对水环境的影响，或通过人为手段帮助河道提高环境容量为人类所用。未来应在现有基础设施和管理制度的基础上，将水治理的指导思想转移到恢复河流自然生态，通过水生态系统自身调节优化水环境的方向上来。

（二）上海水治理转型中存在的问题

需要看到上海城市河道治理效果不显著的原因既有城市水体的客观条件，也有上海水治理过程中的部分不足。上海城市河道水体的客观条件不佳，地处长江流域、太湖流域下游，上游来水污染程度较重。同时上海处于感潮河网地区，污水受潮流顶托无法顺利排出，污染物容易淤积沉淀产生黑臭。

1. 运动式的集中整治不能保障河道水质持续改善

无论从理论上还是发达国家的治水经验来看，城市水体从丧失使用功能到实现水质根本扭转是一个循环累积的过程，需要漫长的时间。以纽约市为例，纽约港的水质在 1920 年时溶解氧水平低于 1mg/L［相当于我国地表水环境质量标准（GB3838－2002）劣于Ⅴ类水］，最严重的地方几乎为零，成为死水，细菌含量太多导致无法计量；1970 年时，溶解氧水平达到 5mg/l（相当于我国Ⅲ类水），细菌含量为 2000/100ml；2009 年细菌含量相比 1970 年下降 99%，溶解氧水平高于 6mg/L（相当于我国Ⅱ类水）。可见纽约港水质中溶解氧含量从 1mg/L 提高到 5mg/L，也就是从劣于Ⅴ类水提升到Ⅲ类水花费了 50 年，而从 5mg/L 提高到 6mg/L 花费了 30 年时间。像上海这样上游来水水质较差，城市产业结构仍处于工业化后期向后工业化过渡阶段的城市，水环境的治理也需要做好"持久战"的准备。而上海过去十多年的河道整治是采用想要毕其功于一役的战役式、运动式治理，在河道治理方法上也多是底泥疏浚、引清水、河道绿化等清除内源污染的方式，可能在短期内能够快速消除黑臭，但外源的污染物仍在源源不断地输入水体，水系也并未恢复成原有的生态条件，经过一段时间后水质又会出现反复。

2. 进入水体的外源污染物仍未有根本削减

工业源水污染物减排进入瓶颈期，2010～2015 年，上海工业 COD 排放量都维持在 2 万吨以上的水平。2015 年，通过污水处理厂集中处理排放的生活源占到了城市水污染物总量的 71% ~ 89%。非点源（NPS）污染不同于工业和污水处理厂的污染，来自许多分散源。2015 年，上海农业源排放的化学需氧量超过工业源 0.6 万吨，氨氮排放量超过工业源 0.14 万吨。此外，还有各类露天的工厂、材料堆场、仓储用地、工地等在降水条件下也变成水污染物排放源。降雨或融雪等大量降水形成径流，将地表大量的污染物裹挟送入河流大大小小的支流。非点源污染来源复杂，治理难度极大，即使发达国家也仍在不断探索中。以纽约市为例，在 20 世纪 70 年代美国联邦层面清洁水法发布后，纽约市已经投入了 350 亿美元进行水环境建设和治理。纽约港的水质已经成为历史上最干净的，但在纽约州环保局发布（NYSDEC）的报告中指出，纽约几乎所有主要的水体都被列入受损水体的范畴。受损水体中，有 70% 是被城市雨水径流污染，或受污染的沉积物和城市径流的同时作用结果，而其余的 30% 是被历史沉积的污染物污染。

3. 对各类污染源污染物排放对水体的影响程度及影响机制研究不足

要推动水治理的精细化，需要对城市水体本身的环境容量与自净能力有清晰的认识，同时还应准确把握各类污染源排放的污染物对城市河道水体的影响程度和影响机制。比如，污水处理厂排放的尾水占全市废水排放总量的 79%，根据我国城镇污水处理厂污染物排放标准（GB18918 - 2002），达到一级 A 排放标准的污水处理厂排放 COD 浓度为 50mg/L，一级 B 标准的 COD 排放浓度为 60mg/L，均高于地表水环境质量标准的 V 类标准（40mg/L）。也就是说即使达到一级 A 标准的污水处理厂，其排放的尾水也是劣 V 类水。全市现有 53 座污水处理厂中，根据第六轮环保三年行动计划规定，到 2017 年，黄浦江上游准水源保护区和排杭州湾的污水处理厂执行一级 A 标准，其他执行一级 B 及以上标准。那么从 2000 年以来上海污水处理厂的大规模建设对河道水质改善起到了什么作用？以现有的处理标准对于改善水质是否足够？若要实现城市河道水质的彻底好转，污水处理标准应该达到什么程度？这些问题都没有进行深入研究。

4. 现已执行的考核机制未能起到城市河道水质改善的导向作用

尽管国家和上海市针对水环境及河道整治的考核机制有若干项，但各项考核均未将上海城市内水体水质的改善作为重点考核项目。国家层面的考核中，对城市水体的指征过于笼统。以往五年规划的约束性指标涉及水环境的仅有 COD、氨氮总量削减指标，在十三五规划纲要中才将地表水国控断面水质目标达标率纳入约束性指标中，各地区的目标任务尚未出台；水利部主持的最严格水资源管理考核中，对上海市的考核涉及水质的指标为 2015 年水功能区水质达标率为 53%，2020 年 78%，2030 年达到 95% 以上，上海连续两年考核结果为"好"。2016 年上海市修订了最严格水资源管理考核办法和指标；环保部主持的重点流域水污染防治考核，上海市被纳入长江中下游流域考核，断面个数仅有 2 个，位于长江干流，水质基础较好，实现 100% 达标，2015 年考核结果为"好"。但长江干流不流经上海市区，长江干流水质不能代表城市水环境质量。可见上述国家层面的考核中，将城市总体的断面水质达标率或水功能区水质达标率作为考核指标，反映的是城市水体的总体状况，或者设有考核断面的部分水体的水质状况，而难以反映城市量大面广的各类河流的水质状况和改善趋势。

在实务方面，无论是河道整治行动本身的考核，还是河道整治资金绩效考核都未能突出河道水质改善这一河道整治的关键目标。如上海市水务局对河道整治项目下拨的财政资金制订了绩效考核办法，评价指标体系中"项目结果"总分为 25 分，其中环境效益仅为 3 分，也没有针对水质改善做具体要求，只是笼统提到"对周边环境起到积极作用可得 3 分，起到消极作用扣减 3 分"。同时根据文件中"结果运用"一章的描述，该绩效考评的结果并不会对河道整治工程的资金下发和利用起到制约作用，市水务局只是对考核不理想的单位发出整改工作通知，工程单位进行整改即可。同样是上海市水务局出台的《"万河整治行动"考核评分细则》中，"水质改善"情况仅作为附加项，且考核内容主要考察是否采取有效的水质改善措施。

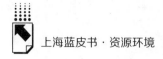

5. 城市河道生态系统的恢复和重建不足

由于城市化、市政建设等原因，使上海历史形成的水系生态系统被破坏。如还存在许多断头浜，水系沟通不畅，形成死水。水体食物链中最重要的一环——底端腐食群落食物链——未能形成，水体自净能力消失。同时自然河道原有的生态圈如湿地系统等被破坏，河道周边植被吸收径流中的营养物质及沉积物的能力丧失。雨水径流将营养物质（通常过量）冲洗到河道中，这些过量的营养素（特别是氮和磷）的存在将使藻类过度生长和溶解氧含量降低，对水体质量、水体生物及生态系统造成极大的伤害。现有采用的治理方法如引清调水、人工曝气、河道绿化等手段并不是从根本上恢复河道生态系统的治本手段。

（三）上海水治理转型的建议

上海要改善水治理实践，实现水治理转型，需要从战略上确定长期的分阶段实施的水环境改善目标，并加强全市水体基础环境能力及污染源排放影响的研究，以长期战略目标为指导，以水环境基础信息分析为基础，制定有针对性的污染源减排计划。在实践操作上，强化绩效管理，将河道水质改善目标纳入河道治理财政资金考核机制。

1. 制定长期的、分阶段实施的河道水质改善目标

根据住建部发布的《城市黑臭水体整治工作指南》，对黑臭水体的识别指标氨氮小于8mg/L，溶解氧大于2mg/L就可以不作为黑臭水体。然而这一指标是非常低的，溶解氧大于2mg/L是达到地表水环境质量标准的 V 类水，氨氮小于8.0mg/L 则是劣 V 类水，并远远超出 V 类水的2mg/L 的标准。另外指南对公众识别黑臭水体的局限性上文已有阐述，因此以消除黑臭水体作为中长期的目标实际是远远不够的。可借鉴纽约市2030 年中长期规划制定的城市水体治理目标，保证一定比例的水体能够安全地对市民开放。围绕这一总体目标，制定分阶段的，不断改善的水质改善目标。建议这一目标以实际水质指标的形式，而不以城市水环境质量标准的分类，因为该分类比较宽泛，尤其是在上海现有劣 V 类水体还有较大比例的情况下，水质类别的目标可能会忽视水质的细微改善。

2. 加强全市水体基础环境能力及污染源排放影响的研究

以纽约为例，州环保局通过对纽约市全市水系水文资料的收集和研究，按照水体能够向居民开放的基本要求，结合城市水体自净能力和环境容量的概算，最终确定了纽约市污水处理厂允许向水体排放尾水的排放标准。纽约州对 Onondaga 湖的治理也是如此，首先测算出污水处理厂排放的营养盐占入湖总磷中的 60%，总氮的 90%，其他污染源包括合流制管道的溢流及部分面源污染。1979 年升级城市污水处理标准，污水处理厂尾水中的磷含量从 1970 年的 11.5mg/L 下降到 1.5mg/L，1982 年要求污水处理厂必须使用钙离子沉淀磷的工艺，后又改为铁离子处理工艺，到 1993 年污水处理厂尾水中总磷浓度下降至 0.6mg/L。尽管美国国家污水处理排放标准是相对宽松的，但各州根据各自水体不同的环境容量及自净能力，污染物排放源与排放特征，针对各自有针对性的排放标准，并且在达到一定阶段目标后又不断地进行提升，从而确保了水质改善。建议上海市可着手启动对城市水体基础环境能力及污染源排放影响的研究，其中污染源排放影响研究从某种程度上类似于大气污染源解析及清单编制工作。这一研究需要水务局和环保局共同参与。只有基础研究工作准确可靠的前提下，才有可能制定出有针对性的减排策略和排放标准。

3. 有针对性地削减水污染物排放

仿照对大气污染物重点排放企业总量控制方案的做法，对全市水污染物重点排放企业实施水污染物排放总量控制，明确年度减排任务，实现污染物排放的进一步削减。对于污水处理厂在达到国家排放标准的基础上，应根据城市水体的污染特征和治理目标，制定地方有针对性的污水处理要求及阶段性的逐步改善计划。农业面源污染已经成为上海水环境保护的重点和难点领域，其中畜禽粪便是农业污染中的主要来源。根据全市第一次污染源普查公报，2010 年上海市规模化畜禽场化学需氧量（COD）和氨氮排放量分别为 1.53 万吨和 0.17 万吨，分别占全市农业源排放量的 44% 和 49%。对畜禽粪便处理最为有效的方式是通过好氧生物处理，将畜禽粪便分解，腐熟、转化成无臭、无害的有机肥。据笔者对本市若干家生态牧场的调研，在采用即时干湿分离，后道回收利用技术处理后的养殖污水，可实现 COD 减排 90% 的减排效果。同时，施用有机肥其营养物质会逐渐被土壤完全吸收，而有效改善大规模施用化肥造成的水体富营养化问题。推广使用有机肥可以同时解决种植业和畜禽养殖业产生的环境污染。

4. 污染源削减与河流自然恢复相结合

针对非点源污染造成的水体损伤，美国的经验可以借鉴。美国更加重视河流自然恢复对非点源治理的显著作用，水体的自然恢复被作为美国环保署非点源治理计划中的重要组成部分。2005～2016 年，美国通过污染源削减与河流自然恢复相结合的手段已经修复或部分修复了 624 片水体。以纽约州为例，Tonawanda Creek 是一条 101 英里长的向尼亚加拉河的支流，是纽约州受损水体列表中的河流之一。纽约州的总溶解固体（TDS）水质标准要求低于 500 mg/L，1993 年和 1994 年水质监测数据表明，Tonawanda Creek 上部的 TDS 水平经常超过国家及纽约州的水质标准，最大值约为 800 mg/L。经研究发现淤泥和沉积物的主要来源是农业和河岸侵蚀，因此该水体的治理措施包括保护性耕种方法，牧场管理，恢复河流自然过滤系统等。经过长期治理，2006 年进行的水质取样显示 Tonawanda Creek 上部的平均 TDS 值约为 270mg/L，最大值为 302mg/L，显著低于 500mg/L 标准。2010 年，在流域继续进行生物监测以跟踪水质改善的情况。根据监测数据，纽约州将 Tonawanda Creek 从受损水体列表中删除。

上海可借鉴美国环保署的做法，对不同水体根据污染源及主要污染物的不同，水体自然生态状况，制定有针对性的污染源削减与河流生态恢复相结合的治理方案，从而作为当前黑臭水体治理中的"一河一策"的策略。污染源削减方面，根据美国的最佳实践案例，对于点源污染，可采用为点源制定日最大排污负荷的手段；对于农业源采用最佳耕种计划及牧场管理等手段；而对于城市雨水径流造成的污染，最佳方案是河流自然恢复。这里的河流自然恢复与现有的生态修复并不是一个概念，不仅仅是对河道进行绿化等外部手段，而是使河道生态系统恢复到与未被破坏前的近似状态，且能够自我维持动态均衡的复杂过程。包括恢复河道的自然生态形态，恢复水体与周边生态系统的生态交换，恢复河流原有自然湿地，重构河流生态圈。

全市范围内的河流恢复并不是在同一时间阶段全面开展，可考虑从郊区生态系统相对完整的小型或村镇级河道做起。借鉴美国弗吉尼亚州环境保护与修复部水土保持司发布《弗吉尼亚州河流恢复最佳管理指南》、美国华盛顿州生态部与渔业与野生动物部联合发布《河流栖息地生态恢复指南》的做法，由上海水务局相关部门发布类似于《上海市河道生态恢复指南》的文本，指南中可以包括但不限于本市河道与相关水文、水生生物、河流与相关湿地的历史图文及数据资料，河道恢复的设计原则及导则，河道恢复的成本估算方法和标准，河道恢复工程实施效果评估方法和标准等内容，构建起上海河道生态恢复的技术标准体系，从而为河道生态恢复实践工作提供必要的指导及质量控制手段。

5. 将河道水质改善目标纳入河道治理财政资金考核机制

上海市每年纳入预算支出的河道治理财政资金数亿元，河道管养财政资金9817万元，应最大化发挥这些资金对河道水质改善的撬动作用。针对上文所述的河道水质改善如何不能制约河道治理财政资金的发放和使用的弊端，建议完善资金使用机制和绩效管理机制，将一定期限内（3年）河道水质改善目标纳入资金绩效考核机制，并加大指标的权重值。资金可分为两部分，先期下拨维持基础工作的部分（如60%~70%），待河道治理目标考核通过后，尤其是河道水质改善目标通过后，再下拨剩余资金。

参考文献

Cook, B. R., Spray, C. J., . "Ecosystem Services and Integrated Water Resource Management: Different Paths to the Same End," *Environ. Manage.* 109, 93e, 2012.

David J. Gilvear, Chris J. Spray b, Roser Casas-Mulet. River Rehabilitation for the Delivery of Multiple Ecosystem Services at the River Network Scale. *Journal of Environmental Management*, DOI: 10.1016, 2013.

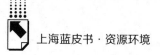
Ragsdale, D. , *Advanced Wastewater Treatment of Achieve Low Concentration of Phospharus.* USEPA. 2007.

Margaret A. Palmer, Kelly L. Hondula, Benjamin J. Koch1, Ecological Restoration of Streams and Rivers: Shifting Strategies and Shifting Goals. Annu. Rev. Ecol. Evol. Syst. 2014. 45.

Martin R. Perrow, Anthony J. Davy, *Handbook of Ecological Restoration*, Cambridge University Press, 2002.

NYCDEP. *New York Harbor Survey Program: 1909 - 2009.* 2010.

US EPA. "*A Function - Based Framework for Stream Assessment & Restoration Projects*". Washington D. C: 2012.

USEPA. "Nonpoint Source Program Success Story: Implementing Agricultural Best Management Practices Restores Upper Tonawanda Creek," 2013.

阮仁良：《上海市深化水环境治理对策和措施》，《水资源管理》2014 年第 23 期。

谢慧明、沈满洪：《中国水制度的总体框架、结构演变与规制强度》，《浙江人文大学学报（人文社会科学版）》2016 年第 46（4）期。

左倬、朱雪诞、胡伟等：《上海城市生态河道符合度评价》，《生态学杂志》2012 年第 31（9）期。

应对气候变化的公众参与

——上海崇明农民气候变化感知研究案例

郭 茹 尚 丽*

摘 要: IPCC 第五次评估报告显示,气候变化已经对人类和自然系统产生了广泛的影响。农业事关国计民生,是对气候变化最为敏感的产业部门之一。农户是农业生产的基层主体,开展农户水平的气候变化感知研究对实现农业可持续发展至关重要。崇明岛是上海市重要的粮食和蔬菜供应地,其三面临江一面临海的小岛屿布局使农业更易受到气候变化的影响。在总结国内外农户气候变化感知研究的基础上,对崇明岛气候变化状况和农户气候变化感知状况进行文献和问卷调研;采用二元逻辑回归模型(Binary Logistic Regression,BLR)识别影响农户气候变化感知的关键因素,包括政策需求、家庭距镇中心距离、性别、家庭农业劳动力比重、亩产量和人均收入等,在此基础上提出相应的政策建议。

关键词: 气候变化 农业 农户 感知 适应

一 研究背景

IPCC 最新的第五次评估报告指出人类对气候变化产生的影响正在加速

---

* 郭茹,博士,副教授,同济大学环境科学与工程学院,研究方向为气候变化与低碳发展;尚丽,硕士,研究助理,中国科学院上海高等研究院,研究方向为气候变化与低碳发展。

显现①。气候变化是指较长时期内气候平均状态的改变，通常用不同时期的气温和降水等气候要素的统计量差异来反映。气候变化的基础科学问题已经得到证实，即气候变化现象确实存在，并且其发生的速度已超出人们的预期。1992 年 5 月，《联合国气候变化框架公约》（United Nations Framework Convention on Climate Change，UNFCCC）在联合国纽约总部通过。UNFCCC 的最终目标是"将大气中温室气体的浓度控制在防止气候系统受到危险的人为干扰的水平上"②。减缓和适应是应对气候变化的两大主要途径，其中，减缓可以降低气候变化的速率及范围，而适应则主要减少因气候变化带来的脆弱性。减缓是一项相对长期且非常艰巨的任务，而适应则更为现实和紧迫③。

农业作为社会发展的基础产业，关乎国计民生，同时对气候存在较高的依赖性，受气候变化的影响最为直接。农业也是社会生产各部门中对气候变化敏感程度最高的行业。在气候变化的大背景下，如何实现农业生产、粮食供应保持稳定，开展农业对外界变化的适应性研究，已然成为实现农业可持续发展的关键内容。即农业对外界变化的适应性研究成为实现农业可持续发展的关键内容。气候变化主要通过降水、温度、极端天气等因素引起农作物复种指数、种植时间等变化，从而影响农作物的产量。对中国而言，全球变暖可能增加农业生产的不稳定性，引起农业生产条件的改变，造成农业生产布局和结构的改变④。

崇明岛是上海农业生态环境最好、农业土地资源最多、分布最集中的区域。农业一直是崇明岛的重要支柱产业之一，在崇明生态岛的建设中具有举足轻重的作用，同时也为上海的粮食供应提供了切实有力的保障。但是，目前崇明岛尚没有关于农业对气候变化适应性的专项规划。2012 年崇明县政

---

① IPCC. 2014. Summary for policymakers. In：Climate Change 2014：Impacts, Adaptation, and Vulnerability. Cambridge University Press, Cambridge, United Kingdom and New York, NY, USA.

② Climate Change Secretariat. 1999. United Nations Framework Convention on Climate Change. UNEP/ IUC.

③ 纪晓婷、齐顾波：《论气候变化的适应》，《当代经济》2013 年第 13 期。

④ 宋宁：《农民气候变化认知及工程类适应措施分析》，河南农业大学硕士学位论文，2015。

府邀请联合国环境规划署开展生态岛国际评估，并于 2014 年发布了评估结果，该报告也指出气候变化适应方面的研究亟待推进。

农户是农业气候变化应对行为的基层主体，准确了解其感知及行为模式具有重要的政策参考意义。本研究开展了基于农户水平的农业气候变化适应性研究，从农户角度解析自下而上的气候变化感知过程，识别影响农户气候变化感知的关键因素，为政府支持农户适应气候变化提供新型决策支持工具，以期提升农户对气候变化的适应水平，促进农户在气候变化背景下的可持续发展。

二 国内外农户气候变化感知研究进展

从基本手段和方式看，"减缓气候变化"的策略未能从根本上缓解气候变化，无法消除人类在工业革命时期排放所造成的影响。对于经济和社会系统相对脆弱的发展中国家而言，气候问题将首先是适应问题。自 2007 年印尼巴厘岛第 13 次缔约方会议（COP13）以来，气候变化适应问题逐渐被提到国际社会气候变化的议事日程上来，受到国际社会的诸多关注。现有研究对气候变化适应重要性的认识有限①，对于农业气候变化适应性的理解也相对比较狭义，更倾向于从气候变化对农业产生的影响方面来讨论适应问题，而对农业生产的主体——农户的气候变化感知和适应行为研究不足。早在 1991 年，Stern 等就提出自下而上的农户适应性策略不可忽略②，原因在于气候变化脆弱性与适应性问题中人与环境的关系非常复杂。

已有研究表明，"感知－适应"分析框架是农户气候变化适应性研究的

---

① Roger Pielke. 2007. Mistreatment of the Economic Impacts of Extreme Events in the Stern Review Report on the Economics of Climate Change. *Global Environmental Change*, 17 (3): 302 – 310.

② Stern P C, Young O R, Druckman D. 1991. Global environmental change: Understanding the human dimensions. Committee on the Human Dimensions of Global Change. National Research Council.

重要方法之一①，其中，感知研究旨在揭示适应的形成机制②。已有研究认为，如果个体将要对气候变化采取适应措施，那么该个体必须首先意识到气候变化正在发生③。研究者还提出了气候变化适应的三圈层模型：感知、影响、行动。该模型假设认为，个体对气候变化的应对包括了三个部分，即个体所得到的知识、个体如何解释这种知识和个体采取了何种行动④。非洲加纳大学的学者针对加纳农民的研究表明，不同种植规模的农户对气候因子都有非常清晰的感知。相对而言，拥有大规模农场的农场主对气候变化的科学性有较好的理解，而小农户倾向于对气候变化做出本地化的解释⑤。澳大利亚昆士兰大学针对印度尼西亚 6310 个家庭开展了气候变化感知和适应行为研究，结果表明，多数农村地区的家庭虽然观察到气候变化，但并没有采取相应的行动⑥。国际食物政策研究所（International Food Policy Research Institute，IFPRI）的 Gbetibouo 基于自下而上的问卷调研，选择 Heckman Probit 模型和 Multinomial Logit（MNL）模型，分析了南非 Limpopo 河流域农户气候变化感知和已有气象数据的关系，并讨论了影响适应性行为和脆弱性的因素⑦。该研究表明，南非 Limpopo 河流域农户对气候变化的感知与气象

---

① 李西良、侯向阳：《气候变化对家庭牧场复合系统的影响及其牧民适应》，《草业学报》2013 年第 22（1）期，第 148 - 156 页。

② Grothmann T, Patt A. 2005. Adaptive Capacity and Human Cognition：The Process of Individual Adaptation to Climate Change. *Global Environment Change*, 15：199 - 213.

③ Maddison D. 2006. The Perception of and Adaptation to Climate Change in Africa. CEEPA, Discussion Paper No. 10.

④ Lorenzoni, I., Nicholson-Cole, S. & Whitmarsh, L. 2007. Barriers Perceived to Engaging with Climate Change among the UK Public and Their Policy Implications. *Global Environment Change*, 17, 445 - 459.

⑤ Joseph Awetori Yaro. 2013. The Perception of and Adaptation to Climate Variability/Change in Ghana by Small-scale and Commercial Farmers. *Regional Environmental Change*, 13（6）：259 - 1272.

⑥ Erin L. Bohensky, Alex Smajgl, Tom Brewer. 2012. Patterns in Household-level Engagement with Climate Change in Indonesia. *Nature Climate Change*, 1762（4）：348 - 351.

⑦ Gbetibouo, G A. 2009. Understanding Farmers' Perceptions and Adaptations to Climate Change and Variability：The Case of the Limpopo Basin, South Africa. International Food Policy Research Institute（IFPRI）Discussion Papers, 49（2）：217 - 234.

数据记录一致，但只有约半数的农户采取了适应行为。

国内近年来也有学者开展了农户气候变化感知和适应方面的研究。朱红根等选择 Heckman Probit 模型，研究了江西省稻区农民的气候变化感知和适应行为决策的影响因素①。结果表明，户主年龄、文化程度、与村民交流频率、来往亲戚数、赶集频率、看电视频率、距离市场远近及气象信息服务等因素能显著影响农户对气候变化的感知。南京农业大学陈欢和王全忠等②③针对江苏省水稻种植区农民的研究表明，农户对气候变化存在感知和采取适应行为。同时，农民基本上能够准确认知一两个气象因子的变化趋势，但准确感知水平还有较大的提升空间。兰州大学的常跟应等针对甘肃省会宁县和山东省单县乡村居民的气候变化感知研究表明，绝大部分受访者在大部分情况下正确感知到气候变化，但影响感知的因素较复杂④。

总的来看，国内外学者已经对不同国家和区域农户的气候变化感知进行了大量的调查分析，通过多种模型方法识别出影响不同国家和区域农户气候变化感知和适应行为的诸多因素，但对于农户气候变化感知发生的机制与这些因素之间的相互关联依然不清楚，因而难以对农户层面的政策设计有较好的指导作用，亟待进一步深入研究。

三　上海市崇明岛农户气候变化感知调研与分析

（一）崇明岛基本情况

崇明岛地处长江口，被誉为"长江门户、东海瀛洲"，是世界最大的河

---

① 朱红根、周曙东：《南方稻区农户适应气候变化行为实证分析——基于江西省36县（市）346 份农户调查数据》，《自然资源学报》2011 年第 26（7）期。

② 王全忠、周宏、陈欢、朱晓莉：《农户对气候变化感知的有效性分析——以江苏省水稻种植为例》，《技术经济》2014 年第 33（2）期。

③ 陈欢、周宏、王全忠、张倩：《农户感知与适应气候变化的有效性分析——来自江苏省水稻种植户的调查研究》，《农林经济管理学报》2014 年第 5 期。

④ 常跟应、李曼、黄夫朋：《陇中和鲁西南乡村居民对当地气候变化感知研究》，《地理科学》2011 年第 6 期。

口冲积岛。崇明岛成陆已有 1300 多年历史，现有面积约 1267 平方千米。全岛地势平坦，土地肥沃，林木茂盛，物产富饶，是有名的鱼米之乡。崇明岛地处北亚热带，气候温和湿润，四季分明，夏季湿热，盛行东南风，冬季干冷，盛行偏北风，属典型的季风气候（亚热带季风气候）。

崇明岛四季气温降水变化特征显著。春季一般持续 73.4 天，平均气温在 10℃~22℃；在冷暖空气交替影响下，气温回升缓慢且呈跳跃式。夏季一般持续 94.7 天，平均气温（连续五日的平均气温）高于 22℃。6 月中下旬进入梅雨季节，7 月上旬梅雨结束，进入盛夏，日照充足，蒸发量大，常有伏旱发生。秋季一般持续 63.4 天，平均气温在 l0℃~22℃。气温逐渐下降，9 月下旬平均气温可降到 19℃以下，多数年份 11 月降水较少，往往发生秋旱，但也有近 1/3 年份阴雨集中。冬季一般持续 133.7 天，平均气温在 10℃以下，是一年中最长、最干燥的季节。冬季气温年际变化较大，暖冬年与冷冬年的旬平均气温可相差 8℃以上。整个冬季是全年降水最少的时期，降雪天数不多，平均为 6.7 天。

崇明气象站 1971 年 1 月至 2005 年 12 月的气温及降水资料表明，35 年来崇明地区年平均气温呈上升趋势（0.38℃/10a）；年降水量呈上升趋势（53.036mm/10a）；全年极端最高和最低气温总体均呈上升趋势。根据崇明岛统计年鉴数据，2005~2013 年期间气温和降水变化不稳定，其中气温整体上呈现下降趋势。

2015 年崇明县实现农业总产值 60.1 亿元，其中，种植业实现产值 29.5 亿元，占农业总产值的 49.1%。目前，崇明农业生产环境逐步改善，粮食生产能力不断提升，农民专业合作社处于新兴快速发展阶段。发展农民专业合作社，对于改变崇明农业生产方式，推动农业产业化，促进农民增收，改善农村生态环境以及推动农村全面发展都有着重要意义。自 2007 年《农民专业合作社法》实施以来，农民专业合作社第一次有了合法身份，能够作为市场主体与其他类型的经济实体在市场上进行交易，开展经济活动。近年来，在各级政府的高度重视和大力支持下，作为"民有、民管、民受益"的农民组织，崇明农民专业合作社蓬勃发展，数量规模不断壮大，带动效应不断增强，为农民增收做出了积极贡献。2007年以来，崇明合作社数量呈加速增长态势，截至2014年底，崇明岛注册合作社共约1800家，随其经营发展，实际存在1000家左右。其中，示范合作社的经营管理较为正规。

（二）农户气候变化感知调查过程与结果

研究者于2014年6月份针对崇明岛16个乡镇的137家示范合作社（其中市级示范合作社共46家，县级91家）的农户开展了问卷调研，同时于2016年7月采用抽样调查法对部分农户进行了电话回访。随机抽样电话回访了28位农户，并针对典型农户进行了深入访谈，进一步了解农户对于气候变化影响认知的变化情况。

问卷调研发放了685份问卷，回收共计388份问卷，总回收率为56.6%；其中有效问卷383份，有效问卷率55.9%。合作社农户气候变化感知调研问卷内容包括基本信息、对气候变化的感知和气候变化对农业生产的影响等三部分。

问卷调查结果如下：

1. 基本信息

在农户户主性别构成上，样本中男性户主300位，占样本总量78.3%；女性户主83位，占样本总数的21.7%。可以看出，男性户主是主体。

在农户年龄构成上，样本中农户年龄在20岁以下和70岁以上为0，20～29岁占比2%，30～39岁占比14%，40～49岁占比37%，50～59岁占比36%，60～69岁占比11%。可见，受访农户以40～59年龄段为主，占总样本量的73%。

在户主文化程度方面，初中和高中占主体，共占样本总量的58%，未上过学占2%，小学占11%，中专占4%，大专占19%，本科占4%，研究生占1%，其他占1%。

在家庭农业劳动力占比方面，家庭中从事农业生产的劳动力比例小于1/4的有4.2%，劳动力比例大于等于1/4而小于1/2的占比29.5%，大于等于 1/2 而小于 3/4 的占比 43.9%，大于等于 3/4 的农户占比 20.9%，可见，农户家庭从事农业生产劳动占比以超过 50% 为主，占样本总量的 64.8%。

2. 对气候变化的感知

针对问题"您是否认为气候变化正在发生，并将持续下去"，354 位农户回答为"是"，占 92.4%；29 位农户回答为"否"。

针对"良好的生态环境""个人经济收入""社会和谐发展"三方面的比较，167 位农户认为良好的生态环境最重要，占 43.6%；132 位农户认为个人经济收入最重要，占 34.5%；84 位农户认为社会和谐发展最重要，占 21.9%。

农户对于近十年来的温度和降水变化的感知结果描述性统计如表 1 所示。

表 1   崇明岛农户对于主要气候因子感知情况结果汇总

项目	上升	下降	无变化	不稳定	不清楚
对于气温变化的感知,人数(人)	289	0	8	82	4
对于气温变化的感知,比重(%)	75.5	0	2.1	21.4	1
对于降水量变化的感知,人数(人)	80	89	24	176	14
对于降水量变化的感知,比重(%)	20.9	23.2	6.3	45.9	3.7

气温方面：75.5% 的农户认为最近十年的气温在上升，21.4% 的农户认为气温变化不稳定。可以看出，温度升高的趋势在受访农户层面有一个比较共同的认知。

降雨方面：45.9% 的农户认为降水量变得不稳定，20.9% 农户认为降雨量上升，23.2% 农户认为降水量下降。可以看出，降水量变化的不稳定在受访农户层面有一个比较共同的认知。

统计年鉴数据表明，2005 年以后，年平均气温呈现下降趋势，和农户感知情况有出入。农户的气温感知与年均统计结果背离的可能原因在于统计口径与感知结果的不匹配。例如，统计年鉴中一般统计的是全年平均温度，农户的回答则更多的是自己感受到并且印象深刻的月份的温度变化。由于农作物以水稻、小麦为主，农户反映的气温上升月份更多是夏季的温度变化，而根据统计年鉴数据显示，冬季温度降低的程度更大，所以总的全年平均温度处于下降的状态。由此可知，农户对气候变化（气温、降水）的感知更侧重于最近的、直接的、影响较大且印象深刻的现象，这也符合人们的思维反应逻辑。尽管农户感知与实际数据存在出入，但不能认为农户感知不正确，应当认为农户倾向于只对气候变化对他们影响较为显著的部分有较强感知。

3. 气候变化对农业生产的影响

大多数农户认为气候变化对农业生产有影响。63%的农户认为气候变化对农业非常有影响，36%认为有影响，但是不大。

随机抽样电话回访结果表明，回访对象中约60%的农户认为气候变化正在发生，其中约50%的农户认为气候变化对农业产生有一定的影响。其中，有一位农户特别提到他们针对气候变化的影响采取了积极的应对措施，希望后续也能得到政府的进一步指导和支持。但也有多位农户表示气候变化虽然有影响，但是并不大，因此在综合考虑经济和时间成本的情况下，不会采取气候变化适应的相关措施，也没有太多的时间和精力关注气候变化问题。同时，也有农户完全不知道什么是气候变化，对此也并不感兴趣，即使政府提供了相关的培训，也没有兴趣参加。抽样回访结果反映出两年来农户对于气候变化感知和适应问题的新态度和新趋势，即虽然部分农户能够意识到气候变化的影响，但主动采取应对措施的农户非常少。鉴于问卷调研数据覆盖了崇明岛所有的市级县级示范合作社，其结果具有一定的全面性和代表性，因此我们依然将问卷调研结果的分析呈现给读者，以期促进崇明农业气候变化风险防范和适应工作的有效开展。

（三）影响农户气候变化感知的因素分析

农户气候变化感知受到多种因素的影响。结合文献综述和问卷统计数据，从农户及家庭特征、耕地、气候变化和社会四个方面分别确定可能影响农户气候变化感知状况的变量清单，详见表2。

表2 影响农户气候变化感知的变量及其解释

变量类型	变量名称	变量解释
决策变量	是否感知到气候变化	有感知=1，无感知=0
农户及家庭特征变量	(1)年龄	20岁以下=1，20~29岁=2，30~39岁=3，40~49岁=4，50~59岁=5，60~69岁=6，70岁以上=7
	(2)性别	男=1，女=0
	(3)文化程度	未上过学=1，小学=2，初中=3，高中=4，中专=5，大专=6，本科=7，研究生=8，其他=9
	(4)环境价值观	反映农户对生态环境、经济收益和社会发展的看重程度。生态环境=1，经济收益=2，社会发展=3
	(5)农户家庭人口规模	家庭人口数(人)
	(6)农业劳动力比重	家庭中从事农业劳动力占人口数比重
	(7)人均收入	农户家庭人均收入(元/年)
	(8)收入比重	农业收入占家庭收入比重(%)，低于10%=1，10%~30%=2，30%~50%=3，50%~70%=4，70%~90%=5，大于90%=6
	(9)农业培训	农户是否参加农业培训，是=1，否=0
耕地变量	(10)耕地面积	拥有的耕地面积(亩)
	(11)作物类型	粮食作物=1，果蔬种植=2，水产=3，畜牧=4，综合=5
	(12)亩产量	亩产量增多=1，减少=2，无变化=3
	(13)信贷资金支持	是否获得信贷资金支持，是=1，否=0
	(14)农业保险	是否参加农业保险，是=1，否=0
气候变量	(15)温度	年均温(℃/年)上升=1，下降=2，无变化=3，不稳定=4，不清楚=5
	(16)降水量	年均降水(mm/年)上升=1，下降=2，无变化=3，不稳定=4，不清楚=5
社会变量	(17)家庭距镇中心距离	家庭距镇中心距离(千米)
	(18)政策规划	是否有气候变化适应规划，是=1，否=0
	(19)政策需求	非常有必要=1，有必要=2，没必要=3，非常没必要=4，不清楚=5

在分析分类变量时，通常采用的统计方法是对数线性模型。Logistic Regression 为概率型对数线性回归模型，通过样本频次来预测事件发生的可能性，研究分类观察结果与影响因素之间的关系。二元对数回归（Binary Logistic Regression）模型是对数线性模型的一种特殊形式，从概率意义上讨

论农户对气候变化感知过程受到的多种因素影响。本研究利用 Binary Logistic Regression 分析方法，对模型系数进行综合检验，主要包括：用于检测回归方程显著性的模型系数检验；用于检测模型拟合优度的对数似然值检验，以及为避免样本数量影响，作为模型拟合优度检验补充和参照的 Hosmer – Lemeshow 检验。结果见表3～表5。

表3　模型系数的综合检验

项目	似然比卡方	自由度(df)	显著性水平(Sig.)
步骤	41.946	19	0.002
块	41.946	19	0.002
模型	41.946	19	0.002

表3表明，似然比卡方检验的观测值41.946（临界值30.14），显著性水平值（Sig.）为0.002。如果显著性水平设定为0.05，由于 Sig. 值小于显著性水平，应拒绝零假设，采用该模型是合理的。

表4　对数似然值检验

最大似然平方的对数	Cox & Snell R^2	Nagelkerke R^2
133.357	0.123	0.291

表4显示了模型拟合优度的指标。最大似然平方的对数值（133.357），用于检验模型的整体性拟合效果，该值在理论上服从卡方分布，并且大于卡方临界值（30.14），因此，最大似然对数值检验通过。

表5　Hosmer – Lemeshow 检验

卡方	自由度(df)	显著性水平(Sig.)
7.045	19	0.532

为避免样本数量影响，作为补充和参照，进行了 Hosmer – Lemeshow 检验。该检验依然以卡方分布为标准，但检验的方向与常规检验不同，要求其

卡方值低于临界值而不是高于临界值。取显著性水平 0.05，考虑到自由度数目 df = 19，卡方临界值 31.04。作为 Hosmer – Lemeshow 检验的卡方 7.045 < 31.04，检验通过。后面的 Sig. 值 0.532 大于 0.05，据此也可以判知 Hosmer – Lemeshow 检验通过。

利用通过检验的模型进行分析，结果表明，政策需求（Sig. = 0.003）、家庭距镇中心距离（Sig. = 0.01）、性别（Sig. = 0.011）、家庭农业劳动力比重（Sig. = 0.011）、亩产量（Sig. = 0.040）、人均收入（Sig. = 0.045）等指标对农民的气候变化感知具有显著的促进作用，结果的内涵解释如下。

政策需求。该因素和感知发生负相关，根据该因素的赋值情况，表示需求越大，农户越容易感知到气候变化。即农户对气候变化应对相关政策的制定越关注，表示其对气候变化的影响越关心，其对气候变化的感知会更明显、更强烈。该因素可能与本次调研的样本主要是农业合作的示范社有关。一般而言，相对于非示范社的农户而言，示范社的农户与政府的交流会相对更加直接和紧密。

家庭距镇中心距离。该因素和农户气候变化感知负相关。农户距镇中心的距离在一定程度上反映了社会环境和社会网络关系的影响，比如与村民的交流频数、农作物市场交易信息以及农业技术推广等。家庭距镇中心距离近，可以大大提升与社区其他同类农户的交流频率和效果，加快气候变化相关信息的传递；此外社会网络关系的建立可增加合作机会，减少对气候变化适应新技术的心理障碍，提高气候变化适应技术的采用概率，从而进一步促进农户对气候变化的感知。

农户性别。该因素和农户气候变化感知负相关。根据该因素的赋值情况，该值越小，越能促进气候变化感知的发生。所以女性比男性更容易感知到气候变化。其可能原因是中国传统农业生产是以农户家庭为单位，而在当今男性农户外出务工不断增加，在此背景下，女性农户更多地参与农业生产，从而对于气候变化导致的农业生产影响印象较为深刻。世界自然保护联盟（ICUN）2007 年发布的《性别与气候变化》报告也指出，女性确实比男性更容易受到气候变化和自然灾害的影响。

家庭农业劳动力比重。表示农户家庭中从事农业生产的人占比，占比越大，表示家庭中从事农业生产的人更多，家庭对农业的依赖性越大，受到的气候变化影响更为直接，相对更容易感知到气候变化。

亩产量。该因素和农户的气候变化感知正相关，根据该因素的赋值情况，亩产量增加对农户气候变化的感知有促进作用。产量增加会使农户更加积极从事农业生产，对气候变化的农业生产的影响也会更加关注，提升了农户对气候变化感知的可能性。

家庭人均收入。该因素和农户的气候变化感知正相关。人均收入可以代表一个家庭的财富水平，家庭富裕的农户可能会有更多的精力去关注气候变化的信息与知识，其社会网络也相对更为丰富，相对有更多的渠道和能力去感知气候变化的影响。

最新的回访调查结果表明，教育水平也可能会对农户的气候变化感知和适应行为产生影响，例如在回访深入访谈中，始终认为气候变化问题十分重要且积极采取行动应对的气候变化的农户，具有研究生学历，而其他仅接受过中学教育的农户对气候变化问题关注较少。

四 结论与建议

农业的气候变化适应性研究是当前的热点课题，农户作为农业的主体，其对气候变化的感知和适应对实现区域农业可持续发展至关重要。研究以崇明岛为例，开展了农户的气候变化感知状况调研。

调研结果表明，崇明岛示范合作社的农户中以男性户主为主，年龄段以40～59岁为主，多数是初中和高中文化程度，多数农户家庭中从事农业生产劳动的人数超过了50%。数据显示，92.4%的农户认为气候变化正在发生。夏季平均气温升高，全年平均降水量不稳定是崇明岛农户感知比较显著的气候变化特征。调研结果表明，75.5%的农户认为最近十年的气温在上升，21.4%的农户认为气温变化不稳定。可以看出，温度升高的趋势在农户层面达成一定共识。45.9%的农户认为降水量变得不稳定，20.9%农户认为降水量上升，23.2%农户认为降水量下降。可以看出，降水量变化的不稳定在农户层面达成一定共识。

农户气候变化感知受到多种因素的影响。研究结合文献综述和问卷统计数据，从农户及家庭特征、耕地、气候变化和社会四个方面建立了备选的影响因子库，并利用 BLR 方法识别出了影响农户气候变化感知的六大因素，包括政策需求（Sig. = 0.003）、家庭距镇中心距离（Sig. = 0.01）、性别（Sig. = 0.011）、家庭农业劳动力比重（Sig. = 0.011）、亩产量（Sig. = 0.040）、人均收入（Sig. = 0.045）。

总的来看，虽然有的农户已经感知到明显的气候变化并采取了积极措施来适应气候变化，但整体上目前崇明岛农户对于气候变化问题的关心远远不够，这一方面和农户自身感受到的气候变化风险和影响水平较低有关，一方面也和农户面临的主要挑战依然是经济发展有关，因此农户在决策时会更多地考虑经济成本的影响。数据分析也表明，家庭人均收入是影响农户气候变化感知的重要因素之一。

需要特别说明的是，大多数农户只能对自己感知到的气候变化产生反应，而防范长期气候变化不确定性带来的风险，则需要系统性的气候变化适应性规划，这就需要政府在深入分析农户气候变化适应需求的基础上制定有效的辅助政策来支持农户开展有效的气候变化适应行动。针对崇明岛农户气候变化感知情况的现状，提出以下建议。

（一）开展自下而上的农户气候变化适应性规划

农户无法单独应对气候变化内在的系统不确定性，政府应在充分调研农民对气候变化的感知和气候变化对农户影响的基础上，开展差异性的农户气候变化适应性规划，为有需要的农户应对气候变化提供支持和帮助。由于气候变化对地区影响的差异，农户的感知与适应行为更多表现出"局部"特征。应当根据气候变化实际情况划定气候变化的易感地区，积极开展相关研究，通过实践和绩效评估推动农户自下而上的气候变化适应行动，实现自上而下的政策规划和自下而上农户适应能够有效沟通和平衡。

（二）加强农业合作社在农户气候变化适应中的作用

合作社模式有助于强化同类农户之间的信息共享与交流。此外，已有的良好实践对农户具有一定的示范作用，通过广泛宣传已有的优秀实践案例，加强农业合作社在农民气候变化感知和适应过程中的作用，将有助于农户内部形成网络，在充分的交流沟通中，自发地学习如何更好地感知和适应气候变化。同时，气候变化适应技术的引入和推广也需要有"先锋"农民的积极参与，合作社可以起到技术筛选和本地化的作用。以合作社为龙头，也更容易将适应技术与农业科技创新结合起来，增强农民群体对气候变化适应技术的接受度。

（三）加强女性在农业气候变化适应中的主导作用

调研分析表明，女性农户更容易感知到农业生产受到的气候变化影响，因而在气候变化适应行动中可能更为主动。加强对女性农户的气候变化应对培训和支持，增强女性在农业气候变化中的主导作用，是提升整体气候变化感知水平的可能途径之一。

（四）建立专门的农户气候变化适应保障机构

农户受到家庭成员结构、教育水平、收入水平、技术能力等种种因素限制，经常难以自主开展气候变化适应行动；即使有农户已经开展了部分适应行动，也需要政府提供相应的支持和保障。因此，建议成立专门的农户气候变化适应保障机构，帮助农户及时识别气候变化带来的不利影响，有效适应气候变化。

（五）定期开展农户的气候变化感知调研

建议每年开展针对农户的气候变化感知状况调研，及时掌握农民面临的气候风险和相关困难，为开展农户的气候变化知识培训、提升农户气候变化适应能力提供科学支持和技术支撑。

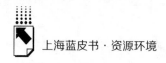

参考文献

IPCC. 2014. Summary for policymakers. In: Climate Change 2014: Impacts, Adaptation, and Vulnerability. Cambridge University Press, Cambridge, United Kingdom and New York, NY, USA.

Climate Change Secretariat. 1999. United Nations Framework Convention on Climate Change. UNEP/ IUC.

Roger Pielke 2007. Mistreatment of the Economic Impacts of Extreme Events in the Stern Review Report on the Economics of Climate Change. *Global Environmental Change*, 17 (3): 302 – 310.

Stern P C, Young O R, Druckman D. 1991. Global environmental change: Understanding the human dimensions. Committee on the Human Dimensions of Global Change. National Research Council.

Grothmann T, Patt A. 2005. Adaptive Capacity and Human Cognition: The Process of Individual Adaptation to Climate Change. *Global Environment Change*, 15: 199 – 213.

Maddison D. 2006. The Perception of and Adaptation to Climate Change in Africa. CEEPA, Discussion Paper No. 10.

Lorenzoni, I., Nicholson-Cole, S. & Whitmarsh, L. 2007. Barriers Perceived to Engaging with Climate Change among the UK Public and Their Policy Implications. *Global Environment Change*, 17, 445 – 459.

Joseph Awetori Yaro. 2013. The Perception of and Adaptation to Climate Variability/ Change in Ghana by Small-scale and Commercial Farmers. *Regional Environmental Change*, 13 (6): 259 – 1272.

Erin L. Bohensky, Alex Smajgl, Tom Brewer. 2012. Patterns in Household-level Engagement with Climate Change in Indonesia. *Nature Climate Change*, 1762 (4): 348 – 351.

Gbetibouo, G A. 2009. Understanding Farmers' Perceptions and Adaptations to Climate Change and Variability: The Case of the Limpopo Basin, South Africa. International Food Policy Research Institute (IFPRI) Discussion Papers, 49 (2): 217 – 234.

朱红根、周曙东:《南方稻区农户适应气候变化行为实证分析——基于江西省 36 县 (市) 346 份农户调查数据》,《自然资源学报》 2011 年第 26 (7) 期。

王全忠、周宏、陈欢、朱晓莉:《农户对气候变化感知的有效性分析——以江苏省水稻种植为例》,《技术经济》 2014 年第 33 (2) 期。

陈欢、周宏、王全忠、张倩:《农户感知与适应气候变化的有效性分析——来自江苏省水稻种植户的调查研究》，《农林经济管理学报》2014 年第 5 期。

常跟应、李曼、黄夫朋：《陇中和鲁西南乡村居民对当地气候变化感知研究》，《地理科学》2011 年第 6 期。

纪晓婷、齐顾波：《论气候变化的适应》，《当代经济》2013 年第 13 期。

宋宁：《农民气候变化认知及工程类适应措施分析》，河南农业大学硕士学位论文，2015。

李西良、侯向阳：《气候变化对家庭牧场复合系统的影响及其牧民适应》，《草业学报》2013 年第 22（1）期，第 148～156 页。

国际借鉴篇

International Experience and Lessons

B.10
纽约弹性城市建设经验及对上海的启示

曹莉萍*

摘　要：　面临气候变化带来的全球性环境、社会、经济风险，许多国家、地区都制定了应对方案并采取行动，作为全球城市的纽约在有关气候变化的城市治理方面一直处于国际领先地位，引领全球城市开展弹性城市建设。在梳理纽约弹性城市建设发展历程基础上，分析纽约市弹性城市建设所面临的挑战和机遇，未来百年目标和4个主要目标，以及实现这4个主要目标的具体措施。最后，对比纽约市与上海市的相似性，纽约市在弹性城市项目建设、投融资、区域合作、政府治理这四个方面为上海市弹性城市建设带来启示。

* 曹莉萍，上海社会科学院生态与可持续发展研究所，博士，研究方向为低碳发展与气候治理。

关键词： 弹性城市　城市建设　纽约　上海

纽约市整体面积 1214 平方千米，其中 789 平方千米为陆地，陆地人口密度 10836 人/平方千米（2015 年数据），是美国区域经济的中心和人口集中地，也是受气候变化影响较大的城市之一。尽管纽约市在过去的十年（2007～2016 年）获得了繁荣发展，但城市生活成本上升和收入不平等仍然存在，贫穷和无家可归的人口比率依然很高；城市核心基础设施如道路、地铁、排污设施、桥梁已年久失修；价格可承受的刚性住房依然短缺；城市空气和水环境不再清澈；城市公园和公共空间也不能满足所有纽约市居民的需求。若再不采取行动，气候变化将成为城市未来发展的现实威胁。因此，制定和实施以"应对气候变化"为核心的环境政策和城市规划，建设弹性城市是纽约市解决因气候变化带来的社会、经济、环境问题，实现可持续发展的必经之路。通过分析纽约市最新弹性城市建设计划的实现路径、发展目标及其经济社会背景，对照上海城市特点和发展阶段，纽约市弹性城市建设的经验为上海市建设弹性城市带来较多启示，尤其是对上海市中心城区弹性建设具有较强的借鉴意义。

一　纽约弹性城市建设背景

进入 21 世纪，纽约开始提出弹性城市建设理念，并明确了城市弹性的定义：在面对压力或抵御震惊性事件时，快速恢复城市各项功能并使城市变得更强壮的应对能力，城市基础设施系统如交通、能源、通信系统等的适应能力，以及灾害影响减缓能力和应对未来挑战的适应能力。早在 2007 年，第一个纽约城市规划（PlaNYC）中就前瞻性地提出了城市弹性建设的倡议，2012 年桑迪飓风灾害后即启动了"重建和弹性建设特别倡议"项目，并颁布了以应对气候变化为核心的弹性城市规划——《更加强壮、更富弹性的纽约》（A Stronger, More Resilient New York, 2013），之后一系列的关于弹性城市的规划、项目、进度报告相继出台，如《一座城市，一起重建》（One City，Rebuilding Together，2014）、《一个纽约——强壮适宜的城市规划》（One New York，The Plan for a Strong and Just City，2015）、《纽约城市 80×50 建设路线图》（New York City's Roadmap to 80×50）、《一个纽约2016年进度报告》（OneNYC，2016 Progress Report）等。

通过弹性城市建设，纽约未来将能够应对诸如桑迪飓风等灾害性事件，并保证灾害发生时全城居民能够获得基本公共服务，且在2050年实现消除长期流离失所和失业人口的目标，以更强壮的社区形象呈现在世人面前。首先，纽约城市将不断提高私人和公共建筑能效来应对气候变化带来的环境影响；其次，增加交通、电信、水和能源等适应性基础设施来抵挡恶劣气候灾害；再次，提升海口城市防范洪水和海平面上升的能力；最后，通过稳固家园、保障国内外商贸的正常开展，形成以社区为单位的参与弹性城市建设的组织，提供公共服务来减少灾害性事件的影响，并使城市的各项功能得到快速恢复。

二 纽约弹性城市建设发展历程和主要内容

由于纽约市弹性城市建设也是近10年内起步，在不同的发展阶段，纽约弹性城市建设的路径、目标稍有不同。当2007年第一个纽约城市规划发布时，纽约尚未发生经济衰退现象，也没有受到桑迪飓风的影响。但现在纽约整个城市面临了多重挑战：气候变化成为威胁纽约市未来发展主要原因，同时地区不平衡发展增加了其他挑战。为此，纽约通过制定实施关于弹性城市建设的规划、项目，逐步使纽约城市在应对气候变化和经济发展方面变得更具适应性和弹性，在灾后重建和恢复方面更加高效。

（一）弹性城市建设计划的演进

纽约弹性城市建设和气候适应项目早在2007年《更葱绿、更美好的纽约》就已提出，直到2013年6月，综合应对气候变化的弹性城市计划《更加强壮、更富弹性的纽约》规划了一个 10 年弹性城市建设项目，该项目耗资 200 亿美元，共包括 257 个适应基础设施系统建设的子项目，该计划目标是在桑迪飓风灾害之后建成一个更具抗击能力、更坚实的城市社区。《更加强壮、更富弹性的纽约》计划详细分析了发生桑迪飓风灾害期间纽约城市社区、建筑、基础设施和海岸线所受到的影响，并提出了使弹性建设项目更能应对未来气候变化的风险评价体系。同时，纽约市长办公室房屋修复部门也提出了《重建计划》（Build It Back，2013），该计划得到了联邦基金会支持，并作为飓风灾害后城市恢复计划中的一部分，帮助修复纽约城市房屋建筑。这个房屋修复计划分为多个子项目，为纽约市受灾房屋建筑修复提供了资金支持，截至 2015 年底，超过 2 万户居民房屋已经得到修缮，近 1.2 万户居民房屋正在被修复。2014 年 4 月，纽约又发布了《一座城市，一起重建》报告，旨在强化和扩大弹性建设内容和房屋修复计划。该报告提出设立恢复和弹性建设办公室来推动城市弹性建设版本的更新，同时，办公室应承担起执行关键项目改善的职能，包括加快损失补偿审查和建设项目启动。该办公室通过《重建计划》为受飓风灾害影响的居民提供就业机会，如增加飓风灾害恢复建设的劳动力等，并提出增加水管工岗位来增加建筑管道贸易。截至 2015 年，《重建计划》已经完成 3200 个补偿审查，启动了 1100 个家园建设项目，其中 500 个家园建设项目已经完成。

2015 年，纽约发布了更新、更全面的气候弹性建设计划"一个纽约"，为继续实施应对气候变化路线服务。在"一个纽约"计划中，城市通过创新理念和聚焦重点领域，加速和扩大了"建设一个强壮而富有弹性的纽约城市"计划，这些新理念和聚焦领域包括：（1）强化社区功能。通过打造社区和提高社区的社会经济弹性来强化社区功能，包括在应急预案制订过程中，强调居民、NPO（非营利组织）和企业的深入参与，通过研究社区制度的作用将社会凝聚力作为一种弹性策略。（2）更新气候项目。纽约市政府承诺采用最科学的预测方法来做出决策、制定政策。2015 年，纽约城市应对气候变化委员会（NPCC）发布了《构建气候弹性知识库》（Building the Knowledge Base for Climate Resiliency），更新气候项目数据，对以前设定的气候指标提出修改意见，并监测项目的实施情况。在这份项目报告中，新的关注主题包括因热波事件和海岸风暴而导致的公共健康问题，以及升级动态海岸洪水模型来精确海平面上升效应。（3）聚焦热波影响。基于 NPCC 的工作，纽约把应对气候变化的关注点集中在短期和长期的城市热波效应上。新成立城市热岛效应工作组来更好地优化城市气温数据收集，分析热波对自然条件和基础设施的影响以及对城市热岛效应的影响。（4）土地利用政策。在 2013 年的气候弹性计划中，纽约开始研究采用土地利用政策恢复城市弹性。纽约通过研究 10 个受飓风影响的社区案例，提出地区和城市范围内的弹性修复建议和土地利用改变对策。这些建议和对策在降低城市因规模不断扩大和解决经济增长情况下存在的长期脆弱性问题具有积极的作用。（5）升级联邦议程。2013 年联邦政府发布了《国家洪水保障计划》（NFIP），虽然这项计划尚不能解决联邦应急管理局（FEMA）长期保险费用负担增加的难题，但是能够起到减缓 FEMA 支付个人灾害保险费用增加的作用。NFIP 将在 2017 年被更新，这是一次进行制度改革的机会。通过重新审批 NFIP 计划，城市将持续评价降低风险投资和促进购买力的政策改变和政策效果。同时，纽约将更新城市发生洪水点的地图，来展示城市应对洪水的脆弱性。最后，美国军工集团（USACE）每两年发布一次北太平洋海岸综合研究，建议纽约市尽快采取行动降低城市沿海脆弱性。纽约城市也继续保证 USACE 开展新的纽约港口弹性研究及其他研究，这些研究结果在指导纽约弹性城市建设上极具权威性。

（二）强壮、适宜、弹性城市建设的主要内容

纽约市 3 个版本的弹性城市计划升级（见图 1），为解决纽约城市收入不平等问题和应对气候变化问题提出了具体实现路径。其最新版本的"一个纽约"计划为纽约市在下一个百年里成为全球中心提出了经济发展和增强城市活力的策略。因此，在这个规划下，纽约市所需要面对的压力更多的是未来可能发生的挑战，提出的弹性城市建设路径和目标不仅适用于现在的纽约，更能让未来的纽约有所适从。本文根据纽约弹性城市建设计划的最新

版本，在分析纽约当前和未来面临的气候、经济、社会挑战和潜在机遇的基础上，总结纽约建设强壮、适宜、弹性城市的发展目标和具体措施，从中探索纽约建设弹性城市的经验。

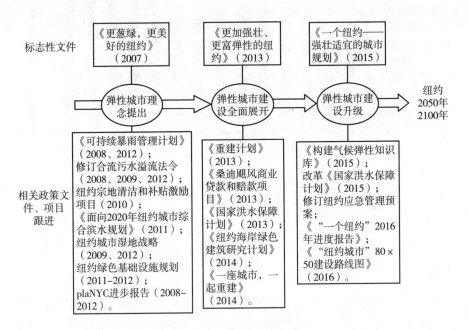

图1 纽约弹性城市建设历程

1. 核心挑战与机遇

（1）社会经济压力

在人口方面，由于大量的移民涌入，纽约市的人口持续快速增长，2015年常住人口已经达到855万，处于历史新高，2010～2015年人口年均增速为4.6%，预计到2040年将会达到900万（见图2）。其中，曼哈顿区人口为164万，2010～2015年均增速为3.7%，较其他城区缓慢。城市人口的过快增长将会使城市基础设施和公共服务供给变得紧张。同时，纽约人口老龄化趋势逐步呈现，到2040年超过65%的人口为老年人口。这就需要城市设计能够提供更多适应人口老龄化的公共服务，并且通过提供公平获得就业和服务的机会，减缓城市老龄化的压力。

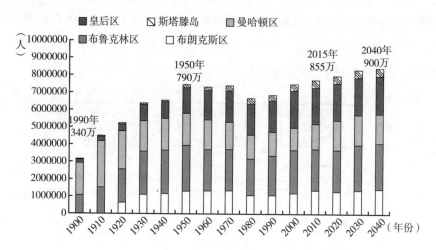

图2　1900~2040年纽约人口变化趋势

资料来源：OneNYC，2015。

在经济方面，2014年纽约市共计有420万个就业岗位，其中11.3万个为私人岗位，共创造城市总产值（GCP）6470亿美元。自2008年金融危机以来，纽约市经济复苏增长速度超过了美国平均水平，2009~2014年工作岗位增加了11.5%，就业增长率从不到1%，涨到了3%（见图3）。经济的持续稳定和增长来源于核心区曼哈顿区和其他区县经济多元化的贡献。在过

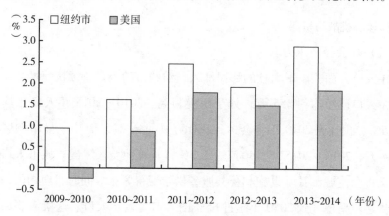

图3　2009~2014年纽约和美国就业增长率比较

资料来源：OneNYC，2015；美国人力资源统计局。

去的 10 年里其他区县的工作岗位增加速度要超过曼哈顿区，但曼哈顿区仍是工作岗位数量最多的区域。传统的金融业、保险业和房地产业成为纽约市经济发展的重要支柱，这些行业提供的就业岗位占总就业岗位的 11.7%，其产值占 GCP 的 38.4%（2014 年），并且为纽约市提供了稳定的、用于支持城市基础设施和公共服务投资的税收来源，从而促进了城市经济的持续增长。同时，以总部经济为主的纽约市，2014 年共拥有 52 家世界 500 强企业总部。

尽管纽约城市经济如此繁荣，纽约市依然拥有较高的失业率且地区收入不平等。2015 年纽约市的贫困人口占城市总人口的 20.6%，高于美国贫困人口比例。

（2）基础设施亟待更新

作为全球城市，纽约市的老旧基础设施成为束缚城市现代化和发展动态城市中心的重要因素。这些老旧基础设施包括交通系统、供水设施、供气设施、电力系统和互联网系统。2015 年，纽约共有 88% 的供热管道、53% 的城市发电容量、37% 的输变电站、12% 的大型变电站、39 个燃料终端处于百年一遇洪水高发区域；2020 年，18% 的通信设备也将处于百年一遇洪水高发区域。尽管大量的论证表明现代基础设施随着经济增长而增长，但是某些地区的公共设施投资仍然跟不上资本投资。例如，纽约市的交通系统于 2013 年已经破纪录满负荷运送旅客 17 亿人次，人均每天通勤时间达 47 分钟，成为美国大城市中通勤时间最长的地区；纽约城市的供气、供热和供水管道虽然还不到使用年限，但是管道材料已经达不到现在的标准配置，"跑冒滴漏"现象严重；城市地下基础设施尚未标识，出现问题时难以精确定位，及时修缮；城市的高速公路和桥梁，如 1883 年建成使用的布鲁克林桥也存在老旧和坍塌的风险；互联网像水、电、气一样成为生活不可或缺的公共产品，但是截至 2014 年低，仍有 22% 的纽约市家庭没有安装宽带互联网。缺少对这些老旧基础设施进行更新、修复的充足资金成为阻碍纽约城市发展的一大挑战。

（3）城市生活环境变化

近几年，纽约市在大气环境治理方面，通过减少建筑能耗和使用低碳电力措施，取得了实质性的进展。城市温室气体排放量比2005年下降了19%；空气质量达到过去50年来最干净的状态，在美国的各大城市中，纽约市的空气质量已从过去排名第7位上升到第4位。在土壤治理方面，总面积超过260万平方千米的100多块棕地已经被清理和修复，其中2015年修复的23块棕地创造了420个新的就业岗位、550户保障性住房和1.62亿美元的税收收入。在绿色基础设施建设方面，城市生态调节沟、雨水花园、透水路面、绿色屋顶，有助于减缓暴雨带来的洪水并防止城市污水四溢流入城市河道。然而，尚未得到治理和有效利用的环境污染物仍然对人身健康和生活产生慢性的不良影响，2012年大约有千分之四的纽约市青少年（5～17岁）因哮喘入院；人口压力也使得纽约市到2030年要增加14%的供热来源和44%的能源消费；平均每天产生的2.5万吨生活垃圾中只有15.4%的废弃物能够被循环利用。

（4）应对气候变化的挑战

虽然纽约在应对气候变化方面取得了卓越的进展，但仍然受到气候变化的影响。2012年10月，桑迪飓风袭击了纽约港，纽约城市洪水超过了历史警戒线，其相邻城市的房屋、基础设施也遭受不同程度的损坏，贸易和公共服务供给中断。面对纽约城市在灾害性气候中的脆弱性，NPCC对气候变化带来的威胁进行了分析并做出了最好的情景分析来影响城市气候政策的制定。NPCC发布的《构建气候弹性知识库》（2015）报告更新了地区气候项目数据。报告发现，过去100年，纽约市海平面平均每10年上升2.54厘米，1900～2015年共上升了33.5厘米；以2000年为基期，NPCC预测到2050年的中间值，纽约市平均气温将上升4.1～5.7℃（即上升4%～11%）；纽约市附近海平面将上升27.94～53.34厘米；每年超过32.2℃的天数将翻一倍（见表1）。由于海平面的上升，沿海洪水发生的频率将会提高，横跨北大西洋盆地的飓风次数也将会密集地增长一倍。这些气候挑战都会反映在城市社区、贸易、基础设施以及人们的身体健康上。幸运的是，纽约市在减少温室气体排放和通过增加沿海水下管道、低碳建筑和基础设施等关键性投资来适应城市社区变化方面做出很多的努力，并引领全球和影响未来几代人。

表 1　纽约气候变化项目未来 100 年气候灾害预测值

长期灾害		基准线	2020 年		2050 年		2080 年		2100 年	
		1971~2000 年	中间值	最高值	中间值	最高值	中间值	最高值	中间值	最高值
平均气温		54.1°F	+2.0~2.8°F	+3.2°F	+4.1~5.7°F	+6.6°F	+5.3~8.8°F	+10.3°F	+5.8~10.3°F	+12.1°F
降水量		50.1in.	+1%~8%	+11%	+4%~11%	+13%	+5%~13%	+19%	+1%~19%	+25%
		2000~2004 年	中间值	最高值	中间值	最高值	中间值	最高值	中间值	最高值
海平面上升		0	+4~8in.	+10in.	+11~21in.	+30in.	+18~39in.	+58in.	+22~50in.	+75in.
极端事件发生频率		1971~2000 年	中间值	最高值	中间值	最高值	中间值	最高值	中间值	最高值
热波和寒潮事件	每年气温达到或超过 90°F 的天数	18	26~31	33	39~52	57	44~78	87	—	—
	每年热波次数	2	3~4	4	5~7	7	6~9	9	—	—
	每次持续天数	4	5	5	5~6	6	5~7	8	—	—
	每年气温等于或低于 32°F 的天数	71	52~58	60	42~48	52	30~42	49	—	—
集中降水	每年集中降雨超过 2in. 的天数	3	3~4	5	4	5	4~5	5	—	—
		2000~2004 年	中间值	最高值	中间值	最高值	中间值	最高值	中间值	最高值
沿海防洪能力	未来发生百年一遇洪水的频率	1%	1.1%~1.4%	1.5%	1.6%~2.4%	3.6%	2.0%~5.4%	12.7%	—	—
	未来百年一遇洪水高度 (ft)	11.3	11.6~12	12.1	12.2~13.1	13.8	12.8~14.6	16.1	—	—

注：1°F=17.22℃；1in=2.54cm；1ft=30.48cm；资料来源：NPCC，2015。

217

（5）区域协同发展的重要性

得益于高速的城市内部交通、高技能劳动力、丰富的文化资源和基础设施，纽约市的经济发展成为纽约大都市圈繁荣的重要动力。但是纽约市与大都市圈内的其他城市和地区同样面临着收入不平等、保障性住房满足不了经济发展、港口不能共享等问题。而且纽约大都市圈城市间交通尚未达到互联互通的便利，尤其是与新泽西州的休斯敦、长岛、康涅狄格州等之间的交通行政协调。碎片化的行政管制阻碍了交通、能源、通信等一系列关键领域区域规划的实施，单纯的城市间基础设施建设和公共服务交易不能对区域的发展产生积极的作用。因此，纽约市必须在区域政府中起到领导作用，从而协调区域内的合作，提高区域内公共服务投资效率。

（6）数字技术和大数据应用

数字工具如互联网、数据库，可以帮助解决一些城市中最紧迫的弹性挑战，包括支持社区弹性建设和社会凝聚力的形成，并提高人们应对突发事件的能力。纽约市利用数据战略来开发综合交互式平台，这个平台能够定位和归纳城市社区与政府机构组织的活动及经验。同时，纽约市通过社区建设计划，获得数字工具的数据基准线，并通过数字工具将居民需求与政府提供的服务相互对接，以及公开城市社区事件的具体信息。

2. 建设目标和评价指标

桑迪飓风灾害过后，纽约市必须面对重新修复海岸城市生活的挑战和实现增强城市弹性的承诺。NPCC推出了一系列的修复方案，在最新版本的方案中，纽约市城市弹性的目标是：使城市能够应对更多的挑战而不仅仅是"下一个桑迪飓风"。在这个总目标下，纽约弹性城市建设的分目标包括4个：每个城市社区更加安全、建筑更新升级能够抵御气候灾害的影响、区域内基础设施系统能够可持续地提供服务、沿海防洪能力提高以抵御洪水和海平面升高。虽然最新版本的计划是为纽约人未来100年内建设弹性城市所设计的，但从其建设成效评价指标体系来看，是在延续和完善前面几个版本计划的基础上发展而来的，这些评价指标包括：消除因灾害事件而导致的人口迁移、社区社会脆弱性的降低、气候事件造成的年经济损失的减少。

（1）每个城市社区更加安全

当灾害性事件袭击纽约城市时，城市多个社区都会暴露出其脆弱性。此时，需要当地居民、社会组织和社区领导者指挥进行社区恢复，并在政府救援耗尽时提供长期恢复的支持工作。虽然政府对社区建设的帮助非常重要，尤其是在发生灾害时，保持政府部门与社区利益相关者之间的联系能够对高效地处理灾害问题。但是城市社区利益相关者积极地与地方非政府组织保持联系，能够使城市更主动应对未来可能发生的灾害，并做好中长期恢复工作的准备。同时，增强社区内的社交网络和完善社区基础设施建设同样能够增强城市弹性。例如，热波是纽约城市未来一大挑战，若社区内没有稳固的社交网络和基础设施，那么对热波敏感人群，如老人和小孩的受伤人数将会上升。最后，社区需要通过配置应急通信设备和实施预防项目来保持社区基础设施和社交网络应对灾害的能力。在灾害发生时，第一反应人和其他重要的相关人员必须能够马上进入响应和修复工作、物流和支持工作以及启动关键应急设备。这些长期修复工作能够保证受灾居民有机会通过招聘程序和劳动力市场参与社区恢复建设工作。因此，通过增加社区基础设施建设、增强社交网络和经济弹性来使每个城市社区更加安全是纽约弹性城市建设目标之一。该项目标评价指标包括2个：①纽约市到2050年将增加12万个应急避难所；②社区建设志愿者数量到2020年将比2015年增加25%。

（2）建筑更新升级以抵御气候灾害影响

虽然，纽约城市已经设计了能够提高安全性和高能效的新型建筑，但城市中大多数建筑如住宅、学校、工作场所、企业和宗教场所已按照以往建筑标准进行建造，其抗灾能力尚未达到抵抗百年一遇洪水的能力，因此，非常有必要对纽约市横跨5个行政区的既有建筑进行改造升级，以抵御自然灾害的影响并恢复受损建筑功能，从而使这些建筑继续在气候正常情况下为城市居民和商业活动服务。为此，纽约要通过3项指标来实现建筑更新的目标，包括：①通过洪水保险政策在百年一遇洪水高发区域提高家庭住宅比例；②增加区域内能够抵御洪水风险的建筑面积；③通过"重建项目"恢复和增加区域内家庭数目。

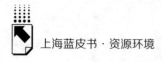

（3）区域内基础设施系统可持续地提供服务

纽约市将通过改变区域和城市基础设施建设体系，降低气候变化对城市功能的影响，保证在应急情况下关键服务的持续供给，以及城市功能在服务中得到快速恢复。纽约城市已经实施了一系列基础设施恢复和弹性激励项目，总额超过200亿美元，加上区域城市伙伴，如大都会运输署（MTA）、纽约和新泽西港务局（PANYNJ）、联合爱迪生电力公司、长岛电力局（LIPA）、国家电网、美国三大移动电话运营商（AT&T、Sprint、T – Mobile）、有线电视公司、无线运营商 Verizon 和时代华纳有线电视公司等支持，项目总额将接近300亿美元。基于城市基础设施恢复和弹性激励项目，纽约将实现区域内基础设施系统可持续提供服务的目标，其评价指标主要有2个：①缩短因天气原因而造成的客户等待时间和交通中断时间；②通过弹性城市改造，将增加百年一遇洪水高发地区的医疗设施和床位数量。

（4）沿海防洪能力提高以抵御洪水和海平面升高

纽约市的海岸线经过400多年的考验，已经暴露在气候变化威胁之中。NPCC 预测由于海平面的升高，受洪灾面积将会增大；全城范围内的洪水发生频率和强度将会升高。若不采取行动，到2050年，纽约市将会有183平方千米地区面积处于百年一遇洪水高发区域，这一面积将比2015年增加了42%，涉及人口数量将80.9万人。为此，在2013年，纽约市就发布了第一个具有海岸全面保护计划的弹性城市建设规划——《更加强壮、更富弹性的纽约》来减少城市脆弱性。之后，纽约实施一系列海防项目来应对气候变化带来的威胁，并与 USACE 合作开展海岸弹性建设项目。但不论是现在还是未来，纽约市都需要大量的资金支持以及探索新的资金来源来保证海岸弹性建设项目全面、有效地实施。未来纽约市在实现提高沿海防洪能力目标方面包含3个评价指标：①完善线性海防设施部署；②提高沿海生态系统修复面积；③提高从海防项目和生态系统修护项目中获益居民的数量。

3. 具体措施

伴随百大弹性城市计划的推进，纽约市一系列弹性城市建设计划项目（见表2），包括区域合作、建筑、基础设施、海防项目等，一直走在全球城市弹性建设前列，成为引领全球弹性城市建设的风向标。因此，有必要对纽约市实现每个弹性城市目标的具体措施进行分析，总结其建设经验。

表2　2013～2015年纽约城市修复和弹性项目

序号	项目
1	贝尔维尤(Bellevue)医院设施修复和弹性项目
2	甜筒岛(Coney Island)医院设施修复和弹性项目
3	东部沿海弹性项目
4	皇后区洛克威(Rockaway)木板桥重建项目
5	哈德逊线修复项目
6	休·凯里(Hugh L Carey)隧道修复项目
7	皇后中心镇隧道修复项目
8	长岛铁路(LIRR)东河隧道和西区庭院弹性项目
9	海湾公寓湾侧项目
10	布鲁克林区东红钩修复项目
11	布鲁克林区西红钩修复项目
12	洛克威重塑项目(牙买加湾和大西洋海滩)
13	史泰登岛东部海岸项目
14	纽约大学郎格尼医学中心弹性改善项目
15	曼哈顿下城的综合海岸保护项目

资料来源：OneNYC，2015。

（1）城市社区安全方面

要实现城市社区安全目标，第一，要加强社区组织建设。主要措施包括：①开发综合的、交互式的网络平台来定位大小社区组织及其开展的活动，同时也可以通过这个网络平台公开地方政府的公共服务和政策措施；②通过强化社区组织服务能力、信息化能力、社区应急指导能力和制定弹性规划能力，来支持社区弹性建设和扩大民主参与；③纽约市将增加志愿者参与社区政策实施的机会。第二，完善应急准备和计划。纽约市通过修订纽约应急管理预案（NYCEM）来加强人们应对极端气候灾害和其他灾害的公共教育，预案内容包括如何做好应急准备和如何应对灾害影响。第三，扶持中小企业和当地商业。作为城市社区的关键部分——中小企业能为受灾人们提供就业岗位、产品和服务。飓风灾害过后，受影响社区的商业中断意味着经济效益损失、失业增多和产品服务的减少，许多社区居民的日常需求得不到满足。为此，飓风过后城市需要向650家企业提供金融和技术帮助。截至2015年底，"桑迪飓风商业贷款和赠款项目"① 已经为250家中小企业提供金融保障。同时，纽约市通过"纽约提升"② 项目在甜筒岛和洛克威投入了3000万美元增强商业廊道的基础设施建设，包括提升暴雨管理，通过街景画和场景布置项目来增强地区连通性。第四，确保员工发展是弹性投资的一部分。当纽约市公布超过200亿美元弹性货币投资项目时，受飓风灾害影响的居民能够获得因投资所产生的就业机会和有关城市建设工作所必需的培训。认识这一点，纽约市将通过城市"重建项目"，来鼓励社会更多地雇用受桑迪灾害影响的居民，尤其是低收入者，并为其提供培训，使其能够参与城市恢复项目。此外，纽约城市社区外的劳动力服务也会随着工业发展和劳动力组织发展被融入纽约城市弹性建设项目中。第五，减缓热波的风险。通过绿色化社区和增加空调设备，来减缓热波导致的疾病和死亡，减少因气候变化导致的城市脆弱性。其中，绿色化社区建设包括城市热岛工作小组通过创造能够收集社区层面温度数据的气温监测系统，与自然保护协会科学地评价热岛效应以更好地收集热波数据，同时，开发更有效的投融资机制和采用运营策略来指导城市热波减缓和应急响应活动。此外，为了评价热波减缓工作成效，纽约市升级了激光定位（LiDAR）数据库来评价环境投资；而在增加空调设备措施方面，纽约市通过"联邦低收入家庭能源援助项目基金"保证低收入、热脆弱地区首先获得制冷设备；纽约市卫生局也相应修改卫生法律来更新热脆弱地区住宅和人的最高耐受温度数据标准。

（2）建筑更新升级方面

要提高建筑抗灾能力，增加洪水风险区域的家庭数量。第一，要升级改

---

① 2013年启动。
② 公共和私人部门通过竞争获得弹性技术研发和商业化的3000万美元支持项目。2015年初，能源基础设施、电力通信和中小企业楼宇系统改造项目赢得了这项赠款项目。

造城市公共和私人建筑。如上所述，纽约市有超过 100 万栋建筑不能适应气候灾害的影响，需要对这些气候脆弱性建筑改造升级。纽约市通过执行"重建项目"来展示未来最佳居家和社区典范，同时升级或强化建筑系统来提升多户住宅建筑的抗洪水能力，如升级建筑电气设备等楼宇系统，避免脆弱建筑在灾害发生时丧失服务功能。在提高公共建筑的弹性投资方面，纽约市房屋局（NYCHA）从联邦应急管理局（FEMA）获得了 30 亿美元的资金来提高 33 栋公共建筑弹性；在修复和更新私有建筑投资方面，纽约市也承诺扩大其在联邦基金中所占比例。第二，政策支持建筑更新。新的区划要求、建筑法律修订和洪水保险项目改革已经对纽约市建筑更新环境起到积极作用。纽约市相关工作组将继续通过调整洪水保险费率（FIRMs）和改革国家洪水保险项目（NFIP）来进行分区和更新建筑规范。到 2018 年，纽约市将制定和采用新的建筑弹性设计指南来指导易受洪水、极端大风和热波影响的区域建筑设计，并根据未来气候环境变化、气候项目不确定性评价和设施生命周期，相应地改变设计标准，从而保证纽约市的建筑一直坚持最高的设计标准。作为建筑更新政策中的一部分，探索设立贷款和赠款基金来指挥弹性建设，以及利用土地政策调整纽约市脆弱海岸线的土地利用规划，同时创新土地利用政策，也能够提高建筑和基础设施弹性投资效率，平衡建筑改造成本。最终，当金融资本得到改善时，纽约城市将提高建筑所有者和运营者在可持续和弹性投资方面的能力并获得降低能效和温室气体减排的效果。第三，改革 FEMA 的 NFIP 项目。由于气候风险的不断提高，FEMA 的 NFIP 项目保费日益增高，增加了 FEMA 支付保费资金的压力。纽约市需要采取更全面的行动来改善低风险投资和优化政策，其中就包括提高 NFIP 项目的负担能力。这些行动包括开展评价 NFIP 更新项目及其对城市环境的影响，回顾联邦应急管理局的研究并与其共同制定基于研究结果的改革措施。基于上述行动，纽约城市将在 2017 年重审 NFIP 项目，通过建立地区与全国的资金联接来实现改革，即从国家层面来保证纽约居民能够更好地认识到他们面临的风险，并以更多的物质激励来减缓风险，从而能够使 FEMA 更好地负担洪水保险费用。同时，纽约市还积极参与 FEMA 的"社区评价体系"

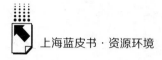
（CRS）建设，以减少城市洪水保险投保人的费用。

（3）基础设施建设方面

为了增加城市基础设施，使其覆盖未来可能发生洪水的区域，并且能够抵御洪灾。纽约市主要采取了两项措施：第一，升级区域内基础设施系统。纽约的城市基础设施需要获得升级以使其具有可操作性和弹性可修复，需要继续与基础设施提供者和运营商进行投资合作。这不仅是需要通过 FEMA 公共资助项目获得地方的配套资金进行基础设施建设，更需要像改造城市建筑一样与区域内其他城市伙伴在交通基础设施建设领域进行区域间合作，包括投资建设轮渡、隧道、桥梁、交通信号系统和街道，从而升级设施系统、坚固路面、完善应对暴雨的绿色基础设施，如生态调节沟、雨水花园、透水路面和绿色屋顶，以减轻污水管道收纳暴雨的压力。同时，通过建设抗灾强度高的港口、铁路、仓库来保证城市物流不受灾害气候影响。纽约市还不断投资建设污水处理厂、泵站和水库大坝来提高城市防洪、泄洪能力。其中，升级水库大坝对城市饮用水源地保护极其重要，当气候变化引起的暴雨频率和强度增加时，纽约州的紧急应急计划（DEP）将会实施，先让一半洪峰量安全通过，等资金条件改善时再让全部洪水安全通过。最后，通过管理用水需求，保护为纽约市提供 98% 饮用水的水源地——纽约城市北部的卡斯基尔（Catskill），保证纽约城市稳定的供水服务，避免旱情出现。当然，现代化的城市功能实现离不开稳固的通讯基础设施支持，依靠移动电信运营商、网络数据能够及时联系城市的各个机构，提高城市恢复效率。此外，医疗康复中心、医疗设施投资建设项目（见表 2）的实施也是应对灾后重建的关键。第二，政策扶持基础设施升级。纽约市通过最科学的研究和可靠实验来制定相关法律，鼓励区域内政府通过合作来提升基础设施建设功能，共同抵御灾害和实现城市弹性恢复。同时，通过制定和执行一整套弹性建设指南来进行标准化过程管理，从而保证城市弹性建设的高绩效标准。到 2018 年，城市所有建设机构都将采用标准化的弹性设计指南来升级基础设施。此外，城市气候应对小组将与区域内基础设施供应商和运营商合作提高公共服务供给效率，并且纽约市通过与州政府、学术机构合作，与美国国家安全部门共同对区域弹性建设项目进行评价，评价内容包括城市服务供应链上关键商品，如食物、能源、材料和消费品的弹性。

（4）沿海防洪能力方面

在提高沿海防洪能力方面，纽约市也有三项措施：第一，增加海防工程。自纽约市发布包含 37 亿美元全面沿海保护计划的规划——《更加强壮、更富弹性的纽约》以来，城市在 5 个行政区开展海防工程项目（见表 2）。为了扩大海防工程项目的公众参与，纽约市重新建立了海滨管理咨询董事会（WMAB）来指导海滨建设，包括沿海弹性设施建设、自然资源保护等。同时，纽约市通过与 NPCC 和牙买加湾科学与弹性研究所合作，继续开发基于保护自然的弹性建设项目。第二，为重要的海防项目寻找资金来源。37 亿美元的启动资金是远远不够的，纽约市与 USACE 合作的、有关 2015 年纽约港及其子港建设的研究项目是由纽约市授权并募集建设资金，这些项目将为 USACE 研究提供基础数据，纽约市在开展这些投资项目时需要增强自身的融资能力，为此，纽约市通过项目竞争招标的方式获得项目建设资金来源。2015 年，纽约市已通过竞争方式与城市社区伙伴和其他利益相关者合作来保证项目建设资金来源畅通。第三，政策支持海防项目。政策是保证海防项目投资高效运维的必要条件。一个新的海防项目设施必定需要相应滨海管理规划支持，城市需要更新的滨水地区管理工具来评价和优化管理其新建项目，因此，纽约市需要在学习国内外最佳实践的基础上，探索新的治理模式来支持项目竞争，并整合沿海弹性措施形成长效治理机制。

三　纽约弹性城市建设经验对上海的启示

（一）纽约与上海城市相似性比较

从纽约市建设弹性城市的案例中汲取经验为上海市所用，需要对这两个全球城市进行合理的比较。首先，上海市面积为 6340 平方千米，是纽约市陆地面积的 5 倍，上海市中心城区（上海外环线以内，660 平方千米）面积与纽约市相当，因此，纽约市的经验对上海中心城区弹性建设具有直接的借鉴意义。其次，上海市在区位上与纽约市存在较大相似性——沿海港口城市，纽约市拥有836千米海岸线，其口岸吞吐量一直保持在1亿吨以上，是美国最大港口；上海市拥有500千米海岸线，2014年口岸吞吐量为38516万吨①，远超纽约市港口，已然成为世界航运中心。第三，从社会经济发展阶段来看，作为全球城市，纽约市和上海市经济增速变化相似，2011~2014年都出现缓慢下行趋势（见图4）；同时，两个城市的人均GDP（GCP）趋同（2000美元价），2014年上海市人均GDP为9509.78美元/人，略超过纽约市人均GCP（见图5）。第四，在经济结构方面，从历年就业人数看（见图6），纽约市几乎没有第一产业，其第三产业从业人数占比超过90%，2014年达到94%（见图7），呈现为典型去工业化特征的后工业社会，受气候环境影响的产业主要是第三产业；而上海市目前仍保留第一产业，2014年上海市第一产业产值占比为0.5%，其第二产业产值占比为34.7%，第三产业比重也相对较高，占总产值的64.8%（见图8），因此，气候环境变化对上海第二、三产业发展均存在较大威胁。第五，从工业对环境的影响来看，处于后工业社会的纽约市，其建筑业和制造业对城市生态环境的影响较小；而上海市仍处于工业化进程中，2014年工业产值比重为31.2%，工业排放对城市生态环境具有较大的影响，其中，工业废水排放总量约占城市废水排放总量的20%，烟尘排放总量中工业排放占比93%，废弃二氧化硫（SO_2）排放总量中工业排放占83%。第六，在面临气候变化挑战方面，同为东部沿海城市，上海市在水环境保护和污染治理方面取得较好的成绩，但仍存在与纽约市相类似的水环境问题，如河道污水治理、城市洪水内涝及基础设施老化、海平面上升而导致的海水倒灌和饮用水水源地保护问题等。

（二）对上海建设弹性城市的启示

从国内经验来看，弹性城市建设的推进与城市规划方案的制定密不可

---

① 资料来源：http://www.port.org.cn/info/201502/183101.htm。

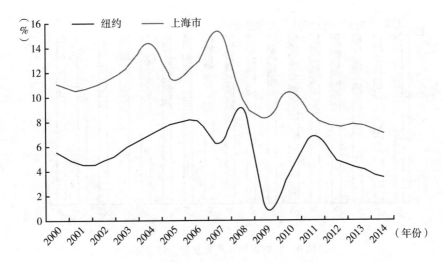

图4　纽约市 GCP 增速和上海 GDP 增速比较

资料来源：纽约市 GCP 来源于美国统计局；上海市 GDP 来源于上海市统计年鉴2015。

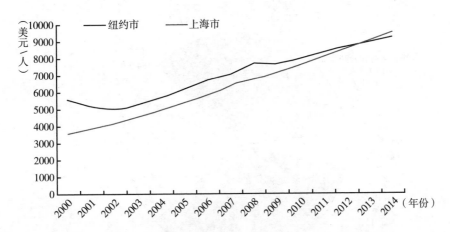

图5　纽约市人均 GCP 与上海市人均 GDP 比较（2000 年美元价）

资料来源：纽约市 GCP，人口来源于美国统计局；上海市 GDP、人口来源于上海市统计年鉴2015。

分。2016 年 10 月，上海市城市总体规划（2016～2040）（简称"上海2040"，下同）已上报国务院，其中也聚焦了弹性城市建设内容，并从应对气候变化、提升生态品质、改善环境质量、完善城市安全保障四个方面建设

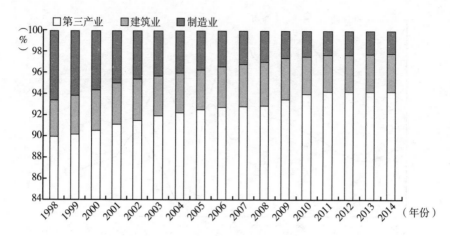

图6 纽约市历年产业从业人数变化

资料来源：纽约月度经济状况报告（2015年）。

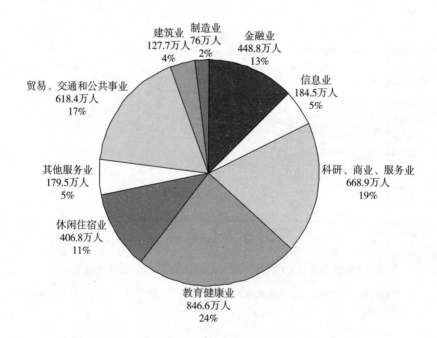

图7 2014年纽约市私人部门产业结构（以从业人数计）

资料来源：纽约月度经济状况报告（2015年）。

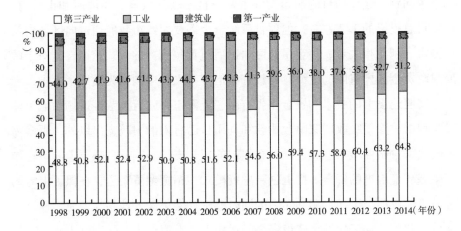

图 8　上海市产业结构变化

资料来源：上海市统计年鉴 2015。

更可持续发展的韧性生态之城。对比与纽约市弹性城市建设主要内容，两个城市的弹性建设规划也具有较大的相似性，而作为在弹性城市建设技术和制度领先于全球的城市，纽约市弹性城市建设的经验在项目建设、资金筹集、区域合作、治理模式这四方面具有独到的启示。

1. 建筑、基础设施、海防工程升级体现以人为本理念

从纽约市弹性城市建设的四个子目标来看，每一个目标都注重对社区、居民生命财产的考虑。这种以人为本的城市改造升级理念，在上海2040 规划韧性生态之城建设中尚未充分体现。即使在上海市海绵城市建设的研究中，也更多是关注项目建设的技术、成本问题。基于此，上海市在推进韧性生态之城建设时，需要不断修订建筑、基础设施、海防工程 3个领域的改造升级标准，参考纽约市以人为本理念的最高建设标准，同时基于应用互联网和大数据预测成本 – 收益分析，对上海市建筑、基础设施、海防工程进行改造升级，并在景观设计和城市社区建设上尽量体现以人为本理念。

2. 开拓弹性城市建设资金渠道，撬动社会资本参与

纽约市建设弹性城市的每个目标对应的措施都涉及了弹性城市建设资金

的来源问题。建设项目的初始投资主要来自于联邦政府、州政府和市政府，占项目总投资的1/2左右，但项目后续资金需要纽约市政府通过向区域内伙伴城市、利益相关者、甚至是社区居民通过竞争招标的方式获得，这对于政府财政资金同样有限的上海具有较好的借鉴意义。中国作为发展中大国，在生态文明建设上的技术和资金相当有限，上海市在先行示范推进韧性城市建设过程中，除了吸收国家财政拨款和利用自己有限的财政支出以外，更多需要吸收来自伙伴城市、企业、社会组织的资金支持。因此，需要上海市在城市生态环境治理的资金筹措上创新融资模式，拓宽融资渠道，在保证上海韧性城市建设项目全面、顺利实施的同时鼓励社会更深入地参与上海韧性城市建设。此外，在韧性城市建设资金的运作上，上海作为国际金融中心，有较好的先天优势，但仍需要将韧性城市建设的资金运作和项目收益透明公开，以吸引更多的利益相关者参与项目运作。

3. 开展城市间、地区间、与科研领先机构间合作

纽约大都市区域内城市、城区间合作，不仅为纽约市和伙伴城市的弹性项目建设带来了资金、技术交流的便利，也提高了区域内各领域弹性项目的协同性，如交通运输、电力、通信等项目。同时，纽约市作为负责弹性项目建设的责任人还积极与具有极高科研水平的美国军工集团展开建设弹性城市的科研合作，真正将科技创新落实到城市建设和产业发展中。因此，上海市处于长三角地区城市领头羊地位，有可能、也有责任将韧性城市的技术、人才、项目经验、资金在整个长三角地区进行推广，以实现协同建设韧性城市、更好抵御气候灾害和解决区域环境问题的目标。此外，作为一个包容的城市，上海市要积极与国际领先的科研团队开展关于韧性城市建设的院地合作、校地合作，在科学充分的预研究基础上提高上海市建设韧性城市的整体水平。

4. 制定扶持政策，创新弹性城市政府治理模式

纽约市每个阶段弹性城市建设目标的实现都离不开市政府出台的配套政策支持，这些政策包括规划、法律法规、标准规范以及城市管理体制改革。其中城市管理体制改革方面，纽约市针对具体问题设立专门的管理董事会，同样起到扩大弹性恢复项目公众参与的效果。而上海市在建设韧性城市方面的政策制定起步较晚，需要在上海 2040 规划实施后尽快制定相配套的子规划，如海绵城市建设规划，以及相应的法律法规、标准规范。在城市管理体制改革方面，上海在制定 2040 规划上已经体现出"开门"做规划的示范，在今后的韧性城市建设中，更需要转变政府职能，将弹性治理纳入体制改革中，以应对未来气候变化可能带来的各种城市治理挑战。

参考文献

New York City. A Greener, Greater New York. 2007.

New York City. A Stronger, More Resilient New York. 2013.

New York City. One City, Rebuilding Together. 2014.

New York City. One New York, The Plan for a Strong and Just City. 2015.

New York City. New York City's Roadmap to 80 × 50. 2016.

New York City. OneNYC, 2016 Progress Report. 2016.

New York City. PlaNYC Progress Report. 2007 – 2014.

B.11
澳大利亚墨尔本水敏城市设计及启示

刘召峰*

摘　要：　近年来，中国城市内涝现象严重，重要原因之一在于传统城市排水系统在气候变化影响下的失灵。针对城市雨洪管理，发达国家制定了不同的概念，如美国的 LID、澳大利亚的 WSUD 以及英国的 SUDS。不同概念与当地应用环境密切相关，但呈现相互融合的趋势。聚焦 WSUD，以澳大利亚墨尔本为研究对象发现，墨尔本市以解决由于长期干旱导致水资源不足为出发点，融合循环水管理理念，从城市宜居性和流域生态健康的高度建设水敏城市。重点从水敏城市政策管理体系和实施流程、建设过程中面临的问题出发，总结墨尔本市的经验，在提升全社会对海绵城市的认识，注重温室气体控制和海绵城市建设协同，建设指南、标准和辅助工具引领海绵城市建设，注重海绵城市项目开发过程中风险管理和将海绵城市与循环水管理结合等方面，对上海海绵城市建设提出建议。

关键词：　水敏城市设计　海绵城市　雨洪管理　城市水循环

　　传统城市扩张方式改变了城市原有地表类型，大量水泥、柏油等不透水硬化路面取代了原有的植被覆盖且渗水能力强的地面，从而破坏了城市水循环，使得城市生态系统退化，也影响了城市生态景观。不透水性的硬化路面的大规模建设和应用，以及一些河道被衬砌水泥，使得城市的排水系统在大

---

* 刘召峰，博士，上海社会科学院生态与可持续发展研究所，研究方向为可持续发展。

及特大降水面前不堪一击，以至于"在城市中看海"的景象常见。降水会将不透水地面上的污染物、营养物质和化学物质冲刷进河道，最终流入水源地，造成水源地的面源污染，进而影响城市供水。众所周知，气候变化使得极端天气频现，强降水事件、强热带气旋活动、干旱事件、海平面上升等对城市与水相关的基础设施带来更大挑战，也迫切要求城市采取更为积极的适应策略实现雨洪管理，促进城市水循环可持续性。为此，研究发达国家在雨洪管理上的经验，对上海开展海绵城市试点，具有积极的借鉴意义。

一 国际雨洪管理概念的发展

人们对于雨洪管理的认识，从最初的单纯的土木工程建设，到关注受纳水体的生态，再到审美、景观、规划、社会等目标的融合。图1展示了城市雨洪管理对象的发展历程。当前，城市雨洪管理的内容包括防洪治理、休闲美观、水质保护、流态恢复、雨洪资源、生态系统健康、城市弹性和微气候构建等。

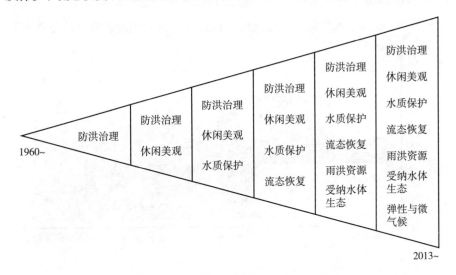

图1 国际城市雨洪管理目标与内容的演变

资料来源：Tim D. Fletchera, William Shusterb, et al. "SUDS, LID, BMPs, WSUD and more – The Evolution and Application of Terminology Surrounding Urban Drainage," *Urban Water Journal.* 2014，（9）：10。

（一）雨洪管理概念的比较

世界主要发达国家也对如何实现城市雨洪管理提出了各自的解决方案，如美国的低影响开发（Low-impact Development，LID）、英国的可持续城市排水系统（Sustainable Urban Drainage Systems，SUDS）以及本文要研究的澳大利亚的水敏城市建设（Water-sensitive Urban Design，WSUD）。此外，如绿色基础设施（Green Infrastructure，GI）、综合性城市水管理（Integrated Urban Water Management，IUWM）、最佳管理实践（Best Management Practices，BMPs）等概念相继出现。虽然这些概念有所不同，但其主要遵循两个原则，一是减缓水文变化，使其尽可能地符合自然流态；二是降低污染水平，改善水质。墨尔本大学的 TimD. Fletcher 通过世界上不同国家的城市雨洪管理术语研究发现，不同的术语（或者概念）的聚焦领域（城市雨洪管理到全生命周期的城市水管理）和设计原则（技术到原则）不同，且与当地应用环境密切相关，但呈现相互融合的趋势。图 2 展示了当前流行的雨洪管理概念的区别与联系。如最佳管理实践主要从技术和实践角度运用工程化方法进行雨洪管理，着重强调设

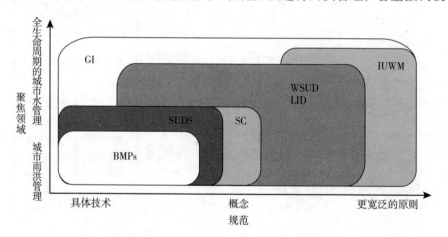

图2 根据规范和聚焦领域的不同对雨洪管理概念的分类

资料来源：Tim D. Fletchera，William Shusterb，et al. "SUDS, LID, BMPs, WSUD and more-The Evolution and Application of Terminology Surrounding Urban Drainage," *Urban Water Journal.* 2014，（9）：10。

备装置的作用。水敏城市设计也不再仅仅是技术层面，而是向水的全生命周期管理和城市设计方向转变。绿色基础设施概念更为广泛，在雨洪管理方面与低影响开发同义。

为了直观地分析 WSUD、LID 与 SUDS 的差异，我们从设计原则方面对比分析。可以看出，WSUD 的设计原则更为详细和全面。

表 1　WSUD、LID 与 SUDS 的设计原则

概念	WSUD	LID	SUDS
原则	保护城市环境内的河流、小溪和湿地；保护和改善城市排水的水质，避免对河流、湿地等的污染；通过最大化利用雨水、循环水、灰水恢复城市水平衡；通过重复利用和提升效率来保护水资源；将水管理融合到城市景观中，实现经济、社会、文化等多目标；降低 WSUD 的应用成本，提高效率；通过渗透和地下水补充等方法削减洪峰	尽可能保护自然区域；降低开发对水文的影响；保持场址的流量和持续时间；实施污染预防，适当地维护公共设施和公共教育计划；在场址开展分散的融合管理项目	存储雨水，并缓慢释放；本地使用雨水；通过渗透补充地下水；过滤污染物；通过水流速度解决沉积物问题

资料来源：作者整理。

（二）水敏城市设计的框架体系

关于水敏城市设计的定义，有许多版本。一般认为，水敏城市设计是一种城市规划和设计方法，聚焦于城市开发过程中的水循环的管理。具体内容包括：(1) 融合地下水、地表径流（包括雨洪）、饮用水、废水的管理，目标是保护与水相关的环境、娱乐文化价值；(2) 对地表径流存储、处理和再利用；(3) 废水的处理与应用；(4) 利用生态方法作为水处理手段，进行用水效率的景观设计，增加生物多样性；(5) 充分利用国内外节水措施，采取工商业方法，配以政策措施使饮用水和非饮用水的需求下降。在澳大利亚水敏城市设计中，WSUD经常与生态可持续发展（Ecologically Sustainable Development，ESD）与水循环管理（Water Cycle Management，WCM）相结合，如图3。ESD是可持续发展环境的组成部分，目标是维持和保护生态过程。WSUD是ESD在城市设计区的应用，即通过城市设计和建筑形式将城市水循环融合进来。

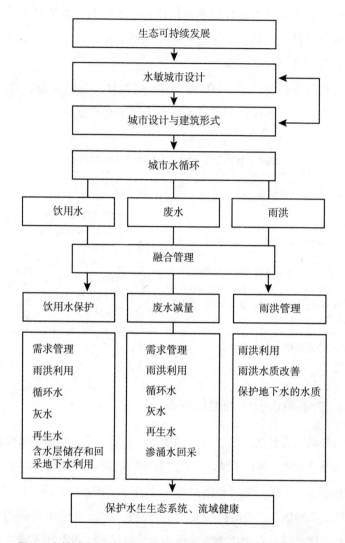

图 3 水敏城市设计、生态可持续发展和城市水循环相互融合

资料来源：Melbourne Water. City of Melbourne WSUD Guidelines：Applying the Model WSUD Guidelines［R］，Melbourne，Australia：Melbourne Water，2010，p15，https：//www. melbourne. vic. gov. au/SiteCollectionDocuments/wusud - guidelines - part1. pdf。

前文对 WSUD 的指导原则做了描述，图 4 对 WSUD 的关键目标做一下说明。WSUD 的关键目标包括：城市开发中实现自然流态；洪涝、气候变化、公共健康相关的危险管理；保护和增加水资源的价值；鼓励水资源管理和利用中的先进实践，以提高水质、增加用水效率、在源头降低用水量；推动城市开发和基础设施建设的变革，提高综合水资源管理意识；进一步增强可持续水资源利用带来的环境、社会和经济效益。WSUD 的原则之一是对雨洪的源头控制（Source Control），本地问题本地解决，尽量将雨洪排至下游的大型蓄水池，降低下游洪水风险。

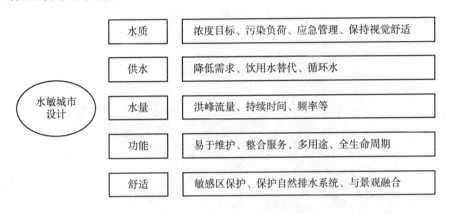

图 4 水敏城市设计的目标集

资料来源：Melbourne Water. Introduction to WSUD［EB/OL］，http：//www. melbournewater. com. au/Planning-and-building/Stormwater-management/WSUD-intro/Pages/default. aspx。

二 墨尔本水敏城市建设概述

墨尔本市以解决由于长期干旱导致水资源不足为出发点，融合循环水管理理念，从城市宜居性和流域生态健康的高度建设水敏城市。从墨尔本城市水管理的发展脉络、政策管理体系、技术方案、实施流程及在项目推进过程中面临的问题，梳理墨尔本市的水敏城市的基本概况。中国海绵城市建设中也正在采用水敏城市的技术方案，因此，本部分的研究重点聚焦在水敏城市设计项目的实施流程与政策管理体系。

（一）墨尔本市水管理概况

大墨尔本地区面积为 8806 平方千米，人口约 440 多万。大墨尔本地区的水源区主要位于城市东北部的亚拉山脉，常年原始森林覆盖，水质较高，有九个水库，如图5。水库中存储的水的90%仅需要简单的处理就可以满足饮用水标准，另外10%需要进行过滤处理。大墨尔本地区中有45%的河道水质状况较差，25%的河道水质状况处于良好状态，其余河道水质状况位于中间水平。城市废水经由独立的地下管网输送到东部的 Bangholme 和西部的 Werribee 污水厂，并最终排放至西港湾与菲利普港湾。

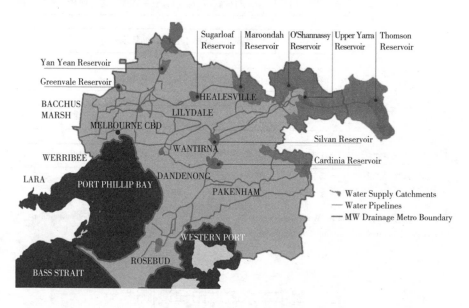

图5 墨尔本市的供水、排水与管道系统示意

资料来源：Melbourne Water. City of Melbourne WSUD Guidelines：Applying the Model WSUD Guidelines［R］，Melbourne，Australia：Melbourne Water，2010，p8，https：//www. melbourne. vic. gov. au/SiteCollectionDocuments/wusud - guidelines - part1. pdf。

墨尔本市位于大墨尔本地区的中部，面积为36.5平方千米，有三条河流贯穿于城市，分别是亚拉河（Yarra River）、Maribyrnong 河、莫尼塘溪（Moonee Ponds Creek）。其中，后两条河流汇入亚拉河，并最终注入菲利普港湾。墨尔本市人口为8.9万人（2008年），预计到2020年将达到12万人。

墨尔本市气候干燥，年蒸发量在1241毫米，年降水6.5亿立方米，且全年降水非常均匀，2月份降水最少，为45毫米，10月份降水最多，为65

毫米。1996～2009年，墨尔本市经历了长期干旱，对当地经济、社区和环境造成了重大影响。据科学预测，未来墨尔本市的降水仍呈下降趋势，到2030年降水量将减少10%，2070年将下降25%。同时，由于雨洪冲刷地表污染物，不合理的土地和水管理方式下的河道和水渠、河岸植被的破坏造成水土流失，使流经城市的三条河流遭受不同程度的污染。

墨尔本市有三套独立的水系统，一是饮用水供应系统（利用管道和处理工艺将符合标准的饮用水从流域传输到城市），二是污水处理系统（通过管道将家庭、工商业废水输送至污水处理厂，并最终流入海湾），三是雨洪基础设施（包括自然径流、河道、地下管网系统，并最终流入海湾）。传统的城市水管理，要求雨洪要快速排至就近河道、污水要通过集中式处理设施进行处理、饮用水供应需要集中式管道基础设施。随着人口的增加、人们对健康和环境安全的关注，在全球气候变化背景下，城市水管理的可持续性越发重要。当前，墨尔本的可持续水管理面临的问题主要有：（1）如何保障居民公众健康，以及降低水处理和循环利用过程中的风险；（2）如何保护水生生态系统的健康；（3）如何确保社区得到可靠、安全的水服务；（4）如何降低城市的环境足迹等。

（二）墨尔本水敏城市的发展脉络

城市水管理经历了漫长的发展过程，管理理念也不断更新融合，如图6。从最初关注供水的安全性和可得性，到以生活污水治理来保护公众健康，再到城市防洪体系建设，一套完整的城市给排水系统基本成型，并沿用至20世纪80年代。随后，人们越来越重视水生态的社会、文化等价值，进而对河道健康予以重视。当前，城市水循环管理强调城市内节水，雨水收集利用、灰水与黑水的循环利用。未来，在人口增加和气候变化的影响下，需要从整个流域的层面，通过规划和基础设施等手段建设健康型城市。水管理理念的更新带来了城市宜居性的提升，使公众在此理念下获益，进一步推动宜居城市建设。

20世纪60年代至80年代末，环境运动的涌现，唤醒了墨尔本居民的环境意识，促使政府采取措施治理水污染，包括成立环保署、流域管理局

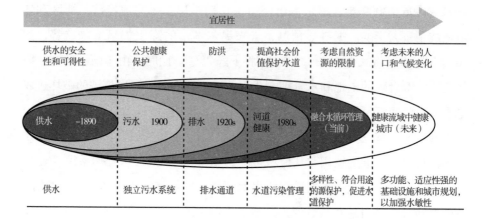

图6　城市水管理理念的发展

资料来源：City of Melbourne. Total Watermark – City as a Catchment update 2014 ［R］，Melbourne，Australia：City of Melbourne，2014，p2，https：//www.melbourne.vic.gov.au/SiteCollectionDocuments/total – watermark – update – 2014.pdf。

（Dandenong Valley Authority），发布国家税制指南，修订水法案等，恢复河道生态系统，发挥休闲娱乐功能，为未来城市雨洪管理的变革打下伏笔。当时，比较有影响力的环保运动有"抵制排污口"运动、"富营养化和蓝藻水华事件"、"放亚拉河生路"运动等。1990～1999年是积累雨洪管理知识和构建利益相关者沟通平台，形成雨洪管理的位平台（Niche Formation）的时期。一些制度化的工作空间（Institutional Working Space）在众多利益相关者之间建立，如联邦政府资助成立合作研究中心（Cooperative Research Centres，CRCs），以城市水文和淡水生态系统为研究对象，连接产业界和学术界，提升科技水平和政策实施。此时，一些新的概念和技术，如总污染物井（Gross Pollutant Traps）和雨水处置湿地（Stormwater Treatment Wetlands）开始演变。水敏城市设计（WSUD）概念在1994年提出，当年并未引起政府、学界与产业界的重视。到1995年，墨尔本市的雨洪管理开始逐渐体现WSUD的理念，如设定氮减排目标、建立关于雨洪管理的跨机构委员会、制定最佳管理实践指南、促进新技术示范性应用以及战略投资等。进入21世纪，墨尔本雨洪管理走向成熟，水敏城市设计理念也得到社会各界的普遍认同。墨尔本提出"将城市当作供水流域（Cities as Water Supply Catchments）"强调通过各种手段对雨水资源化利用。2008 年 9 月，"城市是流域（Total Watermark City as a Catchment）"政策从适应气候变化、防洪、宜居性、水环境、用水的角度促进墨尔本水敏城市建设。在城市中，包括建筑物、道路、步行道或者开放空间都可以为城市可持续水管理做出贡献，降低对域外流域的依赖，如道路可以通过雨水收集成为水源；建筑物可以通过雨水花园的建设降低雨洪造成的污染。2011 年提出的"活力墨尔本，活力维多利亚（living Melbourne，living Victoria）"，以全球最宜居城市为目标，通过综合的水循环管理，提升城市生态服务能力。

（三）墨尔本水敏城市管理体系

墨尔本水敏城市设计获得澳大利亚联邦政府、维多利亚州和本地政府的支持，政府以此为框架出台了各项政策工具。图 7 为墨尔本市水政策框架，将水管理政策融入墨尔本未来发展战略中。"未来墨尔本（Future Melbourne）"从社区愿景角度实现 2020 年墨尔本生态城市建设。2008 年的"城市是流域"目标是将墨尔本建成水敏城市，意味着城市水管理决策有了一个全面的认识。

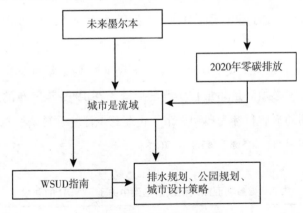

图 7　墨尔本市水政策框架

资料来源：Melbourne Water. City of Melbourne WSUD Guidelines：Applying the Model WSUD Guidelines［R］，Melbourne，Australia：Melbourne water，2010，p16，https：//www. melbourne. vic. gov. au/SiteCollectionDocuments/wusud-guidelines-part1. pdf。

在"城市是流域"的项目制定中,利益相关者积极响应,包括维多利亚州政府、本地水管理部门、产业界、议会、大学、研究机构、国际组织等15家机构,认为墨尔本未来的发展目标是"健康流域的健康城市(A Healthy City in A Healthy Catchment)"。

表2 "城市是流域"的目标与度量指标

领域	目标	度量指标
气候适应与防洪	在城市规划中加入适应性与防洪元素,增强城市的气候意识	气候适应策略在城市规划中的响应水平;居民和商界对气候风险的认识
水与宜居性	在城市规划中重视水与宜居性的关系,水域与公共空间的可得性,服务于健康人群	实施墨尔本公共空间战略;以水为主题的公共活动的多样性和频繁性
水与环境	健康清洁土壤水分,支持健康城市森林雨洪水质的净化	河道的健康程度;渗透情况;雨洪减少量(后两个指标通过模型模拟)
用水	优化符合目标的水利用,为当前和未来建设符合目标的基础设施	节水指标、雨洪管理指标、可替代水源指标、地表水质指标、废水减量指标等

资料来源:City of Melbourne. Total Watermark – City as a Catchment update 2014〔R〕,Melbourne,Australia:City of Melbourne,2014,p4,https://www.melbourne.vic.gov.au/SiteCollectionDocuments/total – watermark – update – 2014.pdf。

澳大利亚联邦政府在2004～2006年发布国家水倡议(National Water Initiative,NWI),通过70项行动方案,鼓励澳大利亚的城市采取WSUD方法建设水敏城市,改善城市水管理。各州也相继推出法规实现生态可持续发展,并制定较为具体的WSUD指南。维多利亚规划政策框架中融入WSUD原则。雨洪管理必须满足州最佳实践的要求,在1999年发布的最佳环境管理实践中提到的水质目标为典型城市年负荷总悬浮物、总磷、总氮、总污染物分别下降到80%、45%、45%和70%。

表3 维多利亚州规划政策框架中关于WSUD的要求

条款	内容
11.01	净社区效益(Net Community Benefit)与可持续发展
11.03	采用最佳环境管理实践和风险管理方法
12.07	管理水资源、利用雨洪管理方法减少雨洪对海湾和流域的影响

续表

条款	内容
14.01	规划决策与负责部门行政必须无论何时与州环境政策(包括大气环境、水环境、流域政策)相一致
15.01	地方决策应与州环境保护政策一致
18.09	考虑城市雨洪最佳管理实践指南

资料来源：Melbourne Water. City of Melbourne WSUD Guidelines：Applying the Model WSUD Guidelines［R］，Melbourne，Australia：Melbourne Water，2010，p19，https：//www. melbourne. vic. gov. au/SiteCollectionDocuments/wusud – guidelines – part1. pdf。

在墨尔本市的战略声明中，有两个政策与水管理相关。一是政策 7.1 要求"确保水资源管理采用可持续方法"，并在水效率和水源替代等方面提出目标，如到 2010 年人均用水量降低 15% 与在非饮用水领域使用循环水的比重上升至 20% 等；二是政策 7.4 要求"减少雨洪对流域和海湾的影响"，包括到 2010 年实现污水中氮、磷与总悬浮物排放分别减少 45%、45% 与 80%。对居民区管理 56 条款（Clause 56）中第七条于 2006 年 10 月引入，要求占据两个地块或更大面积的新建居民区中必须满足最佳水管理的要求，包括饮用水系统、污水系统、雨洪管理系统、循环水系统等都有目标要求。同时，新居住区开发要求至少 20% 的地面不被非透水性地面覆盖。澳大利亚雨洪管理分别由州政府与州辖地方政府的分担，容易造成州内不同地方的 WSUD 政策不一致与实践碎片化，不能发挥最大的环境效益。例如在维多利亚州，超过 60 公顷的水域的管辖权在州政府层面，这使得墨尔本市在向小水域投资建设 WSUD 时犹豫不决。2004 年 6 月，维多利亚州发布的《实现共同水未来》（Securing Our Water Future Together）中，在未来 50 年采取 110 项行动方案实现全方位水管理，包括水权分配、水市场、城市水供求、满足环境标准、价格和制度变革等。针对州内五个区域都要求可持续的水战略必须实现：（1）在区域内尽可能多地存储水；（2）制定规划和行动方案，确保社会各界获得安全和承担得起的水。2006 年的亚拉河行动计划也对河道生态系统保护和水质提出要求，并强调社区要积极参与到保护过程中。

（四）墨尔本水敏城市设计的技术体系

WSUD 可以用于单个地块、街道乃至区域，包括一套处理工艺，如人工湿地、渗透沟、总污染物井、雨水花园、雨洪滞蓄水库、绿地浅沟、蓄水池等。墨尔本市水务局开发两套用于设计雨洪处理方案的模型，用于确定规模参数和配置参数，来满足最低的法律要求。小型场址一般采用 STORM 模型，而大型场址采用 MUSIC 模型。

表4　WSUD 技术方案的潜在效益、适用条件

处置措施	潜在效益	适用条件	不适用条件
总污染物井（Gross Pollutant Traps）	减少垃圾沉淀作用、雨洪预处理措施	传统的排水系统	场址面积大于100公顷的自然河渠
沉淀池（Sediment Basins）	粗粒沉淀、临时性预处理	需要一定的土地面积	机场附近不宜使用
雨水池（Rainwater Tanks）	雨水重复利用、泥沙去除	屋顶附近有高度差的地方	非屋顶径流的处置
植被浅沟（Vegetated Swales）	中细颗粒物去除、街道景观美化、被动式灌溉	小于4度的斜坡	陡坡
缓冲带（Buffer Strips）	去除泥沙、街道景观美化	平坦地形	陡峭地形
雨水花园（Raingardens）	细小与可溶污染物去除、街道景观美化	平坦地形	陡峭地形、地下水位较高地方
池塘（Ponds）	细沙去除、雨水存储再利用、滞洪、野生动物栖息	有狭窄山谷的陡峭地形	机场和填埋场附近
湿地（wetland）	社区资产、雨水存储再利用、中细与可溶污染物去除、野生动物栖息	平坦地形	陡峭地形、地下水位较高地方、酸性土壤、机场附近
滞洪区（Retarding basins）	滞洪、社区资产	一定面积的土地	空间有限的地方、非常平坦的地方

资料来源：Melbourne Water. City of Melbourne WSUD Guidelines：Applying the Model WSUD Guidelines [R]，Melbourne，Australia：Melbourne Water，2010，p50，https：//www. melbourne. vic. gov. au/SiteCollectionDocuments/wusud - guidelines - part1. pdf。

（五）水敏城市设计项目实施流程

WSUD 项目的实施流程有八个阶段，分别是项目起始阶段、制定 WSUD

选项阶段、制定碳敏感方案阶段、考虑全生命周期成本阶段、风险评估阶段、场址设计和批准阶段以及 WSUD 项目运行与维护阶段。

项目起始阶段主要内容是帮助地方委员会在概念设计阶段评估某一场址的 WSUD 的可行性。WSUD 项目的第一步是基于水敏城市的设计原则、能源与气候影响、社会因素、全生命周期成本和技术选择确定项目的目标，包括降低饮用水需求、满足雨洪水质与水量的要求、维持和增强景观美化和生态服务价值、减少原有地形变化、保护和维持自然排水系统、其他服务的无缝对接等。墨尔本市提供一套三底线方法（Triple Bottom Line Approach）从环境问题、社会问题和经济问题来支持 WSUD 项目决策。在这一阶段还需要进行以下几个工作：（1）寻找地方委员会或联邦或州政府的资金支持；（2）通过 WSUD 的学习培训，获得项目工程内部人员的支持；（3）广泛收集场址信息并进行实地调研，包括土地所有权、社区问题、地形信息、流域范围、洪水信息、自然特征、承纳环境、遗产名录、规划限制、流域战略规划等；（4）从雨水、洪水、饮用水、废水、蒸发作用和渗透作用方面理解场址水平衡（Water Balance）；（5）与社区沟通，识别社区关注的问题，增强社区对项目的认识；（6）利用墨尔本市政府提供的计算手册评估项目的环境效益；（7）计算 WSUD 的成本。

制定选项阶段通过制定 WSUD 选项，找出最佳的可持续水管理解决方案。第一步，通过需求管理减少用水量，包括人们的行为习惯、规章制度、技术路径和设计。墨尔本市提出了节水目标，到2020年，居民、公司员工人均用水量在2000年的基础上分别减少40%与50%，而地方委员会机构的用水总量到2020年要降低至2000年的10%。第二步，使用其他水源代替饮用水。水的用途不同，其要求的水质也不同，这是其他水源替代饮用水的依据。替代水源可以从流域内（雨水收集、雨洪收集或者城市水循环）获得，也可以从流域外（墨尔本污水处理网、亚拉河等三条河、地下水）获得。第三步是先对雨洪进行处理再排入河道。为了维护河道与海湾健康、评估 WSUD 项目环境绩效与满足水质改善目标，需要对雨洪进行处理。墨尔本市设定了雨洪处理目标，总悬浮物、总磷、总氮和总污染物分别减少80%、45%、45%和70%。

表5 不同水质的水的来源、处理要求和用途

水的种类	来源	水质	处置要求	利用方式
饮用水	城市自来水系统	高	无	家庭饮用等
屋面雨水	收集屋面雨水	比较高	在雨水池中简单沉淀处理	冲厕、花园灌溉、冲洗机器、热水系统
雨洪	流域雨洪（包括来自不透水地面的部分）	中等	清除垃圾、减少泥沙与去营养物处理	冲厕、花园灌溉、冲洗机器、热水系统
灰水	洗澡、洗衣、洗机器等用水	含有磷、有机物等的生活污水	去除总磷和有机物的处理，如果用于地下灌溉或24小时内用掉的话，不需要处置	冲厕、花园灌溉、冲洗机器
黑水	厨房用水、厕所用水	磷与有机物含量较高的生活污水	需要深度和消毒处理	冲厕、花园灌溉

资料来源：Melbourne Water. City of Melbourne WSUD Guidelines：Applying the Model WSUD Guidelines［R］，Melbourne，Australia：Melbourne Water，2010，p37，https：//www. melbourne. vic. gov. au/SiteCollectionDocuments/wusud – guidelines – part1. pdf。

在场址决定建设可持续水工程后，需要考虑更为广泛的环境影响。循环水的利用会产生额外的环境风险，如对水生态系统、土地的影响，产生温室气体、污泥和其他废弃物、臭气污染等。环境风险的影响程度与特定场址的地形与位置、水处理技术和水的用途有关。WSUD通过减缓水流速度，消除污染物排污来降低雨洪对河道的影响；通过从本地取水，减少对上游来水的需求；减少未达到排放标准的污水排入水生环境。夏季蓝藻控制是重中之重。利用循环水对土地灌溉时，应先在规划阶段对土地条件（土壤条件，场址地形、地质条件）进行评价。

建设碳敏感（Carbon Sensitive）步骤目的是减少和补偿WSUD项目直接温室气体排放，实现墨尔本2020年的零碳排放。不同的WSUD技术的温室气体排放水平不同。图8表示如何实现WSUD工程的碳敏感性的步骤和需要考虑的因素。

WSUD项目的经济分析需考虑全生命周期成本，有助于不同解决方案的选择。全生命周期成本包括资本支出、安装费用、运维费用、劳务成本、使

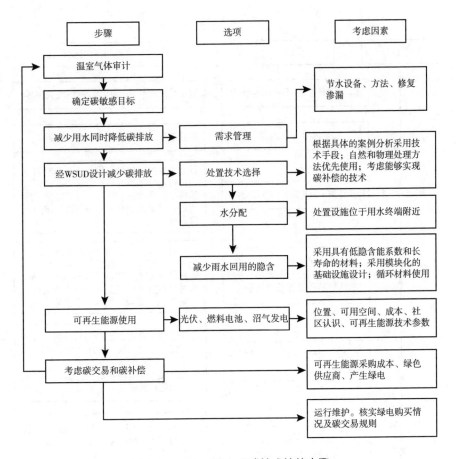

图8 WSUD 项目实现碳敏感性的步骤

资料来源：Melbourne Water. City of Melbourne WSUD Guidelines：Applying the Model WSUD Guidelines［R］，Melbourne，Australia：Melbourne water，2010，p62，https：// www. melbourne. vic. gov. au/SiteCollectionDocuments/wusud – guidelines – part1. pdf。

用寿命、重置成本、重大支出时限以及拆除成本等。墨尔本水务局提供了 MUSIC 模型，帮助用户估算全生命周期成本。

　　风险评估阶段的目标是通过风险管理框架来保护水循环系统的安全与可持续性，确保人类健康、生态系统安全、经济效益与城市宜居性。风险管理框架采用戴明环模型（Plan，Do，Check，Act，PDCA），有三个关键步骤，一是识别项目的意义和风险水平，二是风险评估，三是制定、实施和监测风险管理规划。图9 为循环水方案的风险管理框架。

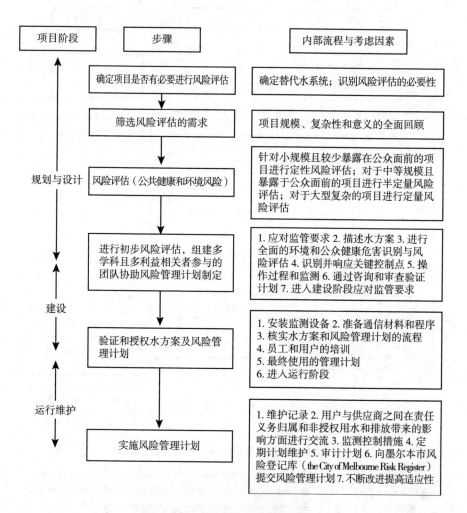

图9　循环水方案的风险管理框架

资料来源：Melbourne Water. City of Melbourne WSUD Guidelines：Applying the Model WSUD Guidelines［R］，Melbourne，Australia：Melbourne water，2010，p83，https：//www. melbourne. vic. gov. au/SiteCollectionDocuments/wusud－guidelines－part1. pdf。

在场址设计和批准阶段，将水敏城市理念融合到设计中。在设计阶段，项目开发方要始终与政府主管部门保持沟通，并提交详细设计方案至墨尔本水务局备案。维护阶段的主要工作是为项目维护寻求资金支持，并制定相应的维护计划。

（六）墨尔本水敏城市建设过程中的挑战

人们缺乏对 WSUD 特征和其效益的理解是水敏城市建设中遇到的一大障碍。WSUD 不仅是一种技术手段，更是社会和制度的变革。澳大利亚的 Shinyi Lee 与 Tan Yigitcanlar 总结了水敏城市建设过程中面临的问题，并提出应对措施。

表 6　水敏城市建设面临的问题和机遇

挑战	机遇和对策
利益相关者缺乏对 WSUD 的理解	增加宣传方案；在利益相关者之间开展培训课程
缺乏共同的标准、行动指南、技术技能	成立提供和设定标准的机构；关于技能培训的工作组和研讨会；组建多学科、多利益相关者的团队
有限的研究和知识	产业界与学界构建伙伴关系；组建多学科、多利益相关者的团队；基于具体条件下的设计、评估和维护
雨洪管理的碎片化	形成有效地区域和本地的政策框架；不同机构之间的有效沟通
缺乏制度规定	解决传统雨洪管理问题的机构将 WSUD 融入规划文件中；在新开发区域强制引入 WSUD 设计
经济成本	增加长远利用的考虑；本地—特定模型（Locality-Specific Modelling）；城市水管理的融合

资料来源：Lee, Shinyi and Yigitcanlar, Tan. Sustainable Urban Stormwatermanagement：Water Sensitive Urban Design Perceptions，Drivers and Barriers［M］. In：Yigitcanlar，Tan（Ed）Rethinking Sustainable Development：Urban Management，Engineering，and Design. Premier Reference Source. IGI Global，Engineering Science Reference，United States of America，2010，pp. 4 - 8。

三　墨尔本水敏城市建设对上海海绵城市建设的启示

中国海绵城市的建设目标和原则吸收了国际上先进的水管理理念，从顶层设计的高度做出了试点安排。上海作为试点城市之一，正努力打造适合自身及南方地区海绵城市试点方案。但在建设过程中也存在一些问题，如人们对海绵城市的认识不一致且水平有待提升，缺乏现成有针对性的建设指南、标准和辅助工具，试点项目推进过程中的风险管理控制不足，未涉及与循环水管理的结合等。为此，本部分总结墨尔本水敏城市有益经验，希望有助于解决上海海绵城市建设中存在的问题。

（一）上海市海绵城市建设发展概况及存在问题

近年来，在全球气候变化的影响下，全国各地相继出现城市内涝和城市缺水问题，对人们生产生活造成恶劣影响。传统灰色基础设施在这些问题面前显得苍白无力。2013 年，习近平总书记在多次会议上强调建设"海绵城市"的重要性。海绵城市表现为城市雨洪管理的"弹性"，能够适应气候变化，抵挡自然灾害，减少城市热岛效应，对水环境、大气环境治理具有协同效应，保护水生生态系统，促进最严格水资源管理制度落实，对中国新型城镇化建设和城市更新、水资源节约和可持续发展具有重要意义。国务院于2015 年 10 月出台了《关于推进海绵城市建设的指导意见》（国办发〔2015〕75 号），对海绵城市建设构建了顶层设计。住建部在 2014 年发布了《海绵城市建设技术指南——低影响开发雨水系统构建（试行）》（建城函〔2014〕275 号），借鉴了大量的低影响开发理念和方法。财政部与住建部也发布了《关于开展中央财政支持海绵城市建设试点工作的通知》（财建〔2014〕838 号）。国家也开展了海绵城市的试点工作，第一批入选城市有 16个，第二批入选城市有 14 个。2016 年，上海入选了第二批海绵城市试点，并发布具体实施意见，《上海市人民政府办公厅关于贯彻落实〈国务院办公厅关于推进海绵城市建设的指导意见〉的实施意见》于同年 1 月 1 日正式实施。在上海 2040 规划草案中，"韧性城市"的核心内容之一就是海绵城市建设。

作为河口城市的上海市，河网密集，共有 33127 条河道，总长度 24915千米，面积为 569.6 平方千米，河湖面积约占上海的 1/10[1]。近年来，上海的平均降水在 1200 毫米，且呈上升趋势，对上海的基础设施带来不小压力，据测算，上海中心城区平均径流系数比设计值高出 11%[2]。上海海绵城市的建设基于上海特殊的水文条件[3]，从规划引领、区域统筹、管理体制和政策支持等多个方面展开，力图形成适合南方地区海绵城市建设的经验。

---

[1] 戴慎志：《上海海绵城市规划建设策略研究》，《城市规划》2016 年第 1 期。
[2] 马燕婷：《上海城市径流控制与雨洪管理的对策研究》，华东师范大学硕士学位论文，2014。
[3] 这里指上海的地下水位高、土地利用率高、不透水面积高、土壤入渗率低。

的问题提供参考。

1. 提升全社会对海绵城市的认识

一是在城市发展战略中融入海绵城市理念，形成城市水政策框架，将其渗透到城市各个环节中。如墨尔本市在"城市是流域""活力墨尔本，活力维多利亚"等规划都明确将可持续雨洪管理作为重中之重。在"未来墨尔本"战略的引领下，通过"城市是流域"路径，并与排水规划、公园规划、城市设计策略等结合，实施水敏城市建设。二是组建多学科、多层次海绵城市建设沟通平台，搭建政府、学术界、产业界和街道社区之间的桥梁。澳大利亚的CRC机构，每年开展相关会议，发布研究报告促进水敏城市设计，为其从1994年提出时的无人问津到在澳大利亚全面铺开起到了重要作用。三是加强城市居民、街道社区与从业人员的宣传与培训，扩大参与面，使其认识到海绵城市不单单是技术问题，更是水变革[①]。居民对水敏城市未来的愿景认识是推动其发展的根本动力之一，墨尔本通过多渠道宣传、资助环保协会、居民实地考察等形式，提升居民对愿景的认识水平。墨尔本市水敏城市建设的一大特点是利益相关者积极参与研讨会和培训会，了解项目建设的情况。澳大利亚的"清水项目（Clear Water Program）"目标是提升水敏城市设计从业人员的知识和技能。

2. 注重温室气体控制和海绵城市建设协同

墨尔本水敏城市建设是在其2020年实现零碳排放的战略下进行的。水敏城市的设计以雨洪管理为主，但也涵盖循环水管理，包括黑水、灰水等。这意味着在水敏城市全生命周期中，既带来碳汇也产生碳排放，如雨洪管理和废水处置消耗的电力、废水的生物降解产生沼气以及材料的隐含能。墨尔本采取多种措施应对温室气体的排放，一是减少用水需求和废水中的有机质含量，二是将温室气体效应因素作为水敏城市设计技术选择依据之一，三是可再生能源的使用。上海提出到2040年碳排放和可再生能源利用的目标，在海绵城市建设中不可忽视温室气体问题。因此，需要在新建的海绵城市项

---

① 在这里，水变革更多的是人与水关系的转变。

目中积极采用可再生能源，选用本地物种增加碳汇，测算不同技术方案的温室气体效应来指导海绵城市方案的确定等。

3. 建设指南、标准和辅助工具引领海绵城市建设

为促进水敏城市规范化发展，澳大利亚先后出台行动指南、技术标准、最佳管理实践指南以及评估水敏城市设计方法等。墨尔本市在 2010 年出台了水敏城市建设指南，并专门针对 WSUD 项目维护、工程设计手册、风险管理等出台指南。墨尔本 WSUD 指南提供了 WSUD 项目实施流程，细化了每一阶段的操作规划（如风险管理流程与碳敏感 WSUD 项目流程），促进项目的顺利进行。令人印象深刻的是，数理模型在墨尔本水敏城市建设中的作用。MUSIC 模型由流域水文合作研究中心开发，用于 WSUD 的规划和决策，拥有一系列关于雨洪处理技术性能参数的最新知识，能够进行时空尺度分析，适合于雨洪水质处理系统。可以通过 MUSIC 模型在采取任何雨洪管理措施之前估计预期污染负荷对流域影响，为项目中可替代的雨洪处理措施的优劣比较提供基础依据。另外，墨尔本水务局在官方网站上为家庭、开发者和地方政府提供了 STORM 模型，用于小型 WSUD 项目设计。因此，上海应先从海绵城市项目流程管理指南与开发基于本地水文基础的雨洪管理软件辅助海绵城市建设两个方面着手。

4. 注重海绵城市项目开发过程中风险管理

水敏城市设计框架极易带来风险，对公共健康（规划、设计和维护 WSUD 项目的不完善）、生态环境（不合法的污染物排放）和制度（WSUD 合规性问题）有不利影响，也危害城市宜居性和城市名声[①]。不同场址、技术和潜在用水方式的组合都会带来不同的风险类型和水平，因此墨尔本推荐使用以 PDCA 为模型构建的风险评估框架来管控风险。鉴于此，上海在推进海绵城市建设中应出台风险管理规范，加强项目设计、建设、运行过程中的风险管控。项目风险管理应采用 PDCA 模式，安装监测设备，制定风险管理计划，明确管理流程。

---

① 雨洪水质的不稳定、废水循环的内在风险等。

5. 将海绵城市与循环水管理结合

中国的海绵城市以雨水管理为对象，未将灰水、黑水等循环水利用纳入其中。但从城市水循环系统整体看，灰水、黑水的循环使用对增强城市弹性具有重要意义。而墨尔本水敏城市涵盖了整个城市水循环系统，希望最大化地解决与水相关的所有问题。因此，上海应将海绵城市与循环水管理结合，形成独特的试点经验。

参考文献

Tim D. Fletchera, William Shusterb, et al. SUDS, LID, BMPs, WSUD and More-The Evolution and Application of Terminology Surrounding Urban Drainage［J］. *Urban Water Journal*. 2014，(9)：1 – 18.

Lee, Shinyi and Yigitcanlar, Tan. Sustainable Urban Stormwatermanagement：Water Sensitive Urban Design Perceptions, Drivers and Barriers［M］. In：Yigitcanlar, Tan (Ed) Rethinking Sustainable Development：Urban Management, Engineering, and Design. Premier Reference Source. IGI Global, Engineering Science Reference, United States of America, 2010，pp. 4 – 8.

Melbourne Water. City of Melbourne WSUD Guidelines：Applying the Model WSUD Guidelines［R］, Melbourne, Australia：Melbourne.

Water, 2010, https：//www. melbourne. vic. gov. au/SiteCollectionDocuments/wusud – guidelines – part1. pdf.

Melbourne Water. Developing a Strategic Approach to WSUD Implementation［R］, Melbourne, Australia：Melbourne Water, 2011, https：//www. clearwater. asn. au/user – data/resource – files/Strategic – Approach – to – WSUD – Implementation – Guidelines. pdf.

City of Melbourne. Total Watermark – City as A Catchment Update 2014［R］, Melbourne, Australia：City of Melbourne, 2014, https：//www. melbourne. vic. gov. au/SiteCollectionDocuments/total – watermark – update – 2014. pdf.

Brown, Rebekah. Transition to Water Sensitive Design：the Story of Melbourne, Australia［R］, Melbourne, Australia, Monash University, 2007, http：//www. monash. edu. au/fawb/publications/final – transition – doc – rbrown – 29may07. pdf.

刘颂、李春晖：《澳大利亚水敏性城市转型历程及其启示》，《风景园林》2016 年第 6 期。

附　录

Appendix

B.12

弹性城市和水：中德面临的
挑战及展望

——首届"绿色发展论坛"纪要

马库斯·施韦格勒 *

导　言

2016 年 11 月 11 日，由上海社会科学院生态与可持续发展研究所与德国艾伯特基金会上海办事处联合举办的首届"绿色发展论坛"在上海社会科学院举行。

本次论坛聚焦"弹性城市与水"话题，旨在通过中德两国的案例来研

---

* 马库斯·施韦格勒（Markus Schwegler），博士，越南气象、水文和气候变化研究所气候变化研究中心气候保护高级顾问，主要从事气候与环境保护及可持续发展研究。

255

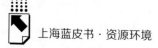

究探讨不同的城市发展弹性方案，检视在前往弹性城市的发展道路上，在流域和水资源管理领域有哪些措施已经实施，探讨哪些措施或法律可以有效避免水污染，并且能使民众参与其中。

本次研讨会由此揭开了一系列活动的序幕，在接下来的两年中，将会通过系列会议从多角度对绿色发展予以研究探讨。

在开幕致辞中，双方领导均谈到弹性城市建设在全球气候危机不断加剧背景下的重要意义。城镇化进程和各种气候变化后果对弹性城市的规划与建设都提出了新的挑战。对上海而言，水是一个尤为重要的议题，因此也被选为本次论坛的重点研讨议题。

德国是可持续发展和环境保护领域的领先者，有许多经验可供中国学习和借鉴，同时，德国专家也希望了解中国的有关发展趋势和解决方案。因此，双方与会者都非常期待通过相互交流，获得有关弹性城市建设的新思路、新设想。

一　气候变化与城市适应

（一）未来城市所必须面对的挑战和风险

论坛第一单元的议题是城市在全球气候变化背景下面临的挑战和风险。中德双方专家分别从各自角度对可持续的弹性城市建设进行了展望。除中德两国的案例之外，上海是双方研讨的重点。

第一位报告人亚历山大教授的题目是"当前及未来城市发展面临的挑战"，他介绍了弹性城市的理念：弹性城市应当有应对各种突然袭击和长期压力的能力，适应新环境，快速恢复，同时不危及中长期发展。当今，如想实现城市规划和城市建设的可持续性，就必须应对各种全球性挑战，比如城镇化、环境污染或极端天气等。德国通过可持续的城市规划已使城市区域生活条件获得显著改善。在规划方面，必须从国家、省市和地方等各个层面上明确可持续城市发展的目标和方向。只有用整体性的城市发展方案来取代原先仅以行业为导向的城市规划，才能最终取得成功。

周冯琦教授的报告题为"建设弹性城市、应对气候风险"，探讨了气候变化的后果及其对中国城市日益增强的影响。极端天气如暴雨、风暴潮、洪涝等灾害及干旱或高温天气等正严重威胁着社会、经济发展和快速增长的城市居民的人身安全。因此，城市必须积极应对这些挑战，保持未来竞争力。上海尤其容易受到极端气候（如洪涝灾害）和海平面上升的威胁。由于上海市的排水管网基础设施早已难以适应防灾要求，因此上海在城市规划中的一项重要任务就是升级基础设施建设。此外，上海未来还面临土地开发利用、环境压力不断加大和用水需求日益增加等挑战。总体而言，上海目前还缺乏相应的气候变化适应规划和战略协同定位。

我们不能拿德国城市必须面对的挑战来和中国城市所面临的挑战进行简单的比较。德国采用的是系统化、整体性的工作方式，政府、管理部门、企业和社会的各个参与方共同参与，这是德国的可持续城市规划工作取得成功的一个关键因素。

而在中国，由于规划缺乏长期眼光，同时在措施实施与后期评估方面存在不足，导致城市发展缺乏监管和可持续性。中国在制定规划时多为自上而下，重要利益相关方的参与不足，这些都是中国城市规划工作存在的弱点。而相关指导思想（如海绵城市）定义上的不明确性，也反映在规划和实施当中。上海市在制定发展战略时，已经兼顾到生态保护和周边地区的利益，并提高了自然保护和环境保护的标准与规范要求。

（二）建设一个弹性城市的方案与战略

在第二单元中，各方分别介绍了中德两国的弹性城市建设方案和已成功实施的城建措施。

波姆教授在其题为"通过地方参与，适应气候变化"的报告中指出地方决策者参与（自下而上—自上而下的原则）弹性空间与城市规划的重要性。整体性规划如想成功，离不开所有参与方的共同参与和努力，如政府机关、协会、经济促进机构、研发机构、社会团体等。此外，地区合作和跨区

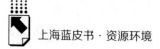
域合作对于可持续的空间规划也极为重要，因为许多挑战只有通过跨区域合作才能得到解决。

董战峰博士的报告题为"京津冀区域弹性城市建设的思考"，他主要谈到了水与环境领域所面临的挑战。目前，华北地区存在严重的缺水问题。快速的城镇化进程、地下水严重超采以及水源地遭受污染使这一问题进一步加剧。中国的许多规划既缺乏战略考虑，也缺少长期针对性，因而难以实现城市的可持续发展。交通压力不断增长、能耗过高和能效低下导致许多问题产生，如空气污染、水质下降、土壤或食品遭受污染等。而极端气候如暴雨、大雪、干旱或高温天气等又对城市人口密集地区造成了更大的压力。他认为，所有这些问题都必须纳入整体性的可持续城市规划当中。

德国专家强调，整体性规划和跨区域合作对单项措施获得成功具有重要意义。在过去的五十年里，通过与邻国在防洪与污水处理领域的成功合作，德国境内的莱茵河流域已经重现碧水蓝天。但德方同时也强调，其中部分项目得到了欧盟的财政支持。如果缺少资金扶持，也很难获得今天这样的成果。

供水问题对京津冀都市圈的发展至关重要。因此，必须采取措施，提高用水效率。除已有的海水淡化示范项目及建设更多水库之外，京津冀三地还必须制定和实施具体的适应气候变化措施。

二 在河流与水资源管理领域寻求通向弹性城市之路

（一）弹性方案之实践应用

在本单元中，双方借助实践案例介绍了中德两国在实现可持续水环境管理方面所面临的挑战和经验。

杨爱辉博士做了题为"太湖流域城市周边产业区水管理创新模式探索"的报告。据他介绍，太湖流域的人口约3600万，江河湖泊密布。该区域的国民生产总值占中国总量的10%左右。但是，社会、经济的发展对生态系统造成沉重负担。环境污染的主要原因是农业耕作、畜牧养殖以及化肥农药的使用。为了改善水质，目前已经采取了大量措施，比如污水净化和工业污水回用等，但迄今为止并未取得关键性的成果，其原因在于农业、工业企业和社会的参与度低，缺乏有效措施和多方参与机制等。为了提高环境风险意识、促使企业更好地遵守现行标准规范，世界自然基金会选择了一个工业园区，与当地企业合作，共同开展了一个水管理创新试点项目。通过与当地政府合作，建立起一套监控和评价体系，对项目措施对太湖流域的影响进行评价。

程进博士在其报告"长三角弹性城市建设协作研究"中介绍了气候变化对城市与人口密集地区带来的一些挑战。许多像上海这样的中国城市正因降雨减少而导致缺水问题日益严重。此外，极端气候及其造成的洪涝灾害和海平面上升的危害（盐化、洪涝）也对城市形成威胁。近年来，长三角地区的年降水量呈减少趋势，而极端降水频次则呈上升趋势。同时，因城镇化进程而导致的地面硬化处理和水资源过度使用与污染也导致问题进一步加剧。因此，长三角地区迫切需要制定区域性的弹性城市建设规划，但在这方面依然面临巨大的挑战。

该单元的最后一个报告是弗洛勒教授的"弹性城市和水——中德两国面临的挑战与未来前景"，他从水利工程角度向大家介绍了汉堡的弹性城市方案。由于海平面上升趋势和极端气候概率增加，汉堡未来必须做好迎接更多洪涝灾害的准备。而汉堡的港口城可称得上是德国现代化防洪规划与措施实施的现代化样板工程。对于汉堡市及沿海地区而言，防洪措施的首要目标是把洪涝灾害的风险降到最低。而适应防洪要求的建筑方式和基础设施措施可以降低灾害的潜在损失，提高城市的弹性。除了防洪建筑措施之外，汉堡市还引入了屋顶绿化策略，旨在通过蓄留雨水和改善微气候来避免气候变化对城市人口密集区域所带来的负面影响。他认为，防洪是全社会的任务，通过采用适应防洪要求的建筑方式，可以把风险和潜在损失降到最低。为实现这一目标，未来仍然需要详细规划和整体性方案。

在本单元中，双方介绍了中德两国在实现可持续水资源管理方面所面临的挑战和采取的方案。在太湖流域，通过与工农业企业合作，共同加强可持续使用水资源的意识。在这一过程中，地方政府扮演着特殊的角色。而在上海及长三角地区，水在弹性城市建设中同样具有核心地位：一方面，水资源被过度开采和严重污染；另一方面，在出现极端气候时，由于基础设施建设不足而导致洪涝灾害。上海的城市规划工作由于缺乏地区合作机制、利益相关方众多及缺少相关技术和知识而面临巨大的挑战。而汉堡港口城可作为整体规划的优秀范例以供借鉴，即通过适应防洪要求的建筑方式，减少潜在损失，提高城市弹性。

（二）弹性城市中与可持续的水资源管理制度相关的法律法规

中国的人口密集地区的用水量极高，很多区域都依赖外来供水。而快速的城镇化，日益严重的工农业污染，再加上气候变化，更进一步加剧了水资源短缺的矛盾。因此，每座城市都必须重新审视自己的饮用水供应策略。本单元主要介绍了中德两国在这方面的一些经验。

瓦格纳教授的报告题为"为快速发展城镇地区设计的综合基础设施解决方案"，主要介绍了青岛市的一个具体应用案例。这一"半集中式资源再生利用中心"所遵循的理念是：污水不是废弃物，而是资源。青岛是一座快速增长的大都市，但由于地下水盐化、水域污染和地表水源干涸而面临严重的缺水问题。现有的水资源无法满足更多的需求，城市未来发展需要更多的饮用水源。半集中式系统的优点在于水的循环利用率高达40%～100%，甚至可以实现能源自给。在快速增长的城市区域，供排水基础设施必须更加多元化和不同，更加灵活，并且能够适应不断变化的条件。

邵一平在其报告"上海水污染治理现状与路径创新"中谈到了水污染现状及改善水质的措施与路径。目前，上海水污染体现在氨氮、总磷超标显著，主要来源是地表径流及本地农业、工业污水和畜禽养殖。上海市已采取相关措施并初见成效（主要是结合城市结构转型，从污染源头抓起）。不过在持续改善水质方面，上海依然面临艰巨的任务，仍然需要进一步完善现有规章制度，提高水环境管理效能，建立监督机制，提高环境意识。

最后一个报告是李志青博士的"面向弹性城市建设的污水排污费制度"，介绍了中国政府将目前的污水排污费纳入环保税的计划。从两年前开始，中国启动环保税改革。传统的环保税的主要目标是改善空气质量，而保护水资源和改善水质则处于次要地位。政府希望通过新的环保税来推动弹性城市发展和基于市场的环保规制工具。这些规划都是中国 2013 年以来第三次税制改革的内容，相关草案将于 2016 年提交全国人大审议。

很多的中国城市和人口聚集区都存在严重的缺水问题，而环境污染和气候变化更是雪上加霜。因此，必须制定城市饮用水供应保障方案与策略。而青岛的"半集中式资源再生利用中心"可以成为这方面的范例。上海市也遭受着水质差等问题的困扰。要想可持续改善水质，与会专家建议引入先进的管理体系，继续完善现有规章制度，建立监控体系，提高环境意识。但在中国政府引入环保税的规划中，水只扮演了次要角色。

在闭幕致辞中，上海社会科学院王振副院长指出，绿色的可持续的城市发展是上海未来政府必须解决的一项核心任务。虽然弹性城市建设是一个新的课题，但是强劲的人口增长趋势迫使政府和管理部门必须制订和实施新的思路和创新方案。他指出，除了在法律制度方面需要填补空白之外，上海的排水管网系统也亟须完善和改进。目前的管网系统是雨水、废水混用。而未来必须将二者分开排放。他认为，本次论坛有助于各方更好地理解可持续城市发展理念。德国在这方面有许多有价值的经验可供上海学习和借鉴。

B.13
上海市资源环境年度指标

刘召峰*

　　本章利用图表的形式对 2010～2015 年度上海能源、环境指标进行简要直观的表示，反映期间上海在资源环境领域的重大变化。结合上海"十三五"规划，分析上海资源环境现状与目标之间的差距，为"十三五"发展奠定基础。本章选取大气环境、水环境、水资源、固体废弃物、能源和环保投入等作为资源环境指标。

（一）环保投入

　　2015 年，上海市环保投入 708.3 亿元，占当年 GDP 的 2.8%，比上年增长了 1.2%（名义价格）。其中，环境基础设施投入下降了 9.25%（见图 1），污染源防治投入下降了 9.85%，而农村环境保护投入上涨了 44.59%。

图 1　2010～2015 年上海市环保总投入及环境基础设施投资状况

资料来源：上海市环境保护局，2011～2015 年《上海环境状况公报》。

---

* 刘召峰，博士，上海社会科学院生态与可持续发展研究所，研究方向为可持续发展。

在 2015 年上海环保总投入中占比前三项的支出分别为污染源防治、环境基础设施投资与环保设施运行费用（见图2）。对比 2013~2015 年上海市环保投入结构变化，可发现环境基础设施投资比重下降比较迅速，污染源防治、农村环境治理和环保设施运转费用支出呈上升趋势（见图3）。

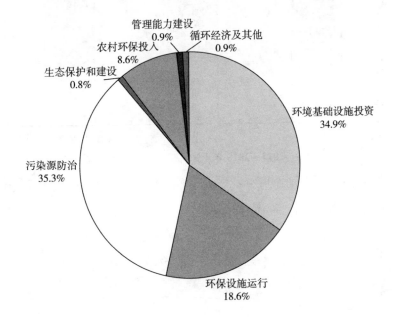

图2 2015 年上海市环保投入结构概况

资料来源：上海环保局，2015 年《上海环境状况公报》。

（二）大气环境

2015 年，上海市环境空气质量指数（AQI）优良天数为 281 天，AQI 优良率为 70.7%。全年细微颗粒（$PM_{2.5}$）、可吸入颗粒物（PM_{10}）、二氧化硫、二氧化氮的年均浓度分别为 53 微克/立方米、69 微克/立方米、17 微克/立方米、46 微克/立方米（见图4）。

2015 年，上海市二氧化硫和氮氧化物排放总量分别为 17.08 万吨和 30.06 万吨（见图5），比 2010 年分别下降了 33.03% 和 32.10%，完成国家下达的"十二五"减排目标。

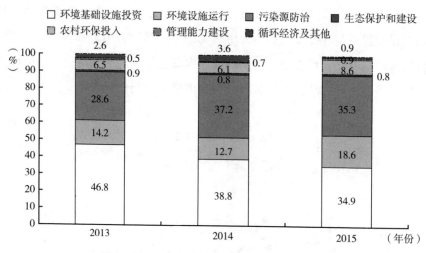

图3 2013～2015年上海环保总投入结构变化

资料来源：上海市环境保护局，2015年《上海环境状况公报》。

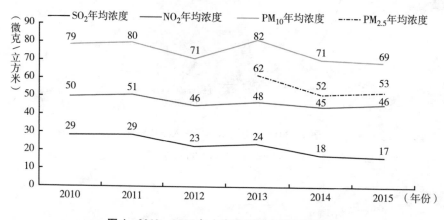

图4 2010～2015年上海市环境空气质量情况

资料来源：上海市环境保护局，2011～2015年《上海环境状况公报》。

（三）水环境与水资源

2015年全市主要河流断面水质达Ⅲ类水的比例占14.7%，劣五类水达56.4%。图6列出了近三年河流水质类别的比例情况，由于这三年内每一年评价对象均不一致，因此，该数据仅供参考。

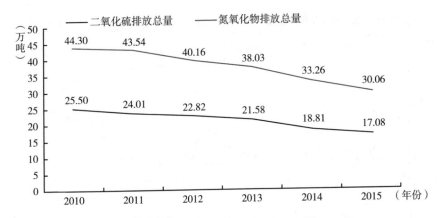

图5 2010～2015年上海市主要大气污染物排放总量

资料来源：上海市环境保护局，2011～2015年《上海环境状况公报》。

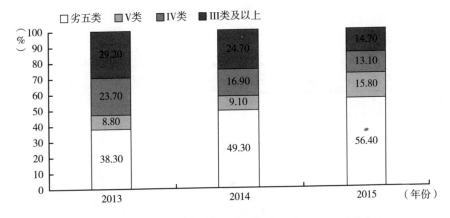

图6 2013～2015年上海市主要河流水质类别比重变化*

* 2013年的数据是各类水质的河道长度占本市主要骨干河道的比重，详见2013年上海市水资源公报。2014年的数据是以不同类别断面水质占总断面数量的比重，共选取77个，而2015年数据选取的断面为259个。因此，三个数据差异性较大。

资料来源：上海市环境保护局，2014～2015年《上海环境状况公报》；上海市水务局，《2013年上海水资源公报》。

2015年，上海市化学需氧量和氨氮排放总量分别为19.88万吨与4.26万吨，比2010年下降了25.15%和18.40%，完成了国家下达的"十二五"减排任务。

2013～2015年，上海市主要水污染物排放总量不断下降（见图7）。

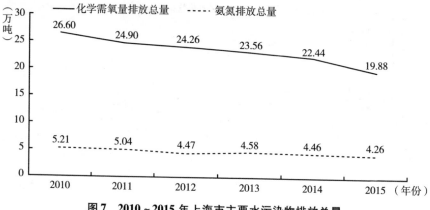

图7　2010～2015年上海市主要水污染物排放总量

资料来源：上海市环境保护局，2011～2015年《上海环境状况公报》。

2015年，全市自来水供水总量31.22亿立方米，比上一年下降1.6%（见图8）。

图8　2010～2015年上海市自来水供水总量变化

资料来源：上海市水务局，2010～2015年《上海水资源公报》。

2015年，上海市城镇污水处理率为91%，比上一年增加了2个百分点（见图9）。

（四）固体废弃物

2015年，上海市工业废弃物产生量1867.75万吨，综合利用率96.09%

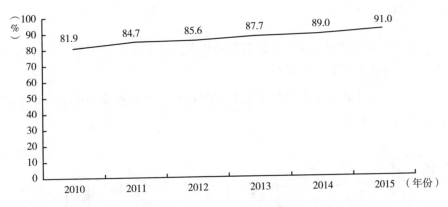

图9   2010～2015年上海市城镇污水处理率变化

资料来源：上海市水务局，2010～2015年《上海水资源公报》。

（见图10）。冶炼废渣、粉煤灰、脱硫石膏占工业固体废弃物总量比重为68%。2015年，上海市生活垃圾产生量789.9万吨，无害化处理率为100%，其中，卫生填埋和焚烧处理分别占41.68%和31.65%。2015年上海市危险废弃物产生量56.94万吨，比上一年下降了9.3%。

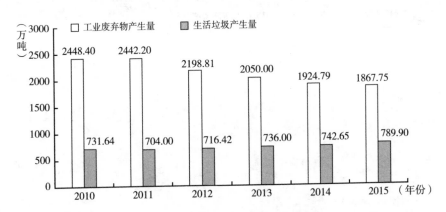

**图10   2010～2015年上海市生活垃圾和
工业废弃物产生量**

资料来源：上海市环境保护局，2010～2015年上海市固体废弃物污染环境防治信息公告。

（五）能源

2015 年，上海万元生产总值的能耗比上一年下降了 3.92%，万元工业增加值能耗比上年增加了 0.15%。

2014 年，上海市能源消费总量为 11084.63 万吨标准煤，比上一年下降了 2.3%（见图 11）。

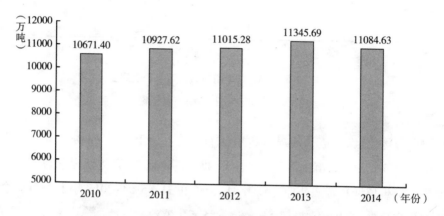

图11　2010~2014年上海市能源消费总量变化

资料来源：上海市统计局，《2015 年上海能源统计年鉴》。

Abstract

In the process of social and economic development, Shanghai faces the pressure of population concentration, resource consumption and environmental pollution. The extreme weather events brought by climate change are becoming more frequent in Shanghai, with growing impact on Shanghai's economic and social development. City climate fragility becomes apparent, which will increase the potential social and economic losses of Shanghai.

In order to improve the city water environment and enhance the city adaptability to climate change, Shanghai has comprehensively implemented the *Action Plan for Prevention and Control of Water Pollution* (the "Ten Measures about Water"), intensified water pollution prevention and control, and continuously improved water environment quality, and issued the *Implementation Program of Shanghai Water Pollution Prevention Action Plan* and other policy measures. In improving the water environment quality, the key link of urban non-point source pollution prevention and control is to strengthen the pollution overall governance on central city pump stations discharge into rivers, the key point of agricultural non-point source pollution prevention and control is to vigorously promote the overall governance on aquaculture pollution, and the key point of water source environment governance is to protect drinking water safety in the entire process. In terms of water ecological restoration, Shanghai begins to carry out large-scale ecological restoration, transforming from the focus on "eliminating dirty stinky water and improving water quality" to the focus on "stabilizing water quality and restoring ecology", but it is still far away from realizing the goal of ecological rehabilitation of the river course. In the future, river ecological restoration should be based on the principle of respect for nature, appropriate option of artificial interventions, initiation of self-organization of ecosystems, restoration of the ecological functions of rivers and realization of the win-win of ecological environment protection and river regulation.

In addition, through the implementation of the six-round environmental action plans, Shanghai has made great progress in city water management, gradually improved water-related infrastructure construction, and has continuously explored and innovated water-related management system. This also shows that the space for future construction is relatively limited, and increasingly dependent on the system, policies and extensive public participation.

With the rapid socioeconomic development and urban construction, the requirement for city water environment governance in Shanghai is increasing and the difficulty of governance is increasing too. In face of a series of crises and challenges brought by climate change, how to adapt to new changes and maintain city sustainable development is becoming an urgent question pending answer. The practice of foreign urban construction shows that resilient city construction is a more effective way to deal with potential threats. The resilient city is a city that has the capacity to undertake, recover and prevent various potential impacts or shocks on the economic, environmental, social and institutional fields. Based on the combination of scientific city and practicality, the combination of system and hierarchy, the combination of stability and dynamics, and the combination of operability and guidance, this report has built up a system of resilient city evaluation indicators covering social resilience, economic resilience, ecological resilience, city infrastructure and city governance, and has made an empirical analysis of Shanghai. The results show that the city resilience indicators of Shanghai have shown an upward trend in recent 10 years generally, and city's ability in response to various environmental risks has been enhanced. The resilience of urban development in different areas has a certain difference, economic resilience and infrastructure has performed better, which reflects the industrial transformation and upgrading of Shanghai has achieved initial results; the continuous improvement of city infrastructure, sewage treatment capacity and city informatization levels have been significantly enhanced, to increase city's ability to cope with sudden environmental risks. The ecological resilience has the lowest score in all evaluation areas, which reflects the strong interference of the expanding city size into the natural ecological environment. Although the city greening level is increasing year by year, the artificial ecosystem is still different with the natural ecological system, and the operating mechanism of artificial ecosystem has weakened the regulating capacity of natural ecosystem. In terms of social resilience, city population density is increasing, while medical and employment security, cultural education etc are not in the matching level, so the ability of city community in response to sudden environmental risks needs to be further strengthened. In respect of city governance, public participation is active, and the improvement of city governance level drives the development of environmental protection investment and helps to enhance the city's ability to deal with environmental risks.

In the context of high-intensity city, the Shanghai resilient city building also faces some challenges. Firstly, the regulating capacity of natural ecosystem is weakening; rapid urbanization process leads to rapid growth of city building lands, the disappearance of a large number of urban natural ecological spaces, and the declining resilience of ecosystem reaction. Secondly, city drainage facilities are difficult to meet the development needs, the flood control and drainage facilities are unbalanced, the drainage capacity of water logging-prone areas is inadequate, the rainwater management of city drainage facilities is focusing on terminal rapid discharge, lacking the planning and practice of rainwater source reduction and resource management. Thirdly, the resilience rebuilding or renovation of high-density urban areas is difficult, since the urban areas have completed the planning and utilization of lands, and have limited surface space for the construction of low-impact development or resilient infrastructure; moreover, city underground structures in turn occupy the space for regulation and storage. Fourthly, the technology support for resilient city building is insufficient, in face of problems and challenges in construction model, urban planning, project design to effect evaluation and urban management among others. How to choose the technology suitable for the local basic conditions is becoming the urgent demand for resilient city building.

In order to improve the resilience of Shanghai, it is necessary to construct the security system of resilient city building, which should start from the super structure design, that is: Firstly, we should innovate the policies, regulations, standards and norms needed for the resilient city building, and establish the management mechanism and system security system in match with the resilient city. Secondly, we should build distributed resilient city facilities, introduce the concept of distributed city infrastructure resilient transformation, emphasize the decentralization of city infrastructure and functional facilities into a number of relatively independent governance units, in balanced distribution, in concerted cooperation, to build a distributed city infrastructure network. Thirdly, we should develop intelligent analysis technology for the resilient city building, establish the economic, social and ecological database of resilient city building, and carry out R&D cooperation of resilient city building technology based on big data and intelligent city. Finally, we should strengthen the coordinated development of resilient city building in the Yangtze River Delta, and procure the Yangtze River Delta cluster of cities to develop the construction model, key technologies, evaluation criteria and other regional norms for the resilient city building, promote water environment monitoring network and water environment information sharing in the Yangtze River Delta, conduct emissions trading and ecological compensation, and build regional benign water circulation system.

Keywords: Resilience; Resilient City; Climate Change; Water Environment Governance; Shanghai

Contents

I　General Report

Abstract: Shanghai is closing to the Yangtze River and East China Sea, and urban natural ecosystems are fragile, in recent years, global climate change and its extreme weather brought a great threat to the urban security. Resilient cities have the capacity to undertake, recover and prevent natural disasters, so resilient city has become a hotspot in the development of urban areas. This paper constructed a evaluation system of resilient cities from the five areas of social resilience, economic resilience, ecological resilience, urban infrastructure and urban governance. The results show that the city resilience index of Shanghai has shown an upward trend in recent 10 years, the economic resilience and urban infrastructure performance have better performance, the ecological resilience has the lowest score in all evaluation fields, which reflects that the expanding urban scale has a strong impact on the urban natural ecological environment, weakened the storage capacity of city natural ecosystem. In the context of high-intensity urbanization, the regulation capacity of Shanghai's natural ecological system become weak, urban drainage facilities are difficult to meet the development needs, and resilience renovation is difficult in high-density urban, resilient city is also facing technical challenges. In the future, the resilience of Shanghai need to be improved depends on the following points: Construction of institutional system of resilient city development, construction of distributed urban resilience facilities, developing the intelligent analysis technology of the resilient city, promoting the social participation,

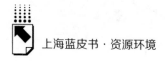
strengthening the coordinated development of the resilient city in the Yangtze River Delta.

Keywords: Resilience; Resilient Cities; Evaluation System; Shanghai

II Special Topics

B. 2 Resilient City: Current and Future Challenges Facing
City Development   *Joachim Alexander* / 029

Abstract: It is inconceivable for a modern city to develop without treating resilience as an important goal. "Resilience" will substitute the good concept of "sustainability" in the minds of city managers in the near future. Behind the concept of sustainability is concealed the traditional illusion of harmony. But, a vigorous and evolving system (like our city) will always bump into the boundary of chaos. The plan to enhance city resilience has to take into account the new challenges: the concept of resilience should not simply substitute the concepts of prevention, protection and risk management but integrate them into a comprehensive plan, incorporating all stakeholders. A resilient city plan promising success should include: (1) Space Planning: a comprehensive blueprint for a resilient space structure on national, regional and local levels; (2) Integrated City Development Plan: take coordinated actions instead of departmental actions; (3) Behavioral Choices: not only "make influences" but also put "making responses" in the first place.

Keywords: Resilient City; Vulnerability; Sustainability

B. 3 Challenges and Prospects for Chinese Cities to Meet
Climate Change   *Shang Yongmin* / 050

Abstract: The eastern coastal areas is densely populated areas in China, as well as the areas with dense population, economy, and the rapid advance of urbanization. Under the quickly global climate change, the extreme high temperature, extreme rainfall, flood, storm surge, sea level rise, seawater intrusion and other natural disasters occur frequently. And the eastern coastal cities will bear the brunt of them. Through the analysis of the "pressure-state-response model", we could see that the cities in China are still under huge pressure on climate change. Although positive response have made in the urban infrastructure, urban ecological greening system, etc. , it's difficult for cities in China to adapt to the great challenges of climate change. Especially, the urban greening, infrastructure, urban management still lag behind, which like the blade of moss hanging over the heads of the Chinese cities. Facing the challenges of climate change, cities in China should improve ability to cope with climate change adaptation, from aspects of urban planning, infrastructure, urban greening system, sponge cities, disaster risk management etc. And we should focus on the construction of climate-friendly and climate resilient cities.

Keywords: Climate Change; Adaptation; Challenges; Cities in China

B. 4   Urban Climate Vulnerability and Challenges

in Shanghai   *Zhang Xidong* / 083

Abstract: Shanghai plays a very important role in China's economic development. With the global climate change, the impact of various natural disasters and extreme weather on Shanghai is increasing. The climate vulnerability of Shanghai begins to appear. At present, in the process of social and economic development, Shanghai faces the pressure of population gathering, resource consumption and environmental pollution. The climate vulnerability will increase the potential socio-economic losses of Shanghai. In the context of global climate change, for Shanghai, both opportunities and challenges, how to deal with the city's climate vulnerability, to achieve the transformation and development of the city is one of the important issues to be solved. This paper argues that Shanghai should transform into an resilient city from five aspects to deal with the urban climate vulnerability. Mainly includes: strengthen the propaganda work of community disaster prevention and the community construction; formulate development planning, strengthen city construction to improve the ability to adapt to climate change; strengthen city infrastructure construction; strengthen the construction of ecological environment and constructing ecological barrier of Shanghai; optimize the energy utilization, promote industrial restructuring and development, reduce greenhouse gas emissions.

Keywords: Climate Change; Vulnerability; Resilient City

Ⅲ　Practice Reports

B. 5　Status Quo Assessment and Strategies Innovation of
　　　Shanghai's Water Pollution Abatement

Shao Yiping, Ai Lili and Zhao Min / 109

Abstract: After decades striving of water pollution control, the water quality has been improved significantly in Shanghai. With the rapid socio-economic development, further improvement of water quality has become more difficult. The surface runoff and discharge to river of drainage pump stations in the central city area and agricultural non-point source pollutions in rural area are the main threads to the water environment in Shanghai. The control level and management capacity of the urban water environment has been put forward higher requirements. Based on summarizing the achievements and existing problems of water pollution control in Shanghai, this paper discusses the highlights of the water pollution control, such as urban non-point source pollutions, agricultural non-point source pollutions and water environment improvements of the water sources. The study suggested that Shanghai should strengthen the analysis of water environment capacity and promote the multiple planning integration of water environment related fields, innovate the water environment management systems to improve the management efficiency, and establish the water quality target responsibility examination system to strengthen the ability of water environment management of the town and village level governments.

Keywords: Shanghai; Water Pollution Abatement; Strategies Innovation

B. 6 On Self-organizing Processes and Artificial Auxiliary Technologies in Medium-and-Small Rivers Ecological Rehabilitation in Shanghai

Kang Lijuan, Cao Yong and Fu Rongbing / 123

Abstract: The urban river, especially the central city river suffered serious problems from water quality pollution to ecosystem degradation. With deepening of long-acting management of urban river, Shanghai has issued policy, maintenance standards and management systems. River maintenance management is moving in the direction of the scientific, orderly and healthy development. Recently, the city launched a large-scale ecological restoration. But restricted by technology oriented, there is still a considerable distance from the ecological restoration target of river course. In this paper, the main factors that lead to the ecological degradation and ecological restoration of the middle and small rivers are analyzed. As the main trends of river management, urban river restoration in line with the principle of nature respecting, using ecological means by human intervention, start the self-organization process of the ecological system and restore the natural function and status of rivers, to achieve a win-win situation of ecological environment protection and river regulation. And briefly introduces the river ecological restoration technology and management policy. It was advanced that infrastructure construction and policy mechanism were the basis for the implementation of long-term management of ecological restoration.

Keywords: Urban River; Ecological Restoration; Water Quality Pollution; Processing Method

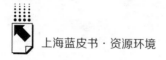

B. 7　Resilient City Building and Water Governance

　　in Yangtze Delta　　　　　　　　　　*Liu Xinyu* / 141

Abstract: This paper aims to study Shanghai's resilience to water disasters under the condition of climate change, and the cooperation in the Yangtze Delta to enhance such resilience of Shanghai, and the suggestions to improve such cooperation will be put forward. Under thebackground of climate change, the water disasters facing Shanghai mainly include salt tide intensified by upstream water reduction in dry season, flood caused by typhoon + rainstorm + over-abundant upstream water in wet season and shortage of clean water intensified by inputted pollution. As to the water environment cooperation between Shanghai and neighboring jurisdictions, coordinating agencies have been established, united actions have been taken in law enforcement and emergency management; but such cooperation is short of economic instruments, and there is little or even no cooperation in emergency management of salt tide, wetland construction and sponge city construction. If Shanghai can overcome the shortcomings where there is little or no cooperation, innovate and adopt various economic instruments in the existing Yangtze Delta water management cooperation, and make deep-insight research on diverting ships on and pollution in the Taipu River, it will be greatly helpful to improve Shanghai's resilience to water disasters under climate change.

Keywords: Shanghai; Climate Change; Resilience to Water Disasters; Yangtze Delta Cooperation

B. 8　Study on the Transition of Urban Water Management

　　of Shanghai　　　　　　　　　　　　*Chen Ning* / 165

Abstract: Climate change has significant influence on water environment of a country and a city. Nevertheless, the existing water management practices are not likely to decrease negative impact of climate change on the reliability of water supply and aquatic ecosystem. As a result, it is obliged to improve water governance practices and enhance region adaptability to climate change. Since 2000, owing to rolling implementation of six rounds of environmental action plan, urban water management of Shanghai has made huge progress in the construction of water infrastructure. In the meantime, it has made constant exploration and innovation on water related management system. Shanghai concentrates on the river regulation work. From environmental renovation of Suzhou River, regulation of backbone rivers in urban areas, regulation of suburban backbone river, to regulation of tens of thousands of rivers. Centralized river regulation of nearly twenty years has eliminated the phenomenon of some black smelly river course, but the main channel of water environmental quality is still not ideal. With the gradual improvement of water related infrastructure construction, future engineering construction space is relatively limited, water governance is more and more dependent on the improvement of the policy system. The mode of existing centralized regulation of water governance should turn to normalized and long-term governance model. Rather than reduce impact of human activities on water, water management concept should turn to restore repair capacity of water itself. Policy and means should give priority to market regulation instead of command control. In order to achieving the transformation of Shanghai water governance, it is advised to formulate long-term and phased improvement goals of river water quality according to natural quality of water environment. It is suggested to strengthen the study of Shanghai water base environment ability and pollution source emission effect. Shanghai should combine reduction of pollutant source with river restoration. Meanwhile, Shanghai should bring river water quality improvement goals into channel management financial fund appraisal mechanism.

Keywords: Water Management; River Regulation; River Restoration; Shanghai; Transition

B. 9   On Climate Change Perception and Its Factors of the Farmers

on Shanghai's Chongming Island   *Guo Ru*, *Shang Li* / 191

Abstract: The fifth assessment report of the Intergovernmental Panel on Climate Change (IPCC) shows that climate change already has widespread impact on human and natural system. Agriculture is of vital importance to the nation's economy and the people's livelihood, which is one of the most sensitive production sectors to climate change. Farmer is the basic unit of agricultural production and climate change adaption at farmer-level is crucial to sustainable development of agriculture. Chongming Island, the most important supplier of grain and vegetable in Shanghai, is surrounded by Yangzi River and East China Sea, which makes it very vulnerable to the impact of climate change. On the basis of the existing studies on farmers' perception of climate change, this study has conducted literature research and questionnaire survey about climate change conditions and farmers' perception of climate change at Chongming Island. This research adopts the binary logistic regression (BLR) model to identify the key factors that affect farmers' perception of climate change, including the policy requirements, distance away from the center of town, gender, the proportion of farm labor in household, yields per unit of cropland and income per capita. Based on the above results, several suggestions are proposed accordingly.

Keywords: Climate Change; Agriculture; Farmer Household; Perception; Adaptation

Ⅳ   International Experience and Lessons

B. 10   The Experience of Resilient City Development of

New York to Shanghai   *Cao Liping* / 208

Abstract: The face of climate change of global environmental, social, and economic disaster, many countries and regions have formulated the plan and take action, as a city of New York of climate change in the global urban governance has been at the international leading region, to lead the global cities to carry out the elasticity of urban construction. In this article based on elasticity of New York City construction development, analyzed the elasticity of the challenges and opportunities faced by urban construction in New York City, future goals and four major goals in 100, and specific measures to realize the four main objectives. Finally, comparing the similarity of New York City and Shanghai, from the Resilence of urban construction, investment, regional cooperation, the government management of the four aspects put forward enlightenment for elasticity of urban construction in Shanghai.

Keywords: Resilient City; New York; Experience Implications

B. 11   The Implications of Water Sensitive Urban Design in the City of Melbourne, Australia   *Liu Zhaofeng* / 232

Abstract: In recent years, waterlogging phenomenon is universal in our country city, one of the most important reasons is the failure of the traditional city drainage system under the influence of climate change. There are many different concepts in urban stormwater management, such as LID, WSUD, SUDS. This paper focus on WSUD in Melbourne. In order to solve the water shortage reasoning from drought in the long period, the city of Melbourne wants to be the water sensitive city by integration of recycling water management philosophy, from the point of city's livable and watershed ecological health. This article summarize the water sensitive policy management framework and implementation process, the problems confronted the city. The paper provides suggestions on the construction of Shanghai's "sponge city": increasing society awareness on the sponge city; focus on greenhouse gas control and sponge city construction coordination; construction guidelines, standards and tools to lead the city construction, pay attention to the risk management of sponge city construction process; combined urban water cycle management with sponge city.

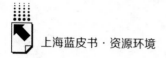
Keywords：WSUD；Sponge City；Stormwater Management；Urban Water Cycle

V Appendix

❖ 皮书起源 ❖

"皮书"起源于十七、十八世纪的英国，主要指官方或社会组织正式发表的重要文件或报告，多以"白皮书"命名。在中国，"皮书"这一概念被社会广泛接受，并被成功运作、发展成为一种全新的出版形态，则源于中国社会科学院社会科学文献出版社。

❖ 皮书定义 ❖

皮书是对中国与世界发展状况和热点问题进行年度监测，以专业的角度、专家的视野和实证研究方法，针对某一领域或区域现状与发展态势展开分析和预测，具备原创性、实证性、专业性、连续性、前沿性、时效性等特点的公开出版物，由一系列权威研究报告组成。

❖ 皮书作者 ❖

皮书系列的作者以中国社会科学院、著名高校、地方社会科学院的研究人员为主，多为国内一流研究机构的权威专家学者，他们的看法和观点代表了学界对中国与世界的现实和未来最高水平的解读与分析。

❖ 皮书荣誉 ❖

皮书系列已成为社会科学文献出版社的著名图书品牌和中国社会科学院的知名学术品牌。2016 年，皮书系列正式列入"十三五"国家重点出版规划项目；2012~2016 年，重点皮书列入中国社会科学院承担的国家哲学社会科学创新工程项目；2017 年，55 种院外皮书使用"中国社会科学院创新工程学术出版项目"标识。

中国皮书网

发布皮书研创资讯，传播皮书精彩内容
引领皮书出版潮流，打造皮书服务平台

栏目设置

关于皮书：何谓皮书、皮书分类、皮书大事记、皮书荣誉、

皮书出版第一人、皮书编辑部

最新资讯：通知公告、新闻动态、媒体聚焦、网站专题、视频直播、下载专区

皮书研创：皮书规范、皮书选题、皮书出版、皮书研究、研创团队

皮书评奖评价：指标体系、皮书评价、皮书评奖

互动专区：皮书说、皮书智库、皮书微博、数据库微博

所获荣誉

2008年、2011年，中国皮书网均在全国新闻出版业网站荣誉评选中获得"最具商业价值网站"称号；

2012年，获得"出版业网站百强"称号。

网库合一

2014年，中国皮书网与皮书数据库端口合一，实现资源共享。更多详情请登录www.pishu.cn。

权威报告・热点资讯・特色资源

皮书数据库
ANNUAL REPORT(YEARBOOK) DATABASE

当代中国与世界发展高端智库平台

所获荣誉

- 2016年，入选"国家'十三五'电子出版物出版规划骨干工程"
- 2015年，荣获"搜索中国正能量 点赞2015""创新中国科技创新奖"
- 2013年，荣获"中国出版政府奖·网络出版物奖"提名奖
- 连续多年荣获中国数字出版博览会"数字出版·优秀品牌"奖

成为会员

通过网址www.pishu.com.cn或使用手机扫描二维码进入皮书数据库网站，进行手机号码验证或邮箱验证即可成为皮书数据库会员（建议通过手机号码快速验证注册）。

会员福利

- 使用手机号码首次注册会员可直接获得100元体验金，不需充值即可购买和查看数据库内容（仅限使用手机号码快速注册）。
- 已注册用户购书后可免费获赠100元皮书数据库充值卡。刮开充值卡涂层获取充值密码，登录并进入"会员中心"—"在线充值"—"充值卡充值"，充值成功后即可购买和查看数据库内容。

数据库服务热线：400-008-6695
数据库服务QQ：2475522410
数据库服务邮箱：database@ssap.cn
图书销售热线：010-59367070/7028
图书服务QQ：1265056568
图书服务邮箱：duzhe@ssap.cn

社会科学文献出版社 皮书系列
SOCIAL SCIENCES ACADEMIC PRESS (CHINA)

卡号：6704475573277791
密码：

S子库介绍
ub-Database Introduction

中国经济发展数据库

涵盖宏观经济、农业经济、工业经济、产业经济、财政金融、交通旅游、商业贸易、劳动经济、企业经济、房地产经济、城市经济、区域经济等领域，为用户实时了解经济运行态势、把握经济发展规律、洞察经济形势、做出经济决策提供参考和依据。

中国社会发展数据库

全面整合国内外有关中国社会发展的统计数据、深度分析报告、专家解读和热点资讯构建而成的专业学术数据库。涉及宗教、社会、人口、政治、外交、法律、文化、教育、体育、文学艺术、医药卫生、资源环境等多个领域。

中国行业发展数据库

以中国国民经济行业分类为依据，跟踪分析国民经济各行业市场运行状况和政策导向，提供行业发展最前沿的资讯，为用户投资、从业及各种经济决策提供理论基础和实践指导。内容涵盖农业，能源与矿产业，交通运输业，制造业，金融业，房地产业，租赁和商务服务业，科学研究，环境和公共设施管理，居民服务业，教育，卫生和社会保障，文化、体育和娱乐业等100余个行业。

中国区域发展数据库

对特定区域内的经济、社会、文化、法治、资源环境等领域的现状与发展情况进行分析和预测。涵盖中部、西部、东北、西北等地区，长三角、珠三角、黄三角、京津冀、环渤海、合肥经济圈、长株潭城市群、关中—天水经济区、海峡经济区等区域经济体和城市圈，北京、上海、浙江、河南、陕西等34个省份及中国台湾地区。

中国文化传媒数据库

包括文化事业、文化产业、宗教、群众文化、图书馆事业、博物馆事业、档案事业、语言文字、文学、历史地理、新闻传播、广播电视、出版事业、艺术、电影、娱乐等多个子库。

世界经济与国际关系数据库

以皮书系列中涉及世界经济与国际关系的研究成果为基础，全面整合国内外有关世界经济与国际关系的统计数据、深度分析报告、专家解读和热点资讯构建而成的专业学术数据库。包括世界经济、国际政治、世界文化与科技、全球性问题、国际组织与国际法、区域研究等多个子库。

法律声明

　　"皮书系列"（含蓝皮书、绿皮书、黄皮书）之品牌由社会科学文献出版社最早使用并持续至今，现已被中国图书市场所熟知。"皮书系列"的 LOGO（　）与"经济蓝皮书""社会蓝皮书"均已在中华人民共和国国家工商行政管理总局商标局登记注册。"皮书系列"图书的注册商标专用权及封面设计、版式设计的著作权均为社会科学文献出版社所有。未经社会科学文献出版社书面授权许可，任何使用与"皮书系列"图书注册商标、封面设计、版式设计相同或者近似的文字、图形或其组合的行为均系侵权行为。

　　经作者授权，本书的专有出版权及信息网络传播权为社会科学文献出版社享有。未经社会科学文献出版社书面授权许可，任何就本书内容的复制、发行或以数字形式进行网络传播的行为均系侵权行为。

　　社会科学文献出版社将通过法律途径追究上述侵权行为的法律责任，维护自身合法权益。

　　欢迎社会各界人士对侵犯社会科学文献出版社上述权利的侵权行为进行举报。电话：010－59367121，电子邮箱：fawubu@ ssap. cn。

社会科学文献出版社